# 编委会名单

**主　编：** 管玉峰

**副主编：** 王　勇　苏洪雨　肖存陶
江雪萍　王　玲

# 数理统计基础与应用

Mathematical Statistics and Its Application

管玉峰　主编

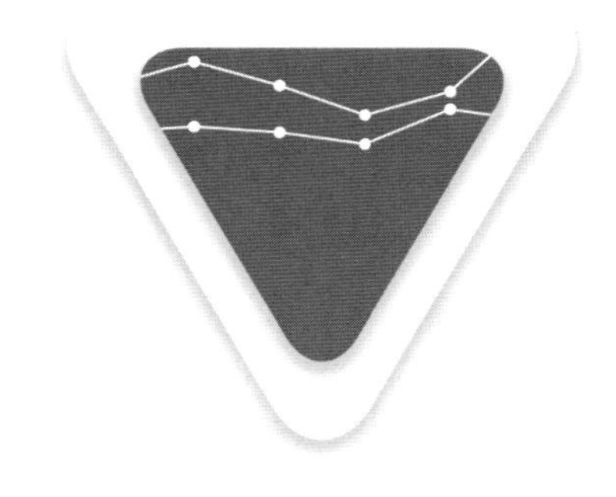

暨南大學出版社
JINAN UNIVERSITY PRESS

中国·广州

图书在版编目（CIP）数据

数理统计基础与应用/管玉峰主编．—广州：暨南大学出版社，2018.8（2020.9重印）
ISBN 978－7－5668－2355－7

Ⅰ．①数…　Ⅱ．①管…　Ⅲ．①数理统计　Ⅳ．①O212

中国版本图书馆CIP数据核字（2018）第064991号

**数理统计基础与应用**
SHULI TONGJI JICHU YU YINGYONG
**主　编：管玉峰**

出 版 人：张晋升
策划编辑：潘雅琴
责任编辑：潘雅琴　邓家昭
责任校对：苏　洁
责任印制：汤慧君　周一丹

出版发行：暨南大学出版社（510630）
电　　话：总编室（8620）85221601
　　　　　营销部（8620）85225284　85228291　85228292　85226712
传　　真：（8620）85221583（办公室）　85223774（营销部）
网　　址：http：//www.jnupress.com
排　　版：广州良弓广告有限公司
印　　刷：佛山市浩文彩色印刷有限公司
开　　本：787mm×1092mm　1/16
印　　张：13.875
字　　数：310千
版　　次：2018年8月第1版
印　　次：2020年9月第2次
定　　价：45.00元

# 前 言

数理统计是高等院校一门非常重要的基础课程，是许多高校学生在完成“高等数学”“线性代数”课程学习后必修的一门课。数理统计是伴随着概率论的发展而来的，它研究如何有效地收集、整理和分析受随机因素影响的数据，发现其内在的规律，并做出一定精确程度的判断和预测，为采取某种决策和行动提供依据或建议。

数理统计源于人口统计、社会调查等各种描述性统计活动。计算机的出现和应用，推动了数理统计在理论研究和应用方面不断向纵深发展，一系列数理统计数据处理软件如 Excel、SAS、SPSS、Matlab 等极大地推动了数理统计方法的应用。当前，数理统计的应用已渗透到各学科研究领域和国民经济部门，成为科学研究、政府决策不可缺少的工具之一。因此，开设“数理统计基础与应用”课程，为国家和社会培养具有相关知识和技能的人才，事关国计民生。而编写一本适合本科生数理统计学习的教材尤为必要。

由此，本书集作者多年“概率论与数理统计”和“数理统计学”的教学实践、科研体会及学生反馈的信息，参考了国内外相关书籍及作者的授课讲义编著而成。具体内容分为概率基础（随机事件与概率、随机变量及其分布和随机变量的数字特征）、数理统计基础（数理统计基础知识、参数估计、假设检验、方差分析与回归分析）和 Excel 在数理统计中的应用，共八章。全书在逻辑顺序和知识系统上，本着厚基础、重应用的原则，从基础概念入手，逐步引向知识和方法的应用。读者只要具备高等数学和线性代数的相关知识就可以完成本书的学习任务。与国内外已出版的同类书籍相比，本书具有以下特点：

1. 基础性和系统性。一方面，全书内容从概率到数理统计，着重点在相关基础知识的学习和掌握，各章节依次按照基础概念、例题讲解和习题练习的顺序，采用目前该学科最通用的符号和表达式，增加图、表等直观表达，加强学习者对相关知识的理解和掌握。另一方面，针对当前应用型学科和社会的需要，本书在数理统计部分系统地介绍了参数的估计、参数和非参数的假设检验及回归分析等基础方法，增加了学习者对相关知识的了解和应用，为他们进一步深入学习奠定基础。

2. 全面性和趣味性。全书涵盖了概率基础知识和数理统计主要知识，为学习者更好更快地掌握数理统计的相关知识和方法提供了工具。在例题和习题的选择上更侧重于作者和学生的一些试验数据。这些数据很多来源于生态、地理、环境、农林、化学等专业的学生平时试验所接触的相关内容，这样更易于被学生接受，也增强了学生学习的动力和兴趣。此外，本书中还讲述了为师生所熟悉的 Excel 软件在数理统计中的应用。

3. 应用性。全书缩减了概率知识的内容，加大了数理统计相关方法的讲述，特别增加了与生态、地理、环境、农林、化学等应用型学科比较密切的数据和数理统计方法的讲述。另外，随着 Excel 版本的提高，其数据处理与统计分析功能足以媲美很多专业的统计软件。在本书中，作者详细地讲述了通过 Excel 2016 软件提供的各统计函数和数据分析工具库如何处理和分析一些复杂的数据关系的方法。其易学、易用，广大师生使用起来也很方便。这些都在很大程度上增强了本书的应用性。

本书目录中带“*”号的为选学内容。

本书是面对高等院校化学、环境、地学、生态等专业本科教学的教材，也可作为相关专业研究生的参考教材。全书主要由华南师范大学管玉峰负责编写，珠江水利委员会珠江水利科学研究院王勇、华南师范大学苏洪雨、广东工业大学肖存陶，华南农业大学江雪萍和广州市 113 中学陶育实验学校王玲等参与编写。本书在编写和出版过程中，得到华南师范大学、暨南大学出版社等大力支持，在此表示衷心的感谢！

限于编者水平，书中难免存在错误和不足之处，恳请使用本书的同行和广大读者批评指正。

编　者

2017 年 10 月

于华南师范大学

# 目 录

# 第 1 章　随机事件与概率

## 1.1　随机事件及其运算

### 1.1.1　随机现象

概率论与数理统计研究的对象是随机现象。概率论研究随机现象的模型（即概率分布），数理统计研究随机现象的数据收集与处理。

在一定的条件下，并不总是出现相同结果的现象称为**随机现象**，如抛一枚硬币与掷一颗均匀的骰子。随机现象有两个特点：

（1）结果不止一个；

（2）哪一个结果出现，人们事先并不知道。

只有一个结果的现象称为**确定性现象**。例如，每天太阳从东方升起；水在标准大气压（压力约为 101 kPa）下加热到 100℃就沸腾；一个口袋中有 10 只完全相同的白球，从中任取一只必然为白球。

**例 1.1.1**　随机现象的例子：

（1）抛一枚硬币，正面朝上或反面朝上；

（2）掷一颗均匀的骰子出现的点数；

（3）一天内进入某超市的顾客数；

（4）某种型号电视机的寿命；

（5）测量某物理量（长度、直径等）的误差。

所以我们可以看到随机现象随处可见。

对在相同条件下可以重复的随机现象的观察、记录、实验称为**随机试验**。也有很多随机现象是不能重复的，例如某场足球赛的输赢，某些经济现象（失业、经济增长速度等）。概率论与数理统计主要研究能大量重复的随机现象，但也十分注意研究不能重复的随机现象。

随机现象的各种结果会表现出一定的规律性，这种规律性称之为**统计规律性**。数理统计就是通过这些统计规律进行计算和推断的。

### 1.1.2　样本空间

随机现象的一切可能基本结果组成的全体称为**样本空间**，记为 $\Omega=\{\omega\}$，其中 $\omega$ 表示基本结果，又称为**样本点**。样本点是抽样的最基本单元。认识随机现象首先要列出它的样本空间。

**例 1.1.2** 下面给出几个随机现象的样本空间：

（1）抛一枚硬币的样本空间为 $\Omega=\{\omega_1, \omega_2\}$，其中 $\omega_1$ 表示正面朝上，$\omega_2$ 表示反面朝上；

（2）掷一颗均匀的骰子的样本空间为 $\Omega=\{\omega_1, \omega_2, \cdots, \omega_6\}$，其中 $\omega_i$ 表示出现 $i$ 点，$i=1, 2, \cdots, 6$，也可以直接的标记为 $\Omega=\{1, 2, \cdots, 6\}$；

（3）电视机寿命的样本空间为 $\Omega=\{t \mid t\geqslant 0\}$；

（4）测量误差的样本空间为 $\Omega=\{x \mid -\infty<x<+\infty\}$。

需要注意的是：

（1）样本空间中的元素可以是数也可以不是数；

（2）样本空间至少有两个样本点，仅含两个样本点的样本空间是最简单的样本空间；

（3）从样本空间含有样本点的个数来区分，样本空间可分为有限和无限两类，譬如例 1.1.2 的（1）和（2），其样本空间中样本点的个数为有限的，而（3）和（4）中样本点的个数为无限的。在以后的数据处理上我们往往将样本点的个数为有限的情况归为一类，称为**离散样本空间**，而将样本点的个数为无限的情况归为另一类，称为**连续样本空间**。

### 1.1.3 随机事件

随机现象的某些样本点组成的集合称为**随机事件**，简称**事件**，常用大写字母 $A$，$B$，$C$，…表示。如在掷一颗均匀的骰子中，$A=$“出现奇数点”是一个事件，即 $A=\{1, 3, 5\}$，它是相应样本空间 $\Omega=\{1, 2, \cdots, 6\}$ 的一个子集。需要注意的是：

（1）任一事件 $A$ 是相应样本空间的一个子集。在概率论中常用一个长方形表示样本空间 $\Omega$，用其中一个圆或其他集合图形表示事件 $A$；

（2）当子集 $A$ 中某个样本点出现了，就说事件 $A$ 发生了，或者说事件 $A$ 发生当且仅当 $A$ 中某个样本点出现了；

（3）事件可以用集合表示，也可以用明白无误的语言描述；

（4）由样本空间 $\Omega$ 中的单个元素组成的子集称为**基本事件**。而样本空间 $\Omega$ 的最大子集（即 $\Omega$ 本身）称为**必然事件**，样本空间 $\Omega$ 的最小子集（即空集 $\varnothing$）称为**不可能事件**。

**例 1.1.3** 掷一颗均匀的骰子的样本空间为 $\Omega=\{1, 2, \cdots, 6\}$。

（1）事件 $A=$“出现 1 点”，它由 $\Omega$ 的单个样本点“1”组成，即 $A=\{1\}$；

（2）事件 $B=$“出现偶数点”，它由 $\Omega$ 三个样本点“2，4，6”组成，即 $B=\{2, 4, 6\}$；

（3）事件 $C=$“出现的点数小于 7”，它由 $\Omega$ 的全部样本点“1，2，3，4，5，6”组成，即必然事件 $\Omega$；

（4）事件 $D=$“出现的点数大于 6”，$\Omega$ 中任意样本点都不在 $D$ 中，所以 $D$ 是空集，即不可能事件 $\varnothing$。

### 1.1.4　随机事件的关系与运算

在实际的问题中，我们常会遇到一些比较复杂的事件，需要对其进行相应的组合，这些就涉及随机事件间的关系与运算。

1. 事件的关系

（1）若事件 $A$ 发生必然导致事件 $B$ 发生，则称事件 $B$ 包含事件 $A$，记作 $A \subset B$ 或 $B \supset A$。例如，$A=\{1\}$，$B=\{1, 3, 5\}$，则有 $A \subset B$。

（2）若事件 $A$ 与事件 $B$ 同时满足：$A \subset B$ 和 $B \subset A$，则称事件 $A$ 与事件 $B$ 相等，记作 $A=B$。例如，甲乙两队进行足球比赛，开赛前约定：抛一枚硬币，出现正面，则甲队先发球。记事件 $A=\{$甲队先发球$\}$，事件 $B=\{$正面向上$\}$，则有 $A=B$。

（3）若事件 $A$ 与事件 $B$ 同时发生，则称事件 $A$ 与事件 $B$ 相交或事件 $A$ 与事件 $B$ 的积，记作 $A \cap B$ 或 $AB$。若 $AB=\varnothing$，即事件 $A$ 与事件 $B$ 不可能同时发生，则称事件 $A$ 与事件 $B$ 互不相容或互斥。例如，$A=\{1, 4\}$，$B=\{1, 3, 5\}$，$C=\{3, 5\}$，则有 $AB=\{1\}$，$AC=\varnothing$。

类似地，若 $n$ 个事件 $A_1$，$A_2$，…，$A_n$ 同时发生，则称 $n$ 个事件 $A_1$，$A_2$，…，$A_n$ 的积，记作 $A_1 \cap A_2 \cap \cdots \cap A_n$ 或 $A_1A_2\cdots A_n$ 或 $\bigcap\limits_{i=1}^{n} A_i$。

（4）若事件 $A$ 与事件 $B$ 至少有一个发生，则称事件 $A$ 与事件 $B$ 相并或事件 $A$ 与事件 $B$ 的和，记作 $A \cup B$。例如，$A=\{1, 4\}$，$B=\{1, 3, 5\}$，则有 $A \cup B=\{1, 3, 4, 5\}$。若事件 $A$ 与事件 $B$ 有且仅有一个发生，即 $A \cup B=\Omega$，且 $AB=\varnothing$，则称事件 $A$ 与事件 $B$ 对立或互逆，记作 $A=\overline{B}$ 或 $B=\overline{A}$。

类似地，若 $n$ 个事件 $A_1$，$A_2$，…，$A_n$ 中至少有一个发生，则称 $n$ 个事件 $A_1$，$A_2$，…，$A_n$ 的和，记作 $A_1 \cup A_2 \cup \cdots \cup A_n$ 或 $\bigcup\limits_{i=1}^{n} A_i$。

（5）若事件 $A$ 发生而事件 $B$ 不发生，则称为事件 $A$ 与事件 $B$ 的差，记作 $A-B$。例如，$A=\{1, 4\}$，$B=\{1, 3, 5\}$，则有 $A-B=\{4\}$。

此外，对于同一随机试验 $E$ 中的事件 $A$，$B$，$C$，事件间的运算还满足下述规律：

①交换律：$A \cup B=B \cup A$；$AB=BA$；

②结合律：$(A \cup B) \cup C=A \cup (B \cup C)$；$(AB)C=A(BC)$；

③分配律：$(A \cup B)C=(AC) \cup (BC)$；$(AB) \cup C=(A \cup C)(B \cup C)$；

④对偶律：$\overline{A \cup B}=\overline{A}\,\overline{B}$；$\overline{AB}=\overline{A} \cup \overline{B}$。

## 1.2　概率的定义及其确定方法

在这一节中，我们要给出概率的定义及其确定方法，这是概率论中最基本的一个问题，简单而直观的说法就是：概率是随机事件发生的可能性大小。对此，我们先看下面一些经验事实：

（1）随机事件的发生是带有偶然性的，但随机事件发生的可能性是有大小之分的。

例如口袋中有10个相同大小的球，其中9个黑球，1个红球，从口袋中任取1球，人们的共识是：取出黑球的可能性比取出红球的可能性大。

（2）随机事件发生的可能性是可以设法度量的，就好比一根木棒有长度，一块土地有面积一样。例如抛一枚硬币，出现正面与出现反面的可能性是相同的，各为$\frac{1}{2}$。足球裁判就用抛硬币的方法让双方队长选择场地，以示机会均等。

（3）在日常生活中，人们对一些随机事件发生的可能性大小往往是用百分比进行度量的。例如购买彩票后可能中奖，也可能不中奖，而中奖的可能性大小可以用中奖率来度量；抽取一件产品可能为合格品，也可能为不合格品，而产品质量的好坏可以用不合格品率来度量；新生婴儿可能为男孩，也可能为女孩，而生男孩的可能性可以用男婴出生率来度量。这些中奖率、不合格品率、出生率等都是概率的原型。

那么如何来界定概率？在概率论发展史上，曾有过概率的古典定义、几何定义、频率定义和概率的主观定义等，但这些定义各适合一定的随机现象。那么如何给出适合一切随机现象的概率的最一般的定义呢？1900年数学家希尔伯特（Hilbert）提出要建立概率的公理化定义以解决这个问题，即以最少的几条本质特性出发去刻画概率的概念。1933年苏联数学家柯尔莫哥洛夫（Kolmogorov）首次提出概率的公理化定义，这个定义既概括了历史上几种概率定义中的共同特性，又避免了各自的局限性和含混之处，不管什么随机现象，只有满足该定义中的三条公理，才能说它是概率。这一公理化定义迅速获得世界公认，是概率论发展史上的一个里程碑。有了这个公理化定义后，概率论得到了迅速发展。具体如下：

### 1.2.1 概率的公理化定义

**定义1.2.1** 设$\Omega$为随机试验$E$的样本空间，若对随机试验$E$的任意随机事件$A$，一个实数值函数$P(A)$满足：

（1）非负性公理：$P(A) \geqslant 0$；

（2）正则性公理：$P(\Omega)=1$；

（3）可列可加性公理：若$A_1$，$A_2$，…互不相容，有

$$P(\bigcup_{i=1}^{\infty} A_i) = \sum_{i=1}^{\infty} P(A_i) \tag{1.2.1}$$

则称$P(A)$为事件$A$的**概率**。

概率的公理化定义刻画了概率的本质，概率是集合（事件）的函数，若这个函数能满足上述三条公理，就被称为概率；若这个函数不能满足上述三条公理中任一条，就被认为不是概率。

公理化定义没有告诉人们如何去确定概率。历史上在公理化定义出现之前，概率的频率定义、古典定义、几何定义和主观定义都在一定的场合下，有着各自确定概率的方法。但在有了概率的公理化定义之后，把它们看作确定概率的方法仍然是恰当的。

下面介绍几种确定概率的方法，包括古典方法和几何方法等。

### 1.2.2　确定概率的古典方法

确定概率的古典方法是概率论历史上最先被研究的方法，它简单、直观，不需要做大量重复试验，而是在经验事实的基础上，对被考察事件的可能性进行逻辑分析后得出该事件的概率。

古典方法的基本思想如下：

（1）所涉及的随机现象只有有限个样本点；

（2）每个样本点发生的可能性相等（称为**等可能性**）。例如抛一枚均匀的硬币，“出现正面”与“出现反面”的可能性相等；掷一颗均匀的骰子，出现各点（1，2，…，6）的可能性相等；从一副扑克牌中任取一张，每张牌被取到的可能性相等；

（3）随机事件 $A$ 的概率为

$$P(A)=\frac{m}{n} \tag{1.2.2}$$

其中 $n$ 为包含的基本事件总数，$m$ 为事件 $A$ 中包含的基本事件的个数。由上式（1.2.2）计算事件概率的方法称为**古典概率法**。古典概率法是概率论发展初期确定概率的常用方法，所得的概率又称为**古典概率**。在古典概率法中，求事件 $A$ 的概率归结为计算 $A$ 中含有的样本点的个数 $m$ 和 $\Omega$ 中含有的样本点的总数 $n$ 的比值。所以在计算中经常用到排列组合的方法。

**例 1.2.1**　彩票问题（抽样模型）

福利彩票“幸运 35 选 7”即购买时从 01，02，…，35 中任选 7 个号码，开奖时不重复地选出 7 个基本号码和一个特殊号码。中奖规则如下：

①一等奖：7 个基本号码；

②二等奖：6 个基本号码 +1 个特殊号码；

③三等奖：6 个基本号码；

④四等奖：5 个基本号码 +1 个特殊号码；

⑤五等奖：5 个基本号码；

⑥六等奖：4 个基本号码 +1 个特殊号码；

⑦七等奖：4 个基本号码，或 3 个基本号码 +1 个特殊号码。

试求各等奖的中奖概率。

**解**：因为这种抽奖问题为不重复地选号，是一种不放回抽样，根据排列组合原理，样本空间 $\Omega$ 中所含样本点的个数为 $C_{35}^{7}$，抽奖的过程应是在分成三类的 35 个号中抽取：

①7 个基本号码；

②1 个特殊号码；

③27 个无用号码。

记 $p_i$ 为中 $i$ 等奖的概率（$i=1, 2, \cdots, 7$），利用抽样模型得各等奖的中奖概率如下：

$$p_1=\frac{C_7^7C_1^0C_{27}^0}{C_{35}^7}=\frac{1}{6724520}=1.49\times10^{-7}$$

$$p_2=\frac{C_7^6C_1^1C_{27}^0}{C_{35}^7}=\frac{7}{6724520}=1.04\times10^{-6}$$

$$p_3=\frac{C_7^6C_1^0C_{27}^1}{C_{35}^7}=\frac{189}{6724520}=2.81\times10^{-5}$$

$$p_4=\frac{C_7^5C_1^1C_{27}^1}{C_{35}^7}=\frac{567}{6724520}=8.43\times10^{-5}$$

$$p_5=\frac{C_7^5C_1^0C_{27}^2}{C_{35}^7}=\frac{7371}{6724520}=1.096\times10^{-3}$$

$$p_6=\frac{C_7^4C_1^1C_{27}^2}{C_{35}^7}=\frac{12285}{6724520}=1.827\times10^{-3}$$

$$p_7=\frac{C_7^4C_1^0C_{27}^3+C_7^3C_1^1C_{27}^3}{C_{35}^7}=\frac{204750}{6724520}=3.045\times10^{-2}$$

若记 $A$ 为事件“中奖”，$\overline{A}$ 则为事件“不中奖”，由 $P(A)+P(\overline{A})=P(\Omega)=1$，得不中奖的概率为

$$P(\overline{A})=1-P(A)=1-p_1-p_2-p_3-p_4-p_5-p_6-p_7=0.9665$$

这就说明，一百个人中约有 3 个人中奖，而中一等奖的概率仅有 $1.49\times10^{-7}$，即两千万人中约有 3 个人中一等奖。

**例 1.2.2** 生日问题（盒子模型）

一个班有 $n$ 个人，不计 2 月 29 日出生的（即假定一年为 365 天），全班至少有两人生日相同的概率是多少？

**解：** 把 $n$ 个人看成 $n$ 个球放入 $N=365$ 个盒子中。因为每个球都可放到 $N$ 个盒子中的任一个内，所以 $n$ 个球放的方式共有 $N^n$ 种，它们是等可能的。而 $P$（至少两人生日相同）$=1-P$（生日全不相同），其中“生日全不相同”就相当于“恰有 $n$（$n\leqslant N$）个盒子各有一球”，所以 $n$ 个人的生日全部不相同的概率为

$$P(\text{生日全不相同})=\frac{A_N^n}{N^n}=\frac{N!}{N^n(N-n)!}=\frac{365!}{365^n(365-n)!}$$

$$P(\text{至少两人生日相同})=1-P(\text{生日全不相同})=1-\frac{365!}{365^n(365-n)!}$$

根据班级人数 $n$，我们可以求出至少有两人生日相同的概率，如

$$p_{20}=0.4114,\ p_{30}=0.7063,\ p_{50}=0.9704,\ p_{60}=0.9941$$

### 1.2.3　确定概率的几何方法

古典概率法只考虑了有限等可能结果的随机变量的概率模型。这里我们进一步研究样本空间为线段、平面区域或空间立体等的等可能随机变量的概率模型，我们称为概率的几何方法。

其基本思想是：

（1）如果一个随机现象的样本空间 $\Omega$ 充满某个区域，其度量（如长度、面积、体积等）大小可用 $S_{\Omega}$ 表示；

（2）任意一点落在度量相同的子区域内是等可能的，譬如在样本空间 $\Omega$ 中有一单位正方形 $A$ 和直角边长为 1 与 2 的直角三角形 $B$，而点落在区域 $A$ 和区域 $B$ 是等可能的，因为这两个区域的面积相等；

（3）若事件 $A$ 为 $\Omega$ 中的某个子区域，且其度量大小可用 $S_A$ 表示，则事件 $A$ 的概率为

$$P(A)=\frac{S_A}{S_{\Omega}}$$

这种概率称为**几何概率**。

求几何概率的关键是对样本空间 $\Omega$ 和所求事件 $A$ 用图形描述清楚（一般用平面或空间图形），然后计算出相关图形的度量（如面积或体积等）。

**例 1.2.3**　长度为 $a$ 的棒任意折成三段，求它们可以构成一个三角形的概率。

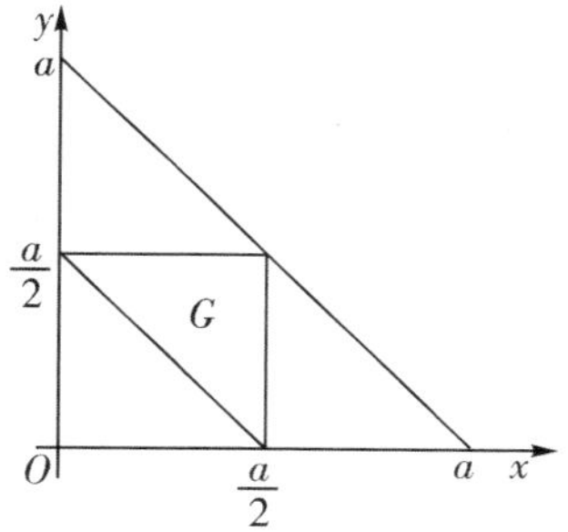


**解**：设折得的三段长度分别为 $x$，$y$ 和 $a-x-y$，那么样本空间 $S_{\Omega}=\{(x,\ y)\mid 0\leqslant x\leqslant a,\ 0\leqslant y\leqslant a,\ 0\leqslant a-x-y\leqslant a\}$。而随机事件 $A$：“三段构成三角形”相应的区域 $S_A$ 应满足两边之和大于第三边的原则，得到联立方程组

$$\begin{cases}a-x-y<x+y\\x<a-x\\y<a-y\end{cases}，解得 0<x<\frac{a}{2},\ 0<y<\frac{a}{2},\ \frac{a}{2}<x+y<a,$$

即 $S_A=\left\{(x,\ y)\mid 0<x<\frac{a}{2},\ 0<y<\frac{a}{2},\ \frac{a}{2}<x+y<a\right\}$，由图中计算面积之比，可得到相应的几何概率

$$P(A)=\frac{S_A}{S_\Omega}=\frac{1}{4}$$

### 1.2.4 确定概率的频率方法

若古典概率法的两个条件不能满足，此时如何定义概率？常用的一种方法是把含有事件 $A$ 的随机试验独立重复 $n$ 次，记事件 $A$ 发生的次数为 $n_A$，也称 $n_A$ 为事件 $A$ 的频数，称比值 $f_n(A)=\frac{n_A}{n}$ 为事件 $A$ 出现的频率。人们的长期实践表明，随着试验重复次数 $n$ 的增加，频率 $f_n(A)$ 会稳定在某个值 $p$ 附近，我们称这个常数 $p$ 为频率的稳定值，这个值 $p$ 就定义为事件 $A$ 的概率。

**例 1.2.4** 一口袋中有 6 只乒乓球，其中 4 只白球，2 只红球。每次试验任取一球，观察颜色后做记录，放回袋中搅匀，再重复。

**表 1.2.1 取球试验的若干结果**

| 取球次数（$n$） | 出现白球次数（$n_A$） | 频率（$\frac{n_A}{n}$） |
|---|---|---|
| 200 | 139 | 0.695 |
| 400 | 261 | 0.653 |
| 600 | 401 | 0.668 |

在本例中，取出的球为白球的频率在 0.66 附近摆动，当 $n$ 增大时，逐渐稳定于 $\frac{2}{3}$。

**例 1.2.5** 历史上很多人做过抛硬币的试验，考察“正面朝上”的次数，其结果见表 1.2.2。

**表 1.2.2 历史上抛硬币试验的若干结果**

| 实验者 | 抛硬币次数（$n$） | 出现正面朝上次数（$n_A$） | 频率（$\frac{n_A}{n}$） |
|---|---|---|---|
| 蒲丰（Buffon） | 4040 | 2048 | 0.5069 |
| 克里奇（Kerrich） | 10000 | 5067 | 0.5067 |
| 皮尔逊（K. Pearson） | 12000 | 6019 | 0.5016 |
| 皮尔逊（K. Pearson） | 24000 | 12012 | 0.5005 |

在本例中，抛出的硬币正面朝上的频率在 0.50 附近摆动，当 $n$ 增大时，逐渐稳定于 $\frac{1}{2}$。

**注意**：确定概率的频率方法虽然是很合理的，但此方法的缺点也是很明显的。在现实中，人们无法把一个试验无限次地重复下去，因此要精确获得频率的稳定值是很困难的。但频率方法提供了概率的一个可供想象的具体值，并且在试验重复次数 $n$ 较大时，可用频率给出概率的一个近似值，这是频率方法最有价值的地方。在统计学中常用频率作为概率的估计值。

### 1.2.5 概率的性质和计算公式

利用概率的公理化定义可推导出频率的一系列性质和概率计算公式，以下我们逐一给出概率的一些常用性质。

**性质 1.2.1** 必然事件 $\Omega$ 的概率为 1，不可能事件 $\varnothing$ 的概率为 0，即

$$P(\Omega)=1,\ P(\varnothing)=0$$

**性质 1.2.2** 对任意两个事件 $A$ 和 $B$，有

$$P(A\cup B)=P(A)+P(B)-P(AB)$$

若有限个事件 $A_1$，$A_2$，…，$A_n$ 互不相容，则有

$$P(\bigcup_{i=1}^{n} A_i)=\sum_{i=1}^{n} P(A_i)$$

**性质 1.2.3** 对任意两个事件 $A$ 和 $B$，有

$$P(A-B)=P(A)-P(AB)$$

若 $B\subset A$，则有

$$P(A-B)=P(A)-P(B)$$

**性质 1.2.4** 对任意事件 $A$，有

$$P(\overline{A})=1-P(A)$$

其中 $\overline{A}$ 为事件 $A$ 的对立事件。在计算概率时，有些事件直接考虑较为复杂，而考虑其对立事件的概率则相对比较简单，如例 1.2.2 中，我们直接求“至少有两人生日相同”的概率相对比较复杂，而利用它的对立事件“生日全不相同”的概率来求相对要简单很多。

**例 1.2.6** 已知 $P(A)=0.3$，$P(B)=0.5$，$P(AB)=0.2$，求 $P(A\cup B)$，$P(A-B)$，$P(\bar{A})$。

**解：**

$$P(A\cup B)=P(A)+P(B)-P(AB)=0.3+0.5-0.2=0.6$$
$$P(A-B)=P(A)-P(AB)=0.3-0.2=0.1$$
$$P(\bar{A})=1-P(A)=1-0.3=0.7$$

### 1.2.6 条件概率及乘法公式

在实际中，除了前文所述各事件的概率问题外，还会遇到“在事件 $A$ 已经发生的条件下，求事件 $B$ 发生的概率”问题，这就是条件概率，记为 $P(B|A)$。

**定义 1.2.2** 设有两个事件 $A$ 和 $B$，且 $P(A)>0$，则称

$$P(B|A)=\frac{P(AB)}{P(A)}$$

为在事件 $A$ 已经发生的条件下，事件 $B$ 发生的**条件概率**。

类似地，当且 $P(B)>0$，则称

$$P(A|B)=\frac{P(AB)}{P(B)}$$

为在事件 $B$ 已经发生的条件下，事件 $A$ 发生的条件概率。易证，条件概率同样满足概率的公理化定义，即

（1）非负性：$P(B|A)\geqslant 0$；

（2）正则性：$P(\Omega|A)=1$；

（3）可列可加性：若 $B_1$，$B_2$，…互不相容，有 $P(\bigcup\limits_{i=1}^{\infty}B_i|A)=\sum\limits_{i=1}^{\infty}P(B_i|A)$。

因此，条件概率也是概率，具有概率的一切性质。

**定义 1.2.3** 当 $P(A)>0$，由条件概率定义 $P(B|A)=\dfrac{P(AB)}{P(A)}$，则有

$$P(AB)=P(B|A)P(A)$$

类似地，当且 $P(B)>0$，则有

$$P(AB)=P(A|B)P(B)$$

它们都称为概率的**乘法公式**。

对于多个事件的情况，条件概率的乘法公式也适用。例如，设三个事件 $A$，$B$，$C$，且 $P(AB)>0$，则有

$$P(ABC)=P(A)P(B|A)P(C|AB)$$
$$P(ABC)=P(B)P(A|B)P(C|AB)$$

若设 $A_1$，$A_2$，…，$A_n$ 为有限个事件，且 $P(A_1A_2\cdots A_{n-1})>0$，则有

$$P(A_1A_2\cdots A_n)=P(A_1)P(A_2|A_1)P(A_3|A_1A_2)\cdots P(A_n|A_1A_2\cdots A_{n-1})$$

**例 1.2.7**　已知 $P(A)=0.25$，$P(C)=0.2$，$P(B|A)=0.3$，$P(A|B)=0.5$，$P(C|AB)=0.2$，求 $P(A\cup B)$，$P(ABC)$。

**解：**

$$P(AB)=P(B|A)P(A)=0.3\times 0.25=0.075$$
$$P(B)=\frac{P(AB)}{P(A|B)}=\frac{0.075}{0.5}=0.15$$
$$P(A\cup B)=P(A)+P(B)-P(AB)=0.25+0.15-0.075=0.325$$
$$P(ABC)=P(A)P(B|A)P(C|AB)=0.25\times 0.3\times 0.2=0.015$$

### 1.2.7　随机事件的独立性

在实际问题中，我们会遇到“事件 $A$，$B$ 中，事件 $A$ 的发生会对事件 $B$ 发生的概率有影响”，即 $P(B)\neq P(B|A)$。但也常会遇到“事件 $A$，$B$ 中，任何一个事件的发生都不会对另一个事件发生的概率产生影响”，此时，$P(B)=P(B|A)$，乘法公式可写为 $P(AB)=P(B|A)P(A)=P(A)P(B)$。

**定义 1.2.4**　若两个事件 $A$ 和 $B$ 满足

$$P(AB)=P(A)P(B)$$

则称 $A$，$B$ **独立**，或称 $A$，$B$ **相互独立**；

**注意：**两个事件 $A$ 和 $B$ 互不相容和相互独立是完全不同的概念，互不相容是表述在一次随机试验中事件 $A$ 和 $B$ 不能同时发生，而相互独立是表述在一次随机试验中事件 $A$ 是否发生与事件 $B$ 是否发生互无影响，它们是分别从两个不同的角度表述了两事件间的某种联系。

类似地，若三个事件 $A$，$B$，$C$ 满足

$$\begin{cases}P(AB)=P(A)P(B)\\P(AC)=P(A)P(C)\\P(BC)=P(B)P(C)\\P(ABC)=P(A)P(B)P(C)\end{cases}$$

则称 $A$，$B$，$C$ **相互独立**；

若 $n$ 个事件 $A_1$，$A_2$，…，$A_n$ $(n \geqslant 2)$，对于所有可能的组合 $1 \leqslant i < j < k < \cdots \leqslant n$，有

$$\begin{cases} P(A_iA_j) = P(A_i)P(A_j) \\ P(A_iA_jA_k) = P(A_i)P(A_j)P(A_k) \\ \qquad \vdots \\ P(A_1A_2\cdots A_n) = P(A_1)P(A_2)\cdots P(A_n) \end{cases}$$

则称 $n$ 个事件 $A_1$，$A_2$，…，$A_n$ 相互独立；其中若 $n$ 个事件 $A_1$，$A_2$，…，$A_n$ 满足 $P(A_iA_j) = P(A_i)P(A_j)$，称为 $A_1$，$A_2$，…，$A_n$ 两两独立。

$$P(A_1A_2\cdots A_n) = P(A_1)P(A_2 \mid A_1)P(A_3 \mid A_2A_1)\cdots P(A_n \mid A_1A_2\cdots A_{n-1})$$

**例 1.2.8** 将一个均匀的正四面体的第一、第二和第三面分别染上红、黄、蓝三色，将第四面同时染上红、黄、蓝，设 $A$，$B$，$C$ 分别表示掷一次四面体红色、黄色、蓝色向下的事件，试求事件 $A$，$B$，$C$ 间的独立性。

**解：** 根据题意可知

$$P(A) = P(B) = P(C) = 0.5$$
$$P(AB) = P(AC)P(BC) = 0.25$$
$$P(ABC) = 0.25$$

故可得

$$P(AB) = P(A)P(B); P(AC) = P(A)P(C); P(BC) = P(B)P(C)$$
$$P(ABC) = 0.25 \neq P(A)P(B)P(C) = 0.125$$

因此，事件 $A$，$B$，$C$ 两两独立，但不是相互独立。

## 本章习题

1. 写出下列随机试验的样本空间：

（1）同时掷 3 颗骰子，记录 3 颗骰子点数之和；

（2）连续抛 1 枚硬币，直至出现正面为止；

（3）口袋中有黑、白、红球各 1 个，从中不放回地任取 2 个球；

（4）任取 1 只灯泡，观察其寿命。

2. 某地铁站每隔 5 分钟有 1 列车通过，假定乘客对于列车通过该站的时间完全不知道，观察乘客候车的时间的样本空间 $\Omega$。

3. 100 个产品中有 3 个废品，任取 5 个，求其废品数分别为 0，1，2，3 的概率。

4. 设有 10 个数字 0，1，…，9 从中任取两个数字，求其和大于 10 的概率。

5. 某地区电话号码是由数字 3 开头的 8 个数字组成的八位数，求

（1）一个电话号码的八位数全部相同的概率；

（2）一个电话号码的八位数不全相同的概率。

6. 有 100 件产品，其中有 10 件是次品，任取 8 件，求至少有 1 件是次品的概率。

7. 设袋中有 10 个乒乓球，其中 4 个为白色，6 个为黄色。今从袋中随机地取 3 个球，问这 3 个球中至少有 1 个是白球的概率。

8. 将 3 个球随机地放入 4 个杯子中去，求杯子中球的最大个数分别是 1，2，3 的概率。

9. 用 3 台机床加工同一种零件，其中零件由各机床加工的概率分别为 0.5，0.3，0.2，各机床加工的零件为合格品的概率分别是 0.94，0.9，0.95，求全部产品的合格率。

10. 设甲乙两篮球运动员投篮命中率分别为 0.7 和 0.6，每人投篮 3 次，求两人进球数相等的概率。

11. 两人相约 5 点到 6 点在某地碰面，先到者等候另一人 20 分钟，若超时就可离去，试求这两人能会面的概率。

12. 1777 年，法国科学家蒲丰提出下列著名的问题：在平面上画距离分别为 $a$ 的若干条平行线，如向平面投掷一枚长 $l$（$l<a$）的小针，问它与任一条平行线相交的概率。

13. 有两人进行投篮比赛，甲投进的概率为 0.6，乙投进的概率为 0.75。他们约定：甲先投篮，谁先投进篮筐，谁赢；或每人都已投篮 3 次后投篮结束。甲、乙两人获胜的概率各为多少？

# 第 2 章　随机变量及其分布

## 2.1　随机变量及其分布

### 2.1.1　基本概念

在许多随机现象的试验中，观察的对象常常是一个随机取值的量。例如掷一颗骰子出现的点数 $X$，它本身就是一个数值。但是随机现象的观察对象中还有很多本身不是数字的，这时就需要根据研究设置随机变量的相应数字，例如抛一枚硬币出现正面还是反面这种问题，就不能简单理解为普通函数，但我们可以通过下面的方法使它与随机变量 $X$ 联系起来：当出现正面时，规定其对应数为“1”；出现反面时，规定其对应数为“0”，于是

$$X = X(\omega) = \begin{cases} 1, & \text{出现正面} \\ 0, & \text{出现反面} \end{cases}$$

在上例中，$X$ 为随机变量，随着试验结果（基本事件 $\omega$）的不同而变化。所以 $X$ 实际上是基本事件 $\omega$ 的函数，即 $X = X(\omega)$。

**定义 2.1.1**　设随机试验的样本空间为 $\Omega$，如果 $\Omega$ 中每个事件 $\omega$ 都有唯一的实数值 $X = X(\omega)$ 与之对应，则称 $X = X(\omega)$ 为随机变量。在概率论及数理统计中，常用大写字母 $X$，$Y$，$Z$ 等表示随机变量，其在事件中的取值用对应的小写字母 $x$、$y$、$z$ 等表示。如果一个随机变量仅可能取有限个（如掷骰子出现的点数）或可列个（如电话交换台接到的呼唤次数）值，则称其为**离散型随机变量**。如果一个随机变量的可能取值充满数轴上的一个区间 $(a, b)$（如导弹弹着点到目标的距离），则称其为**连续型随机变量**，其中 $a$ 可以是 $-\infty$，$b$ 可以是 $+\infty$。

有了随机变量，就可以通过它来描述随机试验中的各种事件，能全面反映试验的情况。这就使得我们对随机现象的研究，从前面第一章中对事件与事件的概率的研究，扩大到对随机变量的研究。这样一些微积分学、线性代数等的数学分析方法也可用来研究概率论中的随机现象了。

### 2.1.2　随机变量的分布函数

与我们以前所学的微积分和线性代数中的变量不同，概率论中的随机变量 $X$ 是一种“随机取值的变量并伴随相应的分布”，在研究这个随机变量时，我们不仅要知道 $X$ 可能的取值，还要知道其取值的概率各是多少。因此，在概率论中就引入了以概率为

基础的分布函数概念：

**定义 2.1.2** 设 $X$ 是一个随机变量，对任意实数 $x$，称函数

$$F(x)=P(X\leqslant x),\ (-\infty<x<+\infty) \tag{2.1.1}$$

为随机变量的分布函数，记为 $X\sim F(x)$。

**例 2.1.1** 向半径为 $r$ 的圆内随机掷一小球，求小球到圆中心的距离 $X$ 的分布函数 $F(x)$，并求 $P\left(X\leqslant\frac{2r}{3}\right)$的概率。

**解**：事件"$X\leqslant x$"表示所掷小球的落点在半径为"$x(0\leqslant x\leqslant r)$"的圆内，由几何概率得

$$F(x)=P(X\leqslant x)=\frac{\pi x^2}{\pi r^2}=\frac{x^2}{r^2}$$

故

$$P\left(X\leqslant\frac{2r}{3}\right)=F\left(\frac{2r}{3}\right)=\left(\frac{2}{3}\right)^2=\frac{4}{9}$$

从分布函数的定义可知，对任一随机变量 $X$（不管是离散变量还是连续变量）都有一个分布函数，并可依据这个分布函数算得随机变量相关事件的概率。分布函数 $F(x)$ 具有以下三条基本性质：

（1）有界性，对任意的实数 $x$，都有 $0\leqslant F(x)\leqslant 1$，且 $F(-\infty)=\lim\limits_{x\to-\infty}F(x)=0$，$F(+\infty)=\lim\limits_{x\to+\infty}F(x)=1$；

（2）单调非减性，对任意的实数 $x_1<x_2$，都有 $F(x_1)\leqslant F(x_2)$；

（3）右连续性，对任意的实数 $x_0$，都有 $\lim\limits_{x\to x_0+0}F(x)=F(x_0)$，即 $F(x_0+0)=F(x_0)$。

证明过程略。

以上三条基本性质是分布函数必须具有的性质，这三个基本性质也是判断某个函数是否能成为分布函数的充要条件。此外，依据随机变量 $X$ 的分布函数定义，许多有关 $X$ 的各种事件的概率都能方便地用分布函数来表示了，例如对任意的实数 $a$ 与 $b$，有：

$$P(a<X\leqslant b)=F(b)-F(a)$$
$$P(X>b)=1-F(b)$$
$$P(X=a)=F(a)-F(a-0)$$

等，这些会在以后的概率计算中经常遇到。

### 2.1.3 离散型随机变量的分布率及其分布函数

**定义 2.1.3** 设离散型随机变量 $X$ 的可能取值为 $x_1$，$x_2$，…，$x_n$，且取各个值时，即事件（$X=X_i$）的概率为

$$p_i=p(x_i)=P(X=x_i),\ i=1,\ 2,\ \cdots,\ n \tag{2.1.2}$$

则称式（2.1.2）为离散型随机变量 $X$ 的**概率分布或分布律**。有时也用分布列的形式给出：

| $X$ | $x_1$ | $x_2$ | … | $x_i$ | … |
|---|---|---|---|---|---|
| $p_i$ | $p(x_1)$ | $p(x_2)$ | … | $p(x_i)$ | … |

其中：

（1）$p_i>0$；

（2）$\sum_{i=1}^{+\infty}p_i=1$，$i=1,\ 2,\ \cdots,\ n$。相应的 $X$ 的分布函数为

$$F(x)=P(X\leqslant x)=\sum_{x_i\leqslant x}p(x_i) \tag{2.1.3}$$

它是一个取值位于［0，1］上的非减的阶梯函数。

$F(x)$ 的图形是阶梯图形，$x_1$，$x_2$，…是第一类间断点，随机变量 $X$ 在 $x_i$ 处的概率就是 $F(x)$ 在 $x_i$ 处的跃度。根据分布函数的定义，离散型分布函数 $F(x)$ 具有如下性质：

（1）$0\leqslant F(x)\leqslant 1$，$-\infty<x<+\infty$；

（2）$F(x)$ 是单调不减的函数，即 $x_1<x_2$ 时，有 $F(x_1)\leqslant F(x_2)$；

（3）$F(-\infty)=\lim\limits_{x\to-\infty}F(x)=0$，$F(+\infty)=\lim\limits_{x\to+\infty}F(x)=1$；

（4）$F(x+0)=F(x)$，即 $F(x)$ 是右连续的；

（5）$P(X=x)=F(x)-F(x-0)$。

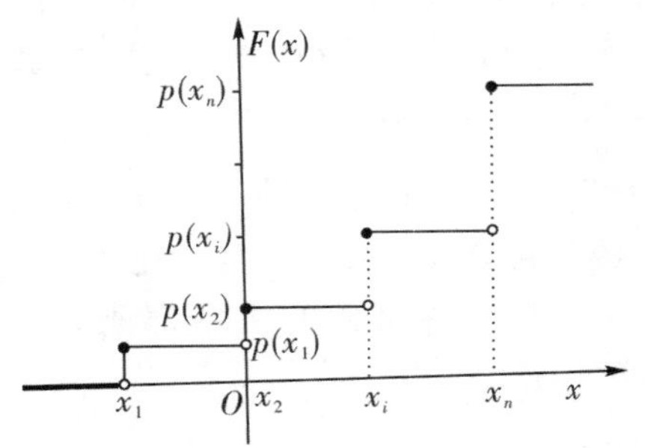


**图 2.1.1 离散型随机变量 $X$ 的分布函数**

**例 2.1.2**　设离散型随机变量 $X$ 的分布列为

| $X$ | $-1$ | $0$ | $1$ | $2$ |
|---|---|---|---|---|
| $p_i$ | 0.125 | 0.125 | 0.25 | 0.5 |

求 $X$ 的分布函数，并求 $P(X\leqslant\frac{1}{2})$，$P(1\leqslant X\leqslant\frac{3}{2})$。

**解：** 由离散型随机变量的分布函数的定义得

$$P(X\leqslant\frac{1}{2})=P(X=-1)+P(X=0)=0.25$$

$$P(1\leqslant X\leqslant\frac{3}{2})=P(X=1)=0.25$$

$$F(x)=\begin{cases}0, & x<-1\\ 0.125, & -1\leqslant x<0\\ 0.25, & 0\leqslant x<1\\ 0.5, & 1\leqslant x<2\\ 1, & x\geqslant 2\end{cases}$$

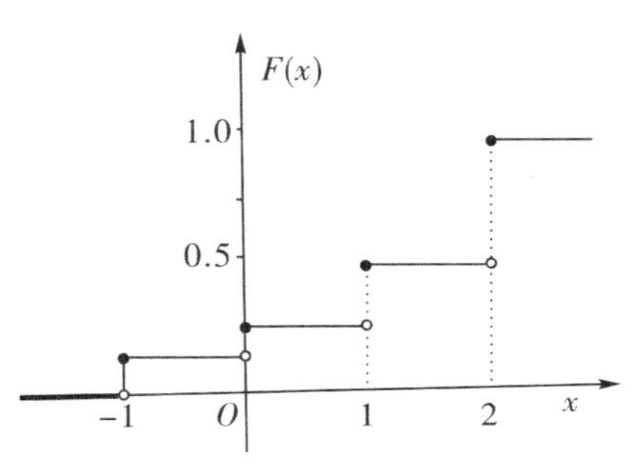


图 2.1.2　离散型随机变量 $X$ 的分布函数

$F(x)$ 的图形如图 2.1.2 所示，它是一条阶梯形的曲线，在 $X$ 的可能取值 $-1$，0，1，2 处有右连续的跳跃点，其跳跃度分别为 $X$ 在其可能取值点的概率 0.125，0.25，0.5 处。

**例 2.1.3**　设随机变量 $X$ 的分布函数为

$$F(x)=\begin{cases}\dfrac{Ax}{1+x}, & x>0\\ 0, & x\leqslant 0\end{cases}$$

其中 $A$ 是一个常数，求（1）常数 $A$；（2）$P(1\leqslant X\leqslant 2)$。

**解：**

由 $P(X\leqslant+\infty)=F(+\infty)=\lim\limits_{x\to+\infty}F(x)=\lim\limits_{x\to+\infty}(\frac{Ax}{1+x})=1$，得 $A=1$；

$$P(1\leqslant X\leqslant 2)=P(X=2)-P(X=1)=\frac{2}{3}-\frac{1}{2}=\frac{1}{6}$$

### 2.1.4　连续型随机变量的密度函数

连续型随机变量的一切可能取值充满某个区间（$a$，$b$），在这个区间内有无穷不可列个实数，因此描述连续型随机变量的概率分布不可能再用分布列的形式表示，而改用概率密度函数表示。

**定义 2.1.4** 设 $F(x)$ 是随机变量 $X$ 的分布函数，如果存在实数轴上的一个非负可积函数 $f(x)$，使得对任意实数 $x$，有

$$F(x) = \int_{-\infty}^{x} f(t)\,\mathrm{d}t \tag{2.1.4}$$

则称 $f(x)$ 为连续型随机变量 $X$ 的**概率密度函数**，简称**密度函数**或**概率密度**。

从式（2.1.4）可以看出，概率密度函数 $f(x)$ 的值虽不是概率，但乘以微分元 $dx$ 就可得小区间（$x$，$x+\mathrm{d}x$）上概率的近似值，即 $f(x)\mathrm{d}x \approx P(x<X<x+\mathrm{d}x)$。很多相邻的微分元的累积就可以得到 $X$ 在（$a$，$b$）上取值的积分，这个积分值就是 $X$ 在（$a$，$b$）上取值的概率。另外，在式（2.1.4）中，在 $F(x)$ 导数存在的点上，我们可以得到

$$\frac{\mathrm{d}F(x)}{\mathrm{d}x} = f(x)$$

其中 $F(x)$ 是（累积）概率函数，其导数 $\frac{\mathrm{d}F(x)}{\mathrm{d}x}$ 是概率密度函数，这样我们就可看出其被称为概率密度函数的缘由。

此外，如图 2.1.3 所示，密度函数 $f(x)$ 的图形是一条曲线，称为**密度（分布）曲线**；$F(x)$ 是连续函数，它们具有以下性质：

（1）$P(x_1 \leqslant X \leqslant x_2) = P(x_1 < X \leqslant x_2) = P(x_1 \leqslant X < x_2) = P(x_1 < X < x_2) = F(x_2) - F(x_1) = \int_{x_1}^{x_2} f(t)\,\mathrm{d}t$；

（2）$f(x)$ 为非负函数，即 $f(x) \geqslant 0$；

（3）$f(x)$ 为可积分的，即 $F(+\infty) = \int_{-\infty}^{+\infty} f(t)\,\mathrm{d}t = 1$，其几何意义是“在横轴上面、密度曲线下面的全部面积等于 1”。

如果一个函数满足（2）（3），则它一定是某个连续随机变量的密度函数，（2）（3）两条基本性质也是确定或判别函数是否是密度函数的充要条件。

**例 2.1.4** 随机变量 $X$ 的概率密度为 $f(x)$，$f(x) = \begin{cases} A\sqrt{x}, & 0<x<4 \\ 0, & \text{其他} \end{cases}$，求 $A$ 和 $F(x)$。

**解：** 记 $X$ 的分布函数为 $F(x)$，则

当 $x \leqslant 0$ 时，$\{X \leqslant x\}$ 是不可能事件，所以 $F(x) = P(X \leqslant x) = 0$；

当 $x \geqslant 4$ 时，$\{X \leqslant x\}$ 是必然事件，所以 $F(x) = P(X \leqslant x) = 1$，即

$F(x) = P(X \leqslant x) = \int_0^4 A\sqrt{x}\mathrm{d}x = \frac{16A}{3} = 1$，得 $A = \frac{3}{16}$；

于是，当$0<x<4$时，有$F(x)=P(X\leqslant x)=P(0<X\leqslant x)=\int_0^x A\sqrt{x}\mathrm{d}x=\int_0^x \frac{3}{16}\sqrt{x}\mathrm{d}x=\frac{1}{8}x^{\frac{3}{2}}$；于是$X$的分布函数为

$$F(x)=\begin{cases}0, & x\leqslant 0\\ \frac{1}{8}x^{\frac{3}{2}}, & 0<x<4\\ 1, & x\geqslant 4\end{cases}$$

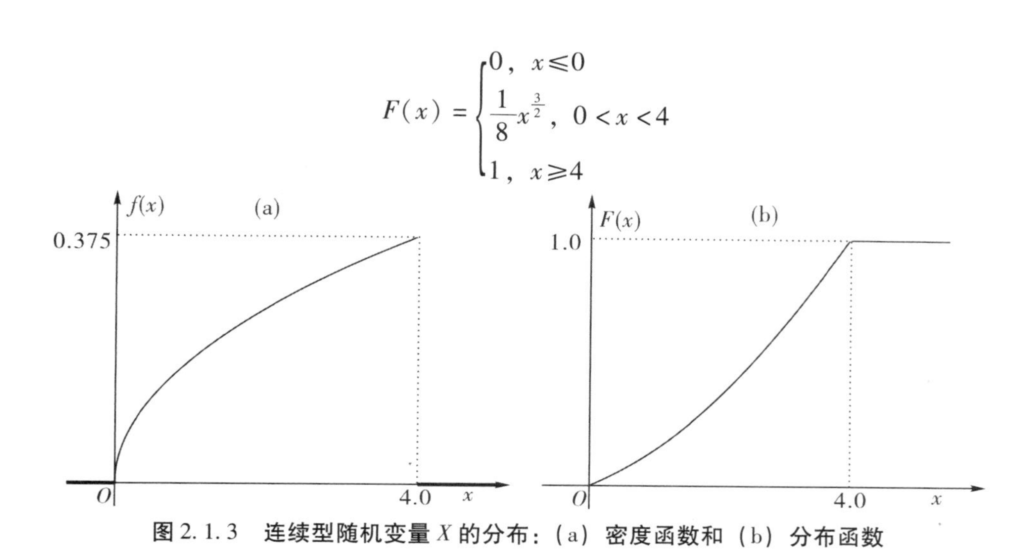


**图 2.1.3　连续型随机变量 $X$ 的分布：(a) 密度函数和 (b) 分布函数**

**例 2.1.5**　随机变量$X$的概率密度为

$$f(x)=\begin{cases}(1-2x^2)\mathrm{e}^{-x^2}, & x>0\\ 0, & x\leqslant 0\end{cases}$$

求$X$的分布函数$F(x)$和$P(-2<X\leqslant 4)$。

**解**：记$X$的分布函数为$F(x)$，则

当$x\leqslant 0$时，$\{X\leqslant x\}$是不可能事件，所以$F(x)=P(X\leqslant x)=0$；

当$x>0$时，有$F(x)=P(X\leqslant x)=P(0<X\leqslant x)=\int_0^x(1-2x^2)\mathrm{e}^{-x^2}\mathrm{d}x=x\mathrm{e}^{-x^2}\Big|_0^x=x\mathrm{e}^{-x^2}$；于是$X$的分布函数为

$$F(x)=\begin{cases}0, & x\leqslant 0\\ x\mathrm{e}^{-x^2}, & x>0\end{cases}$$

$$P(-2<x\leqslant 4)=F(4)-F(-2)=4\mathrm{e}-4^2-0=4\mathrm{e}^{-16}$$

## 2.2　随机变量的常用分布

随机变量都会满足一定的分布，从而使我们可以通过这些分布来展开一些统计分析及推断等。这里我们介绍几种生活中常用的分布及其表达式。

### 2.2.1 贝努利分布

若随机变量 $X$ 只能取 0 和 1，其分布律为

| $X$ | 0 | 1 |
| --- | --- | --- |
| $P$ | $1-p$ | $p$ |

或记为

$$P(X=x)=p^{x}(1-p)^{1-x},\ x=0,\ 1 \tag{2.2.1}$$

其中 $0<p<1$，则称 $X$ 服从参数为 $p$ 的贝努利分布，或称 0－1 分布或两点分布，记为 $X\sim B(1,\ p)$。实际上，随机试验的结果只有两种时，我们都可以定义一个服从贝努利分布的随机变量，如买彩票中奖与否、产品质量合格与不合格等。而当试验结果有多个，但我们仅关心事件 $A$ 是否出现时，则可将样品空间划分为 $A$，$\overline{A}$，从而也可定义一个服从贝努利分布的随机变量

$$X=\begin{cases}0, & A\text{ 不发生}\\ 1, & A\text{ 发生}\end{cases}$$

**例 2.2.1** 从装有 5 个红球和 3 个白球的盒子中随机地取一个球，此时样本空间中有 8 个样本点，若我们仅关心事件“$A=\{$取到的球为红球$\}$”，此时可设：

$$X=\begin{cases}0, & A\text{ 不发生}\\ 1, & A\text{ 发生}\end{cases}$$

则由古典概率模型得其分布律为

| $X$ | 0 | 1 |
| --- | --- | --- |
| $P$ | $\frac{3}{8}$ | $\frac{5}{8}$ |

### 2.2.2 二项分布

在 $n$ 重贝努利试验中，若每次试验事件 $A$ 发生的概率为 $p(0<p<1)$，随机变量 $X$ 为 $n$ 重贝努利试验中事件 $A$ 发生的次数，则 $X$ 可能取值为 0，1，2，…，$n$，且对每一

个可能的取值，有

$$P(X=k)=C_n^k p^k(1-p)^{n-k},\ k=0,1,2,\cdots,n \tag{2.2.2}$$

则称随机变量 $X$ 服从参数为 $n$、$p$ 的二项分布，记为 $X\sim B(n,p)$。

容易验证：

（1）$P(X=k)\geqslant 0$；

（2）$\sum_{k=0}^{n} C_n^k p^k(1-p)^{n-k}=(p+1-p)^n=1$。

特别是，当 $n=1$ 时，二项分布就变为贝努利分布：$P(X=k)=C_n^k p^k(1-p)^{n-k}$，$k=0,1$，所以贝努利分布是二项分布的特例。

**例 2.2.2**　某车间有 10 台同型号车床，若车床工作相互独立，且每台车床每小时平均工作 15 分钟。以 $X$ 表示该车间任一时刻处于工作状态的车床数，试求 $X$ 的分布律。

**解：** 任一时刻，每台车床只有“工作”“不工作”两种状态，且每台车床“工作”的概率为 $\frac{15}{60}=\frac{1}{4}$，则考察这 10 台车床的工作状态，就相当于进行了 10 重贝努利试验，故 $X\sim B(10,\frac{1}{4})$，其分布律为

$$\begin{aligned}P(X=k)&=C_{10}^k p^k(1-p)^{10-k}\\&=C_{10}^k\left(\frac{1}{4}\right)^k\left(\frac{3}{4}\right)^{10-k},\ k=0,1,2,\cdots,10\end{aligned}$$

### 2.2.3　泊松分布

设随机变量 $X$ 的分布律为

$$P(X=k)=\frac{\lambda^k}{k!}e^{-\lambda},\ k=0,1,2,\cdots \tag{2.2.3}$$

其中 $\lambda>0$，则称随机变量 $X$ 服从参数为 $\lambda(\lambda>0)$ 的泊松分布，记为 $X\sim P(\lambda)$ 或者 $X\sim\pi(\lambda)$。

对泊松分布而言，其满足分布律的两个基本性质：

（1）$P(X=k)\geqslant 0$，$k=1,2,\cdots$；

（2）$\sum_{k=0}^{\infty} P(X=k)=\sum_{k=0}^{\infty}\frac{\lambda^k}{k!}e^{-\lambda}=e^{-\lambda}\sum_{k=0}^{\infty}\frac{\lambda^k}{k!}=e^{-\lambda}e^{\lambda}=1$。

泊松分布 1837 年由法国数学家泊松（*S. D. Poisson*）首先提出，是概率论中一种很重要的分布，在社会生活与物理学等领域中，许多随机现象往往服从泊松分布，如飞机被击中的子弹数、来到公共汽车站的乘客数等。而二项分布中，如果设 $np=\lambda$、$n\to\infty$，

即极限分布时，二项分布就近似服从泊松分布，如公共汽车站的乘客数、机床发生故障的次数、自动控制系统中元件损坏的个数、某商店中到来的顾客人数、显微镜下落在某区域中的微生物的数目等，均可近似地服从泊松分布。

**例 2.2.3** 某工厂进行手机组装，设每部手机出现次品的概率为 0.001，若该工厂某个时间段组装手机 5000 台，试求组装的手机次品的数量不多于 5 的概率。

**解：** 设组装的手机次品数为 $X$，根据二项分布定义，则有 $X \sim B(5000, 0.001)$，其分布律为

$$P(X \leqslant 5) = \sum_{k=0}^{5} C_{5000}^{k} 0.001^{k} (1-0.001)^{5000-k}$$

这个概率的计算量很大。如果我们设 $\lambda = np = 5$，用泊松近似分布，查表得

$$P(X \leqslant 5) = \sum_{k=0}^{5} \frac{5^k}{k!} e^{-5} = 0.616$$

其结果与二项分布直接计算结果非常接近。

### 2.2.4 超几何分布

若一批产品共 $N$ 件，其中 $M$ 件次品，其余为正品。现从中随机抽取 $n$ 件，以 $X$ 表示这 $n$ 件产品中含有的次品数，则可由古典概率模型得 $X$ 的分布律为：

$$P(X=k) = \frac{C_M^k C_{N-M}^{n-k}}{C_N^n}, \ k=0, 1, 2, \cdots, \min(M, n) \tag{2.2.4}$$

我们称具有上述分布律的随机变量 $X$ 服从参数为 $N$、$M$、$n$ 的超几何分布，记为 $X \sim H(n, M, N)$。

**例 2.2.4** 袋中装有 4 个白球及 2 个黑球，从袋中不放回地任取 3 个球，试求其中含黑球的分布律。

解：设取出黑球的个数为 $X$，服从 $X \sim H(3, 2, 6)$ 的超几何分布，其分布律为

$$P(X=k) = \frac{C_2^k C_4^{3-k}}{C_6^3}, \ k=0, 1, 2$$

用表格的形式表示为

| $X$ | 0 | 1 | 2 |
|---|---|---|---|
| $P$ | $\frac{1}{5}$ | $\frac{3}{5}$ | $\frac{1}{5}$ |

### 附 1：几何分布*

几何分布是离散型随机分布中的一种，在这里我们列出作为选学内容，希望同学们能够自己学习了解。

设随机变量 $X$ 的分布律为

$$P(X=k)=p(1-p)^{k-1},\ k=1,\ 2,\ \cdots,\ n \tag{附 1}$$

则称 $X$ 服从参数为 $p(0<p<1)$ 的几何分布，记作 $X\sim G(p)$。

利用几何级数求和公式可以验证几何分布的概率 $p_k$ 满足：

$$\sum_k p_k = \sum_{k=1}^{\infty} C_n^k p(1-p)^{k-1} = p\frac{1}{p} = 1$$

一般，在贝努利试验中，记每次试验中事件 $A$ 发生的概率为 $p$，当试验进行到事件 $A$ 出现时停止，此时已进行的试验次数 $X$ 的分布列为

$$P(X=k)=p(1-p)^{k-1},\ k=1,\ 2,\ \cdots,\ n$$

其中 $k$ 称为事件 $A$ 的**首发生次数**。

实际中，有不少随机变量服从几何分布。如某产品的不合格率为 0.05，则抽样首次查到不合格品的检查次数 $X\sim G(0.05)$。

### 2.2.5　均匀分布

若随机变量 $X$ 的密度函数为

$$f(x)=\begin{cases}\dfrac{1}{b-a},& a<x<b\\ 0,& \text{其他}\end{cases} \tag{2.2.5}$$

则称 $X$ 服从区间（$a$，$b$）上的均匀分布，记为 $X\sim U(a,\ b)$。

根据分布函数的性质可知：

（1）$f(x)\geqslant 0$，$\int_{-\infty}^{+\infty} f(x)\mathrm{d}x = \int_a^b \frac{1}{b-a}\mathrm{d}x = 1$；

（2）$P(X\geqslant b)=P(X\leqslant a)=0$；

（3）随机变量 $X$ 落在区间（$a$，$b$）的任意子区间（$x$，$x+\Delta x$）内的概率为

$$P(x<X\leqslant x+\Delta x) = \int_x^{x+\Delta x} \frac{1}{b-a}\mathrm{d}x = \frac{\Delta x}{b-a}$$

均匀分布的分布函数为

$$F(x)=\begin{cases}0, & x<a\\ \dfrac{a-x}{b-a}, & a\leqslant x<b\\ 1, & x\geqslant b\end{cases} \tag{2.2.6}$$

其分布图形为

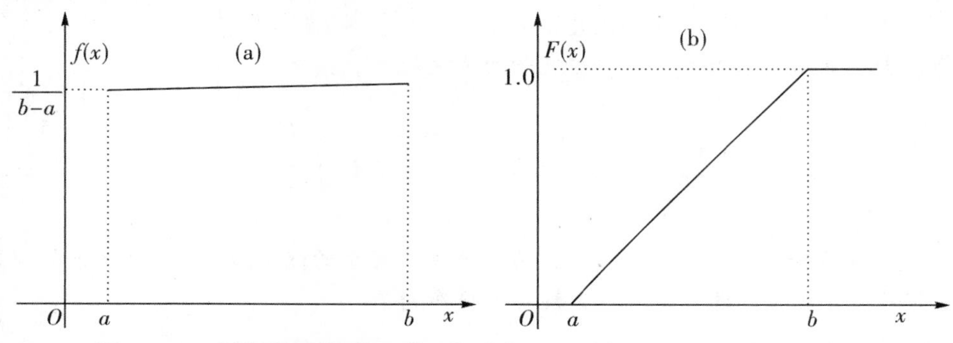


**图 2.2.1　连续型随机变量 $X$ 的均匀分布：(a) 密度函数，(b) 分布函数**

**例 2.2.5**　设电阻 $R$ 是一个均匀在 900 ～ 1100Ω 的随机变量，求 $R$ 落在 1000 ～ 1200Ω 之间的概率。

**解：**电阻 $R$ 的取值服从 $X\sim U(900,1100)$ 的均匀分布，故其密度函数分布为

$$f(x)=\begin{cases}\dfrac{1}{200}, & 900<x<1100\\ 0, & 其他\end{cases}$$

而求 $R$ 落在 1000 ～ 1200Ω 的概率，实际上变成了求 $R$ 落在 1000 ～ 1100Ω 和 1100 ～ 1200Ω 的概率，故所求概率为

$$\begin{aligned}P(1000<X\leqslant1200)&=P(\{1000<X\leqslant1100\}\cup\{1100<X\leqslant1200\})\\&=P(1000<X\leqslant1100)+P(1100<X\leqslant1200)=\int_{1000}^{1100}\frac{1}{200}\mathrm{d}x+0=\frac{1}{2}\end{aligned}$$

## 2.2.6　指数分布

设随机变量 $X$ 的密度函数为

$$f(x)=\begin{cases}\lambda \mathrm{e}^{-\lambda x}, & x\geqslant0\\ 0, & x<0\end{cases} \tag{2.2.7}$$

其中$\lambda>0$，则称随机变量 $X$ 服从参数为$\lambda$的指数分布，记作 $X\sim E(\lambda)$，其分布函数为

$$F(x)=\begin{cases}\int_0^x \lambda e^{-\lambda t}dt, x\geqslant 0\\ 0, x<0\end{cases}=\begin{cases}1-e^{-\lambda x}, & x\geqslant 0\\ 0, & x<0\end{cases} \tag{2.2.8}$$

指数分布也有广泛的应用，常用它作为各种“寿命”分布的近似，如某电子元件的使用寿命、动物的寿命等；电话的通话时间、随机服务系统中的服务时间等常假定为服从指数分布。

**例 2.2.6**　设顾客在某银行的窗口等待服务的时间 $X$（单位：分钟）服从指数分布，其概率密度为

$$f(x)=\begin{cases}\frac{1}{5}e^{-\frac{x}{5}}, & x\geqslant 0\\ 0, & x<0\end{cases}$$

若某顾客在窗口等待服务，求其等待时间超过 10 分钟的概率。

**解**：由密度函数可求顾客等待 10 分钟以上的概率为

$$F(x)=P(X\geqslant 10)=\int_{10}^{+\infty}\frac{1}{5}e^{-\frac{x}{5}}dx=e^{-2}=0.135$$

**注**：指数分布有广泛的应用，与其具有的一个特性有重要关系，具体如下：

如果 $X\sim E(\lambda)$，对任意的 $s$，$t(s>0, t>0)$，有

$$P(X\geqslant s+t\mid X\geqslant s)=P(X\geqslant t)$$

其中 $P(X\geqslant s+t\mid X\geqslant s)$是条件概率，这里不再讲述，相关知识请读者查阅相关资料。上式的含义为：若某种产品的使用寿命 $X(h)$服从指数分布，那么如果已知该产品使用了 $s(h)$没发生故障，则再能使用 $t(h)$而不发生故障的概率与已使用的时间 $s(h)$无关，只相当于重新开始使用 $t(h)$的概率，即对已使用过的 $s(h)$没有记忆。该性质也称为指数分布的“无记忆性”。

**例如**：在例 2.2.6 中，求顾客在银行窗口等待了 10 分钟以后，再等待 10 分钟以上的概率。

**解**：利用指数分布的无记忆性，该顾客等待了 10 分钟以后，再等待 10 分钟以上的概率和该顾客原来等待 10 分钟以上的概率相等，于是

$$P(X \geqslant 20 \mid X \geqslant 10) = P(X \geqslant 10) = \int_{10}^{+\infty} \frac{1}{5}e^{-\frac{x}{5}}dx = e^{-2} = 0.135$$

### 2.2.7 伽玛分布

对于随机变量 $X$，如果其满足分布函数

$$\Gamma(\alpha) = \int_0^{+\infty} x^{\alpha-1} e^{-x}dx \tag{2.2.9}$$

则称式（2.2.9）是随机变量 $X$ 的伽玛分布函数，其中参数 $\alpha>0$。伽玛函数具有如下性质：

（1）$\Gamma(1)=1$，$\Gamma(\frac{1}{2})=\sqrt{\pi}$

（2）$\Gamma(\alpha+1)=\alpha\Gamma(\alpha)$，当 $\alpha$ 为自然数 $n$ 时，有 $\Gamma(n+1)=n\Gamma(n)=n!$

而若随机变量 $X$ 的密度函数为

$$f(x) = \begin{cases} \frac{\lambda^{\alpha}}{\Gamma(\alpha)}x^{\alpha-1}e^{-\lambda x}, & x \geqslant 0 \\ 0, & x<0 \end{cases} \tag{2.2.10}$$

则称 $X$ 服从伽玛分布，记作 $X \sim Ga(\alpha, \lambda)$，其中 $\lambda(\lambda>0)$ 为尺度参数，$\alpha(\alpha>0)$ 为形状参数。

### 2.2.8 正态分布

1. 正态分布的密度函数和分布函数

若随机变量 $X$ 的密度函数为

$$f(x) = \frac{1}{\sqrt{2\pi}\sigma}e^{-\frac{(x-\mu)^2}{2\sigma^2}}, \quad (-\infty<x<+\infty) \tag{2.2.11}$$

其中 $\mu$，$\sigma^2(\sigma>0)$ 为常数，则称随机变量 $X$ 服从参数为 $\mu$、$\sigma^2$ 的正态分布或高斯分布，记作 $X \sim N(\mu, \sigma^2)$。

正态分布是概率论和数理统计学中最重要的一个分布，是高斯（Gauss）在研究误差理论时首先引入的，所以又称高斯分布。在实际问题中，大量的随机变量服从或近似服从正态分布，如果一个变量是许多微小的、独立的随机因素的综合或结果，那么这个变量一般都可以认为服从正态分布。如测量误差、产品重量、人的身高、年降雨量、考试成绩等。这些都可以用后面的章节中的中心极限定理来证明。正态分布具有良好的性质，许多分布可用正态分布来近似表示，而且有一些分布又可以由正态分布来导出。

正态分布密度函数$f(x)$的图形是一条钟形曲线，具有如下性质：

（1）$f(x)$关于直线$x=\mu$对称；

（2）$f(x)$在区间$(-\infty, \mu)$内单调增加，在区间$(\mu, +\infty)$内单调减小，因而$f(x)$在$x=\mu$处取得最大值$\frac{1}{\sqrt{2\pi}\sigma}$；

（3）曲线$f(x)$以$x$轴为渐近线；

（4）$f(x)$在$x=\mu\pm\sigma$处有拐点；

（5）若固定$\sigma$，则$f(x)$的曲线位置随$\mu$的取值沿$x$轴平移，曲线的形状不变；若固定$\mu$，则$f(x)$的曲线随$\sigma$的值变换，$\sigma$越小，曲线的峰顶越高，曲线越陡峭，$\sigma$越大，曲线的峰顶越低，曲线越平缓。

正态分布$X\sim N(\mu, \sigma^2)$的分布函数为

$$F(x)=\frac{1}{\sqrt{2\pi}\sigma}\int_{-\infty}^{x} e^{-\frac{(t-\mu)^2}{2\sigma^2}}dt, \quad (-\infty<x<+\infty) \tag{2.2.12}$$

它是一条光滑上升的$S$形曲线，详见图2.2.2。

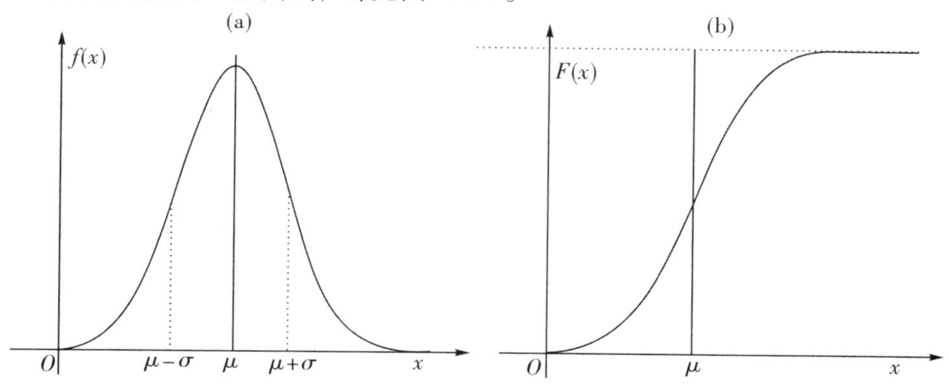


**图2.2.2　正态分布图：(a) 密度函数，(b) 分布函数**

2. 标准正态分布

参数$\mu=0$，$\sigma=1$时的正态分布称为标准正态分布，记作$U\sim N(0, 1)$，其密度函数和分布函数常分别用$\varphi(u)$，$\Phi(u)$表示，具体如下：

$$\varphi(u)=\frac{1}{\sqrt{2\pi}}e^{-\frac{u^2}{2}}, \quad (-\infty<u<+\infty) \tag{2.2.13}$$

$$\Phi(u)=\frac{1}{\sqrt{2\pi}}\int_{-\infty}^{u} e^{-\frac{t^2}{2}}dt, \quad (-\infty<u<+\infty) \tag{2.2.14}$$

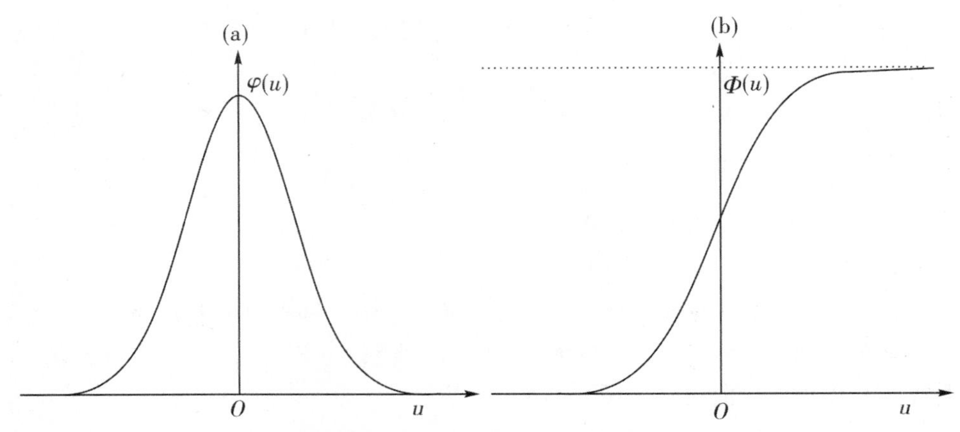


**图 2.2.3 标准正态分布图：(a) 密度函数，(b) 分布函数**

标准正态分布的函数图形如图 2.2.3 所示。显然标准正态分布的分布函数不含有任何未知参数，故其概率值 $\Phi(u)=P(U\leqslant u)$ 可以计算得到；标准正态分布的密度函数 $\varphi(u)$ 关于 $u=0$ 的纵轴对称，利用对称性，可得 $\Phi(-u)=1-\Phi(u)$，$P(u\leqslant 0)=\Phi(0)=0.5$。因此，为方便使用，人们编制了 $\Phi(u)$ 的函数值表，称为**标准正态分布表**（详见附表 4），可供使用。

**例 2.2.7** 设 $U\sim N(0,1)$，试计算：

(1) $P(U<2.2)$；$P(U<1.52)$；$P(U>1.76)$；$P(U<-1.76)$；

(2) $P(|U|<1.76)$；$P(|U|>2.2)$。

**解：** 查附表 4，可得

(1) $P(U<2.2)=\Phi(2.2)=0.9861$

$P(U<1.52)=\Phi(1.52)=0.9357$

$P(U>1.76)=1-P(U<1.76)=1-\Phi(1.76)=1-0.9608=0.0392$

$P(U<-1.76)=\Phi(-1.76)=1-\Phi(1.76)=1-0.9608=0.0392$

(2) $P(|U|<1.76)=P(-1.76<U<1.76)=\Phi(1.76)-\Phi(-1.76)=2\Phi(1.76)-1$
$=2\times 0.9608-1=0.9216$

$P(|U|>2.2)=P(U>2.2)+P(U<-2.2)=2-2P(U<2.2)=2-2\Phi(2.2)$
$=2-2\times 0.9861=0.0278$

3. 一般正态分布的标准化

$X\sim N(\mu,\sigma^2)$ 是以 $\mu$，$\sigma^2$ 为参数的一系列正态分布，将其通过一个线性替代变换，可以把正态分布转化为标准正态分布，从而极大地简化了正态分布相关的计算。

**定理 2.2.1** 若随机变量 $X\sim N(\mu,\sigma^2)$，则可以设 $U=\dfrac{X-\mu}{\sigma}$，使得 $U=\dfrac{X-\mu}{\sigma}\sim N(0,1)$。

**证明：** 令 $U=\dfrac{X-\mu}{\sigma}$，则 $U$ 的分布函数为

$$F(x)=P(U\leqslant x)=P\left(\frac{X-\mu}{\sigma}\leqslant x\right)=P(X\leqslant\sigma x+\mu)=\frac{1}{\sqrt{2\pi}\sigma}\int_{-\infty}^{\sigma x+\mu}\mathrm{e}^{-\frac{(t-\mu)^2}{2\sigma^2}}\mathrm{d}t$$

如果令 $u=\frac{t-\mu}{\sigma}$，则上式 $\frac{1}{\sqrt{2\pi}\sigma}\int_{-\infty}^{\sigma x+\mu}\mathrm{e}^{-\frac{(t-\mu)^2}{2\sigma^2}}\mathrm{d}t=\frac{1}{\sqrt{2\pi}}\int_{-\infty}^{x}\mathrm{e}^{-\frac{u^2}{2}}\mathrm{d}u=\Phi(x)$，即 $U=\frac{X-\mu}{\sigma}\sim N(0,1)$。通常 $U=\frac{X-\mu}{\sigma}$ 称为 $X$ 的标准化随机变量。

**例 2.2.8**　设 $X\sim N(1,4)$，求 $P(5\leqslant X\leqslant 7.2)$，$P(0\leqslant X\leqslant 1.6)$；求常数 $c$，使 $P(X>c)=2P(X\leqslant c)$。

**解：** 由 $X\sim N(1,4)$，可得

（1）$P(5\leqslant X\leqslant 7.2)=P\left(2\leqslant\frac{X-1}{2}\leqslant 3.1\right)=\Phi(3.1)-\Phi(2)=0.9990-0.9772=0.0218$；

（2）$P(0\leqslant X\leqslant 1.6)=P\left(-0.5\leqslant\frac{X-1}{2}\leqslant 0.3\right)=\Phi(0.3)-\Phi(-0.5)=\Phi(0.3)+\Phi(0.5)-1=0.6179+0.6915-1=0.3094$；

（3）由 $P(X>c)=1-P(X\leqslant c)=2P(X\leqslant c)$，得到 $P(X\leqslant c)=\frac{1}{3}=0.3333=P\left(\frac{X-1}{2}\leqslant\frac{c-1}{2}\right)=\Phi\left(\frac{c-1}{2}\right)=1-0.6667=1-\Phi(0.435)=\Phi(-0.435)$，所以 $\frac{c-1}{2}=-0.435$，$c=0.13$。

由定理 2.2.1 和例 2.2.7，我们可得到一些在实际中有用的计算公式，具体如下：

若 $X\sim N(\mu,\sigma^2)$，则 $P(X\leqslant c)=\Phi\left(\frac{c-\mu}{\sigma}\right)$；$P(a<X\leqslant b)=\Phi\left(\frac{b-\mu}{\sigma}\right)-\Phi\left(\frac{a-\mu}{\sigma}\right)$。

**例 2.2.9**　某人需乘车到机场搭乘飞机，现有两条路线可供选择。第一条路线较短，但交通比较拥挤，到达机场所需时间 $X$（分钟）服从正态分布 $N(50,100)$；第二条路线较长，但意外的阻塞出现较少，所需时间 $X$ 服从正态分布 $N(60,16)$。问（1）若有 70 分钟可用，应走哪一条路线？（2）若有 65 分钟可用，又应选择哪一条路线？

**解：** 由 $X\sim N(50,100)$，可知 $P(X\leqslant 70)=\Phi\left(\frac{70-50}{10}\right)=\Phi(2)=0.9772$；$P(X\leqslant 65)=\Phi\left(\frac{65-50}{10}\right)=\Phi(1.5)=0.9332$；

若 $X\sim N(60,16)$，则可知 $P(X\leqslant 70)=\Phi\left(\frac{70-60}{4}\right)=\Phi(2.5)=0.9938$；$P(X\leqslant 65)=\Phi\left(\frac{65-60}{4}\right)=\Phi(1.25)=0.8944$。

所以，（1）如果有 70 分钟，走第二条路所需时间少于 70 分钟的可能性更高；（2）如果只有 65 分钟，走第一条路更有保障。

## 2.3 多维随机变量及其分布*

前面我们主要讨论一个随机变量的情况。但在实际问题中，对某些随机变量试验的结果需要同时用两个或两个以上的随机变量来描述。例如为研究某中学学生的发育状况，我们不能只研究他们的身高或体重，而需要将他们的身高 $X$ 和体重 $Y$ 合起来作为一个整体来考虑即（$X$，$Y$）。在有些随机现象中，我们甚至需要同时研究两个以上的随机变量。这里我们主要以两个随机变量，即二维随机变量的学习和了解为主，二维以上的相关内容可用与二维随机变量相关的知识来讨论。

### 2.3.1 多维随机变量的基本概念

**定义** 2.3.1 设 $X=(X_1, X_2, \cdots, X_n)$，若每个 $X_i(i=1, 2, \cdots, n)$ 都是定义在同一个样本空间 $\Omega$ 上的一个随机变量，则称 $X$ 为 $n$ **维随机变量**或**随机向量**，记作（$X_1$，$X_2$，…，$X_n$）。当 $n\geqslant 2$ 时，统称为多维随机变量；$n=2$ 时称为二维随机变量。

需要注意的是：多维随机变量的关键是定义在同一个样本空间，对于不同样本空间 $\Omega_1$ 和 $\Omega_2$ 等上的随机变量 $X_1$、$X_2$，我们只能利用一维随机变量的相关知识来讨论。

在实际问题中，多维随机变量的情况也是我们经常会遇到的，如前面研究中学生的身体发育状况时，需要涉及身高和体重二维变量；研究家庭的支出状况时，需要涉及家庭的衣、食、住、行的花费占家庭总收入的百分比等四维随机变量。

**定义 2.3.2** 对任意的 $n$ 个实数 $x_1$，$x_2$，…，$x_n$，则 $n$ 个事件 $\{X_1\leqslant x_1\}$，$\{X_2\leqslant x_2\}$，…，$\{X_n\leqslant x_n\}$ 同时发生的概率

$$F(x_1, x_2, \cdots, x_n)=P(X_1\leqslant x_1, X_2\leqslant x_2, \cdots, X_n\leqslant x_n) \tag{2.3.1}$$

称为 $n$ **维随机变量（$X_1$，$X_2$，…，$X_n$）的联合分布函数**，若只讨论任意实数（$x_1$，$x_2$）或（$x$，$y$），则称其为二维随机变量的联合分布函数。

分布函数具有以下性质（以二维随机变量分布函数 $F$（$x$，$y$）为例）：

（1）当 $x_1<x_2$ 时 $F(x_1, y)\leqslant F(x_2, y)$，当 $y_1<y_2$ 时 $F(x, y_1)\leqslant F(x, y_2)$；

（2）$F(x, y)$ 关于 $x$，$y$ 都是右连续的，即 $F(x, y)=F(x+0, y)$，$F(x, y)=F(x, y+0)$；

（3）对任意的 $x$，$y$，有 $0\leqslant F(x, y)\leqslant 1$，且 $F(-\infty, y)=\lim\limits_{x\to-\infty}F(x, y)=0$，$F(x, -\infty)=\lim\limits_{y\to-\infty}F(x, y)=0$，$F(-\infty, -\infty)=\lim\limits_{\substack{x\to-\infty\\ y\to-\infty}}F(x, y)=0$，$F(+\infty, +\infty)=\lim\limits_{\substack{x\to+\infty\\ y\to+\infty}}F(x, y)=1$；

（4）对任意的（$x_1$，$y_1$）和（$x_2$，$y_2$），其中 $x_1<x_2$，$y_1<y_2$，有 $P(x_1<X\leqslant x_2, y_1<Y\leqslant y_2)=F(x_2, y_2)-F(x_1, y_2)-F(x_2, y_1)+F(x_1, y_1)\geqslant 0$。

**定义 2.3.3** 若二维随机变量（$X$，$Y$）只取有限或可列个数对（$x_i$，$y_j$），则称

$(X, Y)$ 为二维离散随机变量，称

$$P(X=x_i, Y=y_j)=p(x_i, y_j), i=1, 2, \cdots, n, j=1, 2, \cdots, m \quad (2.3.2)$$

为 $(X, Y)$ 的联合分布律。我们也可以用表格来表示 $X$ 和 $Y$ 的联合分布列，如下表所示：

| $Y \backslash X$ | $x_1$ | $x_2$ | $\cdots$ | $x_n$ |
|---|---|---|---|---|
| $y_1$ | $p_{11}$ | $p_{21}$ | $\cdots$ | $p_{n1}$ |
| $y_2$ | $p_{12}$ | $p_{22}$ | $\cdots$ | $p_{n2}$ |
| $\vdots$ | $\vdots$ | $\vdots$ | | $\vdots$ |
| $y_m$ | $p_{1m}$ | $p_{2m}$ | $\cdots$ | $p_{nm}$ |

**例 2.3.1**　从一个包含五个黑球、六个白球和七个红球的盒子里抽取四个球。设 $X$ 是抽到白球的数目，$Y$ 是抽到红球的数目。求二维随机变量 $(X, Y)$ 的联合分布函数。

**解：**

$$P(X=x_i, Y=y_j)=p(x_i, y_j)=\frac{C_6^x C_7^y C_5^{4-x-y}}{C_{18}^4}, \quad 0 \leqslant x+y \leqslant 4$$

以联合分布律来表示为：

| $Y \backslash X$ | 0 | 1 | 2 | 3 | 4 |
|---|---|---|---|---|---|
| 0 | $\frac{1}{612}$ | $\frac{1}{51}$ | $\frac{5}{102}$ | $\frac{5}{153}$ | $\frac{1}{204}$ |
| 1 | $\frac{7}{306}$ | $\frac{7}{51}$ | $\frac{35}{204}$ | $\frac{7}{153}$ | |
| 2 | $\frac{7}{102}$ | $\frac{7}{34}$ | $\frac{7}{68}$ | | |
| 3 | $\frac{35}{612}$ | $\frac{7}{102}$ | | | |
| 4 | $\frac{7}{612}$ | | | | |

**定义 2.3.4**　若存在二维非负函数 $f(x, y)$，使得二维随机变量 $(X, Y)$ 的分布函数 $F(x, y)$

$$F(x,\ y)=\int_{-\infty}^{x}\int_{-\infty}^{y}f(u,v)\mathrm{d}u\mathrm{d}v \tag{2.3.3}$$

则称（$X$，$Y$）为二维连续随机变量，称$f$（$x$，$y$）为（$X$，$Y$）的联合密度函数。

**例 2.3.2** 设二维随机变量（$X$，$Y$）的联合密度函数为

$$f(x,\ y)=\begin{cases}2\mathrm{e}^{-(2x+y)}, & x>0,\ y>0\\ 0, & 其他\end{cases}$$

求联合分布函数$F(x,\ y)$。

**解：**

$$\begin{aligned}F(x,\ y)&=\int_{-\infty}^{x}\int_{-\infty}^{y}f(x,y)\mathrm{d}x\mathrm{d}y\\ &=\begin{cases}\int_{0}^{x}\int_{0}^{y}2\mathrm{e}^{-(2x+y)}\mathrm{d}x\mathrm{d}y, & x>0,\ y>0\\ 0, & 其他\end{cases}\\ &=\begin{cases}(1-\mathrm{e}^{-2x})(1-\mathrm{e}^{-y}), & x>0,\ y>0\\ 0, & 其他\end{cases}\end{aligned}$$

## 本章习题

1. 一个盒中有6个球，编号为1，2，3，4，5，6，从盒中同时取3个，以$X$表示取出的3个球中的最大号码。试求$X$的概率分布。

2. 设非负随机变量$X$的密度函数为$f(x)=\begin{cases}Ax\,\mathrm{e}^{\frac{-x^2}{2}}, & x>0\\ 0, & 其他\end{cases}$，则$A=$__________。

3. 设随机变量$X$的概率密度为

$$f(x)=\begin{cases}\frac{1}{3}, & 0\leqslant x\leqslant 1\\ \frac{1}{9}, & 3\leqslant x\leqslant 6\\ 0, & 其他\end{cases}$$

其使得$P(X\geqslant k)=\frac{2}{3}$，则$k$的取值范围是____________。

4. 已知离散型随机变量$X$的概率分别为

$$P\{X=1\}=0.3,P\{X=3\}=0.5,P\{X=5\}=0.2$$

试写出$X$的分布函数$F$（$x$），并画出图形。

5. 设随机变量 $X$ 的概率分布为

| $X$ | $-1$ | $2$ | $4$ |
|---|---|---|---|
| $p_i$ | 0.25 | 0.5 | 0.25 |

求 $X$ 的分布函数。

6. 设随机变量 $X$ 服从参数为$(2, p)$的二项分布，随机变量 $Y$ 服从参数为$(3, p)$的二项分布。若 $P\{X\geqslant 1\}=\frac{5}{9}$，则 $P\{Y\geqslant 1\}=$__________。

7. 设随机变量 $X$ 的概率密度为：$f(x)=\frac{1}{2}e^{-|x|}\ (-\infty<x<+\infty)$，求其分布函数 $F(x)$。

8. $X$ 服从离散均匀分布 $P(X=x_i)=\frac{2}{n(n+1)}$，$i=1, 2, \cdots, n$，求 $X$ 的分布函数。

9. 已知某种电子元件的寿命 $X$（单位：小时）服从指数分布，若它工作了 900 小时而未损坏的概率是$e^{-0.9}$，则该种电子元件的平均寿命是（　　）

A. 990 小时　　B. 1000 小时　　C. 1010 小时　　D. 1020 小时。

10. 某一城市每天发生火灾的次数 $X$ 服从参数$\lambda=0.8$ 的泊松分布，求该城市一天内发生 3 次或 3 次以上火灾的概率。

11. 设随机变量 $X$ 具有概率密度

$$f(x)=\begin{cases}kx, & 0\leqslant x<3\\ 2-\frac{x}{2}, & 3\leqslant x\leqslant 4\\ 0, & \text{其他}\end{cases}$$

（1）求常数 $k$；（2）求 $X$ 的分布函数 $F(x)$；（3）求 $P\{1<X<3.5\}$。

12. 某元件的寿命 $X$ 服从指数分布，已知其平均寿命为 1000 小时。求 3 个这样的元件使用 1000 小时，至少有一个损坏的概率。

13. 设随机变量 $X$ 服从指数分布：

$$f(x)=\begin{cases}\lambda e^{-\lambda x}, & x>0\\ 0, & x\leqslant 0\end{cases}$$

试求下列随机变量的密度：（1）$X^{\frac{1}{2}}$；（2）$\ln X$；（3）$e^{-X}$

14. 某公共汽车站从上午 7 时起，每 15 分钟来一班车，即 7：00，7：15，7：30，7：45 等时刻有汽车到达此站，如果某乘客到达此站时间 $X$ 是 7：00 到 7：30 之间的均匀随机变量，试求该乘客候车时间少于 5 分钟的概率。

15. 设 $X \sim N(1, 4)$，求 $F(5)$；$P\{0 < X \leqslant 1.6\}$；$P\{|X-1| \leqslant 2\}$。

16. $X \sim N(\mu, \sigma^2)$，$\mu \neq 0$，$\sigma > 0$，且 $P(\frac{x-\mu}{\sigma} < \alpha) = \frac{1}{2}$，则 $\alpha =$ ______

17. 将一温度调节器放置在储存着某种液体的容器内，调节器设定在 $d$℃，液体的温度 $X$(℃) 是一个随机变量，且 $X \sim N(d, 0.5^2)$。

(1) 若 $d = 90$℃，求 $X$ 小于 89℃的概率；

(2) 若要求保持液体的温度至少为 80℃的概率不低于 0.99，问 $d$ 至少为多少?

18. 某企业准备通过招聘考试招收 300 名职工，其中正式工 280 人，临时工 20 人；报考的人数是 1657 人，考试满分是 400 分。考试后得知，考试总平均成绩，即 $\mu = 166$ 分，360 分以上的高分考生 31 人。某考生 $B$ 得 256 分，问他能否被录取? 能否被聘为正式工?

19. 设二维随机变量 $(X, Y)$ 的概率密度为

$$f(x, y) = \begin{cases} cx^2 y, & x^2 \leqslant y < 1 \\ 0, & \text{其他} \end{cases}$$

试确定常数 $c$。

# 第 3 章　随机变量的数字特征

在前面的章节中，我们讨论了随机变量的分布律、分布函数和概率密度函数等，它们都能够很好地描述随机变量。但在实际应用中，人们可能感兴趣于某些能够描述随机变量某种特征的常数，如我们比较高校教师的经济状况时，首先关心的是高校教师的平均收入或工资水平，而收入的分布状况不一定是最重要的；在谈到这门统计学课程的考试成绩时，我们首先感兴趣的是同学们的平均成绩。这些由随机变量的分布所确定，能刻画随机变量某种特征的常数统称为数字特征，如均值、方差、分位数等特征数。

## 3.1　随机变量的数学期望

### 3.1.1　数学期望的基本概念

数学期望也称总体均值，是随机变量的一个最基本的数字特征，其源于历史上一个著名的分赌本问题。

**例 3.1.1**　17 世纪中，一位赌徒向法国数学家帕斯卡（Pascal）求助一个使他苦恼已久的问题：他和另一位赌徒各出 50 法郎，他们约定谁先赢三局，则得全部赌本 100 法郎。但是当他赢了两局而另一位赢了一局时，因故中止了赌博，问这 100 法郎现在要如何分配？

这个问题引起了大家的兴趣。大家认为，如果平均分配对这位赌徒不公平，全部归他又对另一位不公平；合理的分法是按一定的比例分，但按怎样的比例呢？

1654 年帕斯卡提出了如下的分法：设想再赌下去，则可能的结果不外乎以下四种情况（这里分别设定为赌徒甲和赌徒乙）：

甲甲、甲乙、乙甲、乙乙

其中“甲乙”表示第一局甲赢，第二局乙赢。这四种情况中有三种可使甲获得 100 法郎，只有一种情况（乙乙）下甲得 0 法郎，所以甲获得 100 法郎的可能性为 0.75，乙获得 100 法郎的可能性为 0.25，即甲获得法郎数 $X$ 的分布列为：

| $X$ | 0 | 100 |
|---|---|---|
| $P$ | 0.25 | 0.75 |

经上述分析，帕斯卡认为，甲的期望所得应为：$0\times0.25+100\times0.75=75$ 法郎，乙的为 25 法郎。这就是**数学期望**这个名称的由来。

**定义 3.1.1** 设 $X$ 是离散型随机变量，其分布律为

$$P(X=x_i)=p(x_i),\ i=1,\ 2,\ \cdots,\ n$$

如果

$$\sum_{i=1}^{\infty}|x_i|p(x_i)<+\infty$$

则称

$$E(X)=\sum_{i=1}^{\infty}x_ip(x_i) \tag{3.1.1}$$

为随机变量 $X$ 的**数学期望**或**总体均值**，记作 $E(X)$。

若 $\sum_{i=1}^{\infty}|x_i|p(x_i)=+\infty$，即不收敛，则称 $X$ 的数学期望不存在。

**定义 3.1.2** 设连续型随机变量 $X$ 的密度函数为 $f(x)$，如果

$$\int_{-\infty}^{+\infty}|x|f(x)\mathrm{d}x<+\infty$$

则称

$$E(X)=\int_{-\infty}^{+\infty}xf(x)\mathrm{d}x \tag{3.1.2}$$

为随机变量 $X$ 的数学期望或总体均值。若 $\int_{-\infty}^{+\infty}xf(x)\mathrm{d}x$ 不收敛，则称 $X$ 的数学期望不存在。

**例 3.1.2** 在某次数学考试中，有 100 个考生，其中：100 分 10 人，90 分 20 人，80 分 40 人，70 分 20 人，60 分 10 人。求这次考试成绩的数学期望。

**解**：这次数学考试，学生成绩 $X$ 的分布列为

| $X$ | 100 | 90 | 80 | 70 | 60 |
|---|---|---|---|---|---|
| $p(x_i)$ | 0.1 | 0.2 | 0.4 | 0.2 | 0.1 |

根据定义 3.1.1 得考试成绩的数学期望

$$E(X)=\sum_{i=1}^{\infty}x_ip(x_i)=100\times0.1+90\times0.2+80\times0.4+70\times0.2+60\times0.1=80$$

即这次考试学生成绩的数学期望是 80 分。

**例 3.1.3**　设某厂生产的某种产品不合格率为 10%。假设生产一件不合格品要亏损 2 元，每生产一件合格品获利 10 元。求每件产品的平均利润。

**解**：根据定义 3.1.1，某厂生产一个产品的利润 $X$ 的分布列为

| $X$ | $-2$ | 10 |
| --- | --- | --- |
| $p(x_i)$ | 0.1 | 0.9 |

所以生产一件产品获得利润的数学期望

$$E(X)=\sum_{i=1}^{\infty}x_ip(x_i)=-2\times0.1+10\times0.9=8.8$$

即该厂每件产品的平均利润为 8.8 元。

**例 3.1.4**　设在某一规定的时间间隔里，某电气设备用于最大负荷的时间 $X$（分钟）是一个随机变量，其概率密度为

$$f(x)=\begin{cases}\dfrac{x}{(1500)^2}, & 0\leqslant x\leqslant1500\\ \dfrac{3000-x}{(1500)^2}, & 1500<x\leqslant3000\\ 0, & 其他\end{cases}$$

求 $E(X)$。

**解**：由定义 3.1.2 得

$$E(X)=\int_{-\infty}^{+\infty}xf(x)\mathrm{d}x=\int_0^{1500}x\frac{x}{(1500)^2}\mathrm{d}x+\int_{1500}^{3000}x\frac{3000-x}{(1500)^2}\mathrm{d}x$$

$$=\frac{x^3}{3(1500)^2}\bigg|_0^{1500}+\left[\frac{x^2}{1500}-\frac{x^3}{3(1500)^2}\right]\bigg|_{1500}^{3000}=500+(4500-3500)=1500$$

### 3.1.2　数学期望的基本性质

按照随机变量 $X$ 的数学期望 $E(X)$ 的定义，$E(X)$ 由分布唯一确定。下面我们来列出数学期望的几个重要性质，这里均假设所涉及的数学期望是存在的。

（1）如果 $c$ 是常数，则 $E(c)=c$；

（2）对任意的常数 $a$，都有 $E(aX)=aE(X)$；

（3）设 $X$、$Y$ 是两个随机变量，则有 $E(X+Y)=E(X)+E(Y)$。这一性质可推广到任意有限个随机变量之和的情况；

（4）设 $X$、$Y$ 是两个相互独立的随机变量，则有 $E(XY)=E(X)E(Y)$。这一性质可推广到任意有限个相互独立的随机变量之积的情况。

**例 3.1.5**　将一均匀骰子独立地掷 3 次，求点数之和的数学期望。

**解**：设三次掷骰子出现的点数分别为 $X_1$、$X_2$、$X_3$，由数学期望的性质得 $E(X_1+X_2+X_3)=E(X_1)+E(X_2)+E(X_3)=3.5+3.5+3.5=10.5$。

**例 3.1.6**　设随机变量 $X\sim N(0,1)$，求 $Y=X^2+1$ 的数学期望。

**解**：由 $X\sim N(0,1)$，我们得

$$E(X^2)=\int_{-\infty}^{+\infty}x^2\frac{1}{\sqrt{2\pi}}\mathrm{e}^{-\frac{x^2}{2}}\mathrm{d}x=1$$

所以 $E(Y)=E(X^2+1)=E(X^2)+1=2$。

此外，对于我们在前面章节中所列的几种常见分布，其相应的数学期望的值或表达式分别为：

（1）二项分布 $X\sim B(n,p)$：

$$E(X)=\sum_{k=0}^{n}k\frac{n!}{k!(n-k)!}p^k(1-p)^{n-k}=np\sum_{i=0}^{n-1}\frac{(n-1)!}{i!(n-1-i)!}p^i(1-p)^{n-1-i}=np$$

（2）泊松分布 $X\sim P(\lambda)$：

$$E(X)=\lambda$$

（3）均匀分布 $X\sim U(a,b)$：

$$E(X)=\frac{a+b}{2}$$

（4）指数分布 $X\sim E(\lambda)$：

$$E(X)=\frac{1}{\lambda}$$

# 3.2　随机变量的方差

## 3.2.1　随机变量的方差

随机变量 $X$ 的数学期望 $E(X)$ 是分布的一种位置特征数，它刻画了 $X$ 的取值总在 $E(X)$ 周围波动，但这个位置特征数无法反映出随机变量取值的波动大小。如已知某次数学考试成绩的 $E(X)=80$ 分，仅有这一个指标我们还不能判定这次考试成绩的合适程度。事实上，有可能其中绝大部分同学的成绩在 75～85 分之间；也有可能其中约有一半的同学成绩考得很好，在 90 分以上，而另一半同学的成绩很差，在 60 分以下。因此，为更好地评价考试成绩的状况，还需要了解各位同学的成绩与总体均值 $E(X)=80$ 的偏离程度。

**定义 3.2.1**　若随机变量 $X^2$ 的数学期望 $E(X^2)$ 存在，则称

$$D(X)=E\left[X-E(X)\right]^2 \tag{3.2.1}$$

为 $X$ 的方差，记作 $D(X)$ 或 $\sigma^2(X)$。称其平方根 $\sqrt{D(X)}=\sigma(X)$ 为随机变量 $X$ 的**标准差**或**均方差**，记作 $\sigma(X)$ 或 $\sigma_x$。

方差和标准差都是用来描述随机变量取值与其数学期望的偏离程度，方差和标准差越小，表示 $X$ 的取值越集中在 $E(X)$ 附近；反之，方差和标准差越大，则表示 $X$ 的取值越分散。

由方差的定义，对于离散型随机变量，则有

$$D(X)=\sum_{i=1}^{\infty}\left[x_i-E(X)\right]^2 p(x_i) \tag{3.2.2}$$

其中 $P(X=x_i)=p(x_i)$，$i=1, 2, \cdots$ 是 $X$ 的分布律。

对连续型随机变量，则有

$$D(X)=\int_{-\infty}^{+\infty}\left[x-E(X)\right]^2 f(x)\mathrm{d}x \tag{3.2.3}$$

其中 $f(x)$ 是 $X$ 的概率密度函数。

另外需要指出的是：如果随机变量 $X$ 的数学期望存在，其方差不一定存在；而当 $X$ 的方差存在时，则 $E(X)$ 必定存在。以下为方差具有的性质：

（1）如果 $c$ 是常数，则 $D(c)=0$；

**证明：** $D(c)=E[c-E(c)]^2=E[c-c]^2=0$。

（2）对任意的常数 $a$，$b$，都有 $D(aX)=a^2D(X)$；$D(aX+b)=a^2D(X)$；

**证明：** $D(aX)=E[aX-E(aX)]^2=E[a(X-E(X))]^2=a^2E[(X-E(X))]^2=a^2D(X)$；

$D(aX+b)=E[aX+b-E(aX+b)]^2=E[a(X-E(X))]^2=a^2E[(X-E(X))]^2=a^2D(X)$。

（3）$D(X)=E(X^2)-[E(X)]^2$；

**证明：** $D(X)=E[X-E(X)]^2=E(X^2-2XE(X)+[E(X)]^2)=E(X^2-2E(X)E(X)+[E(X)]^2)=E(X^2)-[E(X)]^2$。

在实际计算方差时，这个性质推导式往往比定义 $D(X)=E[X-E(X)]^2$ 更常用。

（4）设 $X$、$Y$ 是两个随机变量，则有 $D(X\pm Y)=D(X)+D(Y)\pm 2E\{[X-E(X)][Y-E(Y)]\}$。若 $X$、$Y$ 相互独立，则 $D(X\pm Y)=D(X)+D(Y)$。这一性质可推广到任意有限个相互独立的随机变量之和（差）的情况。

**例 3.2.1** 求例 3.1.2 中考试成绩的方差 $D(X)$。

**解：** 这次数学考试，学生成绩 $X$ 的分布列为

| $X$ | 100 | 90 | 80 | 70 | 60 |
|---|---|---|---|---|---|
| $p(x_i)$ | 0.1 | 0.2 | 0.4 | 0.2 | 0.1 |

已求得数学期望 $E(X)=\sum\limits_{i=1}^{\infty}x_ip(x_i)=80$；根据题意可得

$$E(X^2)=\sum_{i=1}^{\infty}x_i^2p(x_i)=100^2\times 0.1+90^2\times 0.2+80^2\times 0.4+70^2\times 0.2+60^2\times 0.1=6520$$

所以 $D(X)=E(X^2)-[E(X)]^2=6520-80^2=120$。

即这次考试学生成绩的方差是 120。

**例 3.2.2** 设随机变量 $X$ 的概率密度为

$$f(x)=\begin{cases}\frac{1}{2}\mathrm{e}^{-x}, & x>0\\ 0, & x\leqslant 0\end{cases}$$

（1）求 $E(X)$ 和 $D(X)$；（2）试求 $D(2X-1)$。

**解：**（1）根据式 3.1.2

$$E(X)=\int_{-\infty}^{+\infty}xf(x)\,\mathrm{d}x=\int_0^{+\infty}x\frac{1}{2}\mathrm{e}^{-x}\mathrm{d}x=\frac{1}{2}\left(-x\,\mathrm{e}^{-x}\Big|_0^{+\infty}+\int_0^{+\infty}\mathrm{e}^{-x}\mathrm{d}x\right)$$

$$=-\frac{1}{2}\left(x\,\mathrm{e}^{-x}\Big|_0^{+\infty}+\mathrm{e}^{-x}\Big|_0^{+\infty}\right)=-\frac{1}{2}(0-1)=\frac{1}{2}$$

$$E(X^2)=\int_{-\infty}^{+\infty}x^2f(x)\,\mathrm{d}x=\int_0^{+\infty}x^2\frac{1}{2}\mathrm{e}^{-x}\mathrm{d}x=\frac{1}{2}\left(-x^2\,\mathrm{e}^{-x}\Big|_0^{+\infty}+2\int_0^{+\infty}x\,\mathrm{e}^{-x}\mathrm{d}x\right)$$

$$= \frac{1}{2}\left[-x^2 e^{-x}\Big|_0^{+\infty} + 2\left(-x e^{-x}\Big|_0^{+\infty} + \int_0^{+\infty} e^{-x}dx\right)\right]$$
$$= \frac{1}{2}\left[-x^2 e^{-x}\Big|_0^{+\infty} - 2x e^{-x}\Big|_0^{+\infty} - 2e^{-x}\Big|_0^{+\infty}\right]$$
$$= \frac{1}{2}(0+0+2)$$
$$= 1$$

所以

$$D(X) = E(X^2) - [E(X)]^2 = \frac{3}{4}$$

（2）$D(2X-1) = 4D(X) = 3$。

此外，对于我们在前面章节中所列的几种常见分布，其相应的方差或表达式分别为：

（1）二项分布 $X \sim B(n, p)$：

$$D(X) = np(1-p)$$

（2）泊松分布 $X \sim P(\lambda)$：

$$D(X) = \lambda$$

（3）均匀分布 $X \sim U(a, b)$：

$$D(X) = \frac{(b-a)^2}{12}$$

（4）指数分布 $X \sim E(\lambda)$：

$$D(X) = \frac{1}{\lambda^2}$$

**例 3.2.3**　设随机变量 $X \sim N(\mu, \sigma^2)$，求 $X$ 的 $E(X)$ 和 $D(X)$。

**解**：先求标准正态变量 $U = \frac{X-\mu}{\sigma}$ 的数学期望和方差。已知 $U$ 的概率密度为

$$\varphi(u) = \frac{1}{\sqrt{2\pi}} e^{-\frac{u^2}{2}}, \quad (-\infty < u < +\infty)$$

于是

$$E(U)=\int_{-\infty}^{+\infty}u\varphi(u)\mathrm{d}u=\frac{1}{\sqrt{2\pi}}\int_{-\infty}^{+\infty}ue^{-\frac{u^2}{2}}\mathrm{d}u=-\frac{1}{\sqrt{2\pi}}\mathrm{e}^{-\frac{u^2}{2}}\Big|_{-\infty}^{+\infty}=0$$

$$E(U^2)=\int_{-\infty}^{+\infty}u^2\varphi(u)\mathrm{d}u=\frac{1}{\sqrt{2\pi}}\int_{-\infty}^{+\infty}u^2\mathrm{e}^{-\frac{u^2}{2}}\mathrm{d}u=-\frac{1}{\sqrt{2\pi}}u\,\mathrm{e}^{-\frac{u^2}{2}}\Big|_{-\infty}^{+\infty}+\frac{1}{\sqrt{2\pi}}\int_{-\infty}^{+\infty}\mathrm{e}^{-\frac{u^2}{2}}\mathrm{d}u=1$$

$$D(U)=E(U^2)-[E(U)]^2=1$$

由 $U=\frac{X-\mu}{\sigma}$，可知 $X=\mu+u\sigma$，故可得

$$E(X)=E(\mu+u\sigma)=\mu$$

$$D(X)=D(\mu+u\sigma)=\sigma^2D(U)=\sigma^2$$

这就是说，正态分布的两个参数 $\mu$、$\sigma^2$ 分别是该分布的数学期望和方差，即正态分布完全由它的数学期望和方差决定，故也常称为**均值为 $\mu$，方差为 $\sigma^2$ 的正态分布**。

**例 3.2.4** 设随机变量 $X\sim N(\mu_1,\sigma_1^2)$，随机变量 $Y\sim N(\mu_2,\sigma_2^2)$，若 $X$，$Y$ 相互独立，证明 $X+Y\sim N(\mu_1+\mu_2,\sigma_1^2+\sigma_2^2)$。

**证明：** 已知 $E(X)=\mu_1$，$E(Y)=\mu_2$，由数学期望的性质可得

$$E(X+Y)=E(X)+E(Y)=\mu_1+\mu_2$$

而 $D(X)=\sigma_1^2$，$D(Y)=\sigma_2^2$，由方差的性质可得

$$D(X+Y)=D(X)+D(Y)=\sigma_1^2+\sigma_2^2$$

故对于相互独立的 $X$，$Y$，则有 $X+Y\sim N(\mu_1+\mu_2,\sigma_1^2+\sigma_2^2)$。

类似地，若 $X_i\sim N(\mu_i,\sigma_i^2)$，$i=1,2,\cdots,n$，且它们相互独立，则它们的线性组合：$C_1X_1+C_2X_2+\cdots+C_nX_n$，（$C_1$，$C_2$，$\cdots$，$C_n$ 是不全为 0 的常数）仍然服从正态分布，记作

$$C_1X_1+C_2X_2+\cdots+C_nX_n\sim N\left(\sum_{i=1}^{n}C_i\mu_i,\sum_{i=1}^{n}C_i^2\sigma_i^2\right)$$

这个表达式在以后的计算和讨论中有重要的应用。

例如，若 $X\sim N(1,4)$，$Y\sim N(2,9)$，$Z\sim N(3,16)$ 且 $X$，$Y$，$Z$ 相互独立，则 $2X+3Y-Z$ 也服从正态分布，其中 $E(2X+3Y-Z)=2+6-3=5$，$D(2X+3Y-Z)=4\times4+9\times9+16=113$。

## 3.3　协方差和相关系数*

我们在课程设置中主要以一维随机变量 $X$ 的相关概率论与数理统计知识为主，这里有部分知识涉及二维或多维随机变量如（$X$，$Y$），我们在这将相关内容列出作为选学内容，以备同学们在以后学习和应用中查阅。

在方差的性质（4）中，我们看到，若 $X$、$Y$ 相互独立则有 $E\{[X-E(X)][Y-E(Y)]\}=0$。那么若 $X$、$Y$ 相互不独立，则 $E\{[X-E(X)][Y-E(Y)]\}=?$

**定义 3.3.1**　设（$X$，$Y$）是一个二维随机变量，若 $E\{[X-E(X)][Y-E(Y)]\}$ 存在，则称它为 $X$ 与 $Y$ 的**协方差**或**相关中心矩**，记为 $\mathrm{Cov}(X, Y)$，Cov 是 Covariance 的缩写。而 $\rho_{XY}=\dfrac{\mathrm{Cov}(X, Y)}{\sqrt{D(X)}\sqrt{D(Y)}}$ 称为随机变量 $X$ 与 $Y$ 的**相关系数**。

协方差 $\mathrm{Cov}(X, Y)$ 具有如下的性质：

（1）$\mathrm{Cov}(X, Y)=E(XY)-E(X)E(Y)$；将 $\mathrm{Cov}(X, Y)=E\{[X-E(X)][Y-E(Y)]\}$ 展开，易得 $\mathrm{Cov}(X, Y)=E(XY)-E(X)E(Y)$，这也是常用的协方差计算式，若 $X$，$Y$ 相互独立，则 $\mathrm{Cov}(X, Y)=0$；

（2）若 $a$，$b$ 是常数，则 $\mathrm{Cov}(aX, bY)=ab\mathrm{Cov}(X, Y)$，$\mathrm{Cov}(X, Y)=\mathrm{Cov}(Y, X)$，$\mathrm{Cov}(X, X)=D(X)$；

（3）$\mathrm{Cov}(X_1+X_2, Y)=\mathrm{Cov}(X_1, Y)+\mathrm{Cov}(X_2, Y)$。

对于相关系数 $\rho_{XY}$，则有如下性质：

（1）若 $X$ 与 $Y$ 相互独立，则 $\rho_{XY}=0$，或说 $X$ 与 $Y$ 不相关；

（2）$|\rho_{XY}|\leqslant 1$，等号成立当且仅当 $X$ 与 $Y$ 之间存在严格的线性关系时，即

$\rho_{XY}=1$，则存在实数 $a(a>0)$ 和 $b$ 使得 $Y=aX+b$（正相关），

$\rho_{XY}=-1$，则存在实数 $a(a<0)$ 和 $b$ 使得 $Y=aX+b$（负相关）。

**例 3.3.1**　设 $D(X)=25$，$D(Y)=36$，$\rho_{XY}=0.4$，求 $D(X+Y)$ 及 $D(X-Y)$。

**解：** 已知 $\rho_{XY}=\dfrac{\mathrm{Cov}(X, Y)}{\sqrt{D(X)}\sqrt{D(Y)}}$，得 $\mathrm{Cov}(X, Y)=\rho_{XY}\sqrt{D(X)}\sqrt{D(Y)}=0.4\times 5\times 6=12$，而

$$D(X+Y)=D(X)+D(Y)+2\mathrm{Cov}(X, Y)=25+36+24=85,$$

$$D(X-Y)=D(X)+D(Y)-2\mathrm{Cov}(X, Y)=25+36-24=37。$$

## 3.4　原点矩和中心矩

**定义 3.4.1**　设 $X$ 是随机变量，对于正整数 $k$，称随机变量 $X$ 的 $k$ 次幂的数学期望为 $X$ 的 $k$ **阶原点矩**，记作 $\mu_k$，即 $\mu_k=E(X^k)$，$k=1, 2, \cdots$。

于是，我们有

$$\mu_k = \begin{cases} \sum_{i=1}^{\infty} x_i^k p_i, & \text{当 } X \text{ 为离散型随机变量} \\ \int_{-\infty}^{+\infty} x^k f(x)\,\mathrm{d}x, & \text{当 } X \text{ 为连续型随机变量} \end{cases}$$

其中 $i=1, 2, \cdots$。

**定义 3.4.2** 设 $X$ 是随机变量，对于正整数 $k$，称随机变量 $X$ 与 $E(X)$ 差的 $k$ 次幂的数学期望为 $X$ 的 $k$ 阶中心矩，记为$\sigma_k^2$，即$\sigma_k^2 = E[X-E(X)]^k$，$k=1, 2, \cdots$。

于是，我们有

$$\sigma_k^2 = \begin{cases} \sum_{i=1}^{\infty} [x_i - E(X)]^k p_i, & \text{当 } X \text{ 为离散型随机变量} \\ \int_{-\infty}^{+\infty} [x - E(X)]^k f(x)\,\mathrm{d}x, & \text{当 } X \text{ 为连续型随机变量} \end{cases}$$

其中 $i=1, 2, \cdots$。

从上面的表达式我们可以看出，一阶原点矩就是数学期望，二阶中心矩就是方差。

## 3.5 大数定律和中心极限定理

极限定理是概率论和数理统计的基本理论，在理论研究和应用中起着重要的作用，其中最重要的是大数定律和中心极限定理的一些定理。

### 3.5.1 切比雪夫不等式

设随机变量 $X$ 具有数学期望 $E(X)=\mu$，方差 $D(X)=\sigma^2$，则对于任意正数 $\varepsilon$，不等式

$$P(|X-\mu| \geqslant \varepsilon) \leqslant \frac{\sigma^2}{\varepsilon^2} \tag{3.5.1}$$

成立。这一不等式称为**切比雪夫不等式**，它给出了在 $X$ 的分布未知，而只知$E(X)$和$D(X)$的情况下，对概率 $P(|X-\mu| \geqslant \varepsilon)$ 的一种估计。这个估计是比较粗糙的，但它在理论上有重要意义。若随机变量 $X$ 的分布已知，则可以根据分布求出概率，这时就不需要切比雪夫不等式来估计了。

例如：设随机变量 $X$ 的方差为 2，则根据切比雪夫不等式估计 $P[|X-E(X)| \geqslant 2] \leqslant \frac{1}{2}$。

### 3.5.2　大数定律

1. 切比雪夫大数定律

设随机变量 $X_1$，$X_2$，…，$X_n$ 相互独立，均具有有限方差，且有共同的上界，即 $D(X_i) \leqslant c$，$i=1$，2，…，$n$，则对于任意的 $\varepsilon(\varepsilon>0)$，有

$$\lim_{n\to\infty} P\left( \left| \frac{1}{n}\sum_{i=1}^{n} X_i - \frac{1}{n}\sum_{i=1}^{n} E(X_i) \right| < \varepsilon \right) = 1 \tag{3.5.2}$$

特殊情形：若 $X_1$，$X_2$，…，$X_n$ 具有相同的数学期望 $E(X_i)=\mu$，则上式成为 $\lim\limits_{n\to\infty} P\left( \left| \frac{1}{n}\sum_{i=1}^{n} X_i - \mu \right| < \varepsilon \right) = 1$，或者简写成：$\lim\limits_{n\to\infty} P(|\bar{X}-\mu|<\varepsilon)=1$。

**注意**：切比雪夫大数定律只要求 $\{X_n\}$ 互相独立，并不要求它们是否服从同一分布。因此，若 $\{X_n\}$ 是相互独立并同分布的随机变量序列，且方差有限，则 $\{X_n\}$ 必定服从大数定律，后面的贝努利大数定律就是这样的切比雪夫大数定律的特例。此外，切比雪夫大数定律指出，若 $n$ 个随机变量相互独立，且具有有限的相同的数学期望与方差，则当 $n$ 很大时，它们的算术平均以很大的概率接近它们的数学期望。

2. 贝努利大数定律

设 $f_A$ 是 $n$ 次独立重复试验中事件 $A$ 发生的次数，$p$ 是事件 $A$ 在每次试验中发生的概率，则对于任意的 $\varepsilon$ $(\varepsilon>0)$，有

$$\lim_{n\to\infty} P\left( \left| \frac{f_A}{n} - p \right| < \varepsilon \right) = 1 \tag{3.5.3}$$

贝努利大数定律说明，对任意的 $\varepsilon(\varepsilon>0)$，当重复独立试验的次数 $n$ 充分大时，事件 $A$ 发生的频率与概率有较大区别的可能性很小，即 $\lim\limits_{n\to\infty} P\left( \left| \frac{f_A}{n} - p \right| \geqslant \varepsilon \right) = 0$，这就以严格的数学形式描述了频率的稳定性，也是我们可以用频率来代替事件的概率的依据。

3. 辛钦大数定律

设随机变量 $X_1$，$X_2$，…，$X_n$ 相互独立，服从同一分布且具有相同的数学期望 $E(X_n)=\mu$，则对于任意的 $\varepsilon(\varepsilon>0)$，有

$$\lim_{n\to\infty} P\left( \left| \frac{1}{n}\sum_{i=1}^{n} X_i - \mu \right| < \varepsilon \right) = 1 \tag{3.5.4}$$

辛钦大数定律不要求方差存在与否，不必去管 $X$ 的分布如何，我们的目的只是寻求数学期望的近似值。根据辛钦大数定律我们可容易地得出：若 $X_n$ 为独立同分布的随机变量序列，且 $E(X_n^k)$ 存在，其中 $k$ 为正整数，则 $X_n^k$ 服从大数定律，即

$\lim\limits_{n\to\infty}P\left(\left|\frac{1}{n}\sum\limits_{i=1}^{n}X_i^k-E(X_i^k)\right|<\varepsilon\right)=1$。这个结论在数理统计中是很有用的，也就是我们可以将$\frac{1}{n}\sum\limits_{i=1}^{n}X_i^k$作为$E(X_i^k)$的近似值的依据，这部分应用将在我们后面的章节矩估计法求参数中涉及。

### 3.5.3　中心极限定理

大数定律讨论了在什么条件下，随机变量序列的算术平均依概率收敛于其均值的算术平均，而独立随机变量的和$Y_n=\sum\limits_{i=1}^{n}X_i$的分布函数在什么条件下会依概率收敛于正态分布？这里我们介绍几个中心极限定理，观察相关解决途径。

1. 列维－林德伯格中心极限定理

设随机变量$X_1$，$X_2$，…，$X_n$相互独立，服从同一分布，且具有相同的数学期望和方差：$E(X_i)=\mu$，$D(X_i)=\sigma^2>0$，$(i=1,2,\cdots,n)$，则随机变量之和$\sum\limits_{i=1}^{n}X_i$的标准化变量为

$$Y_n=\frac{\sum\limits_{i=1}^{n}X_i-E(\sum\limits_{i=1}^{n}X_i)}{\sqrt{D(\sum\limits_{i=1}^{n}X_i)}}=\frac{\sum\limits_{i=1}^{n}X_i-n\mu}{\sqrt{n}\sigma}\tag{3.5.5}$$

对于任意$x$，其分布函数$F_n(x)$满足

$$\lim_{n\to\infty}F_n(x)=\lim_{n\to\infty}P\left(\frac{\sum\limits_{i=1}^{n}X_i-n\mu}{\sqrt{n}\sigma}<x\right)=\frac{1}{\sqrt{2\pi}}\int_{-\infty}^{x}\mathrm{e}^{-\frac{t^2}{2}}\mathrm{d}t=\Phi(x)\tag{3.5.6}$$

这就是说，数学期望和方差分别为$E(X_i)=\mu$，$D(X_i)=\sigma^2$的独立同分布的随机变量$X_1$，$X_2$，…，$X_n$之和$\sum\limits_{i=1}^{n}X_i$的标准化变量$Y_n$，当$n$充分大时，有$\frac{\sum\limits_{i=1}^{n}X_i-n\mu}{\sqrt{n}\sigma}\sim N(0,1)$或简写为$\frac{\bar{X}-\mu}{\sigma/\sqrt{n}}\sim N(0,1)$或$\bar{X}\sim N(\mu,\frac{\sigma^2}{n})$。

此定理也称为**独立同分布**的**中心极限定理**。即期望和方差为$\mu$，$\sigma^2$的独立同分布的随机变量$X_1$，$X_2$，…，$X_n$的算术平均$\bar{X}$，当$n$充分大时，近似地服从均值为$\mu$，方差为$\frac{\sigma^2}{n}$的正态分布。这一结果是数理统计中大样本统计推断的基础。

**例 3.5.1**　计算机进行加法计算时，把每个加数取为最接近于它的整数来计算。设

所有取整误差是相互独立的随机变量，并且都在区间（$-0.5, 0.5$）上服从均匀分布，求当 1200 个数相加时，误差总和的绝对值不大于 10 的概率。

**解**：设 $X_i(i=1, 2, \cdots, 1200)$ 表示第 $i$ 个数的取整误差，则 $X_i \sim U(-0.5, 0.5)$，且 $E(X_i)=0$，$D(X_i)=\frac{1}{12}$。

由题意知，误差总和为随机变量 $\sum_{i=1}^{1200} X_i$，且 $E(\sum_{i=1}^{1200} X_i) = 1200 \times 0 = 0$，$D(\sum_{i=1}^{1200} X_i) = 1200 \times \frac{1}{12} = 100$。

由式（3.5.5）知随机变量

$$Y_n = \frac{\sum_{i=1}^{n} X_i - E(\sum_{i=1}^{n} X_i)}{\sqrt{D(\sum_{i=1}^{n} X_i)}} = \frac{\sum_{i=1}^{1200} X_i - 0}{10} \sim N(0, 1)$$

于是得

$$P(\left|\sum_{i=1}^{1200} X_1\right| \leqslant 10) = P\left(\frac{\left|\sum_{i=1}^{1200} X_1\right| - 0}{10} \leqslant 1\right) = P\left(-1 \leqslant \frac{\sum_{i=1}^{1200} - 0}{10} \leqslant 1\right)$$
$$= \Phi(1) - \Phi(-1) = 2\Phi(1) - 1 = 2 \times 0.8413 - 1 = 0.6826$$

2. 棣莫弗－拉普拉斯定理

设随机变量 $X_1, X_2, \cdots, X_n$ 均为具有参数 $n, p(0<p<1)$ 的二项分布，则对于任意实数 $x$，有

$$\lim_{n\to\infty} F_n(x) = \lim_{n\to\infty} P\left(\frac{\sum_{i=1}^{n} X_1 - np}{\sqrt{np(1-p)}} \leqslant x\right) = \frac{1}{\sqrt{2\pi}}\int_{-\infty}^{x} e^{-\frac{t^2}{2}} dt \qquad (3.5.7)$$

这个定理表明，正态分布是二项分布的极限分布。当 $n$ 充分大时，可以利用这个表达式计算二项分布的概率。

**例 3.5.2**　某车间有 200 台车床，在生产时间内由于需要检修、调换刀具、变换位置、调换工件等常需停车。设开工率为 0.6，并设每台车床的工作是独立的，且在开工时需电力 1kW，问应供应该车间多少电力，才能以 0.999 的概率保证该车间不会因供电不足而影响生产。

**解**：设 $X$ 为应供应的电力，则 $X \sim B(200, 0.6)$，由式 3.5.7 得 $\frac{X - 200 \times 0.6}{\sqrt{200 \times 0.6 \times 0.4}} \sim$

$N(0, 1)$，所以

$$\Phi\left(\frac{X-200\times0.6}{\sqrt{200\times0.6\times0.4}}\right)\geqslant0.999=\Phi(3.1)$$

即

$$\frac{X-200\times0.6}{\sqrt{200\times0.6\times0.4}}\geqslant3.1，X\geqslant141.5$$

即应供应车间至少142kW电力才能够以0.999的概率保证车间的供电。

## 本章习题

1. 设随机变量 $X$ 的分布列为

| $X$ | 1 | 2 | 3 | 4 |
|---|---|---|---|---|
| $p(x_i)$ | $\frac{1}{4}$ | $\frac{1}{6}$ | $\frac{1}{3}$ | $\frac{1}{4}$ |

求 $E(X)$，$E(X^2)$，$E(2X+3)$。

2. 设随机变量 $X$ 的概率密度为

$$f(x)=\begin{cases}x，0\leqslant x<1\\2-x，1\leqslant x<2\\0，其他\end{cases}$$

求 $E(X)$，$D(X)$。

3. 设随机变量 $X$，$Y$，$Z$ 相互独立，且 $E(X)=2$，$E(Y)=10$，$E(Z)=4$，求下列随机变量的数学期望。

(1) $U=2X+3Y+1$；

(2) $V=YZ-4X$。

4. 设随机变量 $X$，$Y$ 相互独立，且 $E(X)=E(Y)=2$，$D(X)=10$，$D(Y)=15$，求 $E(3X-2Y)$，$D(3X-2Y)$。

5. 设 $X$，$Y$ 是相互独立的随机变量，其概率密度分别为

$$f(x)=\begin{cases}2x，0\leqslant x\leqslant1\\0，其他\end{cases}，f(y)=\begin{cases}e^{-(y-5)}，y>0\\0，\quad 其他\end{cases}$$

求 $E(XY)$。

6. 设随机变量 $X$ 的概率密度为

$$f(x)=\begin{cases}cx\,\mathrm{e}^{-x^2}, & x\geqslant 0\\ 0, & x<0\end{cases}$$

求（1）系数 $c$；（2）$E(X)$；（3）$D(X)$。

7. 设随机变量 $X$ 服从参数为 $\lambda$ 的泊松分布，且已知 $E[(X-1)(X-2)]=1$，求 $\lambda$ 的值。

8. 某工厂生产某种设备的寿命 $X$（单位：年）服从指数分布，其概率密度为

$$f(x)=\begin{cases}\dfrac{1}{4}\mathrm{e}^{-\frac{x}{4}}, & x>0\\ 0, & x\leqslant 0\end{cases}$$

为确保消费者的利益，工厂规定出售的设备若在一年内损坏可以调换。若售出一台设备，工厂获利 100 元，而调换一台则损失 200 元。试求工厂出售一台设备赢利的数学期望。

9. 已知随机变量 $X$ 服从二项分布，且 $E(X)=2.4$，$D(X)=1.44$，则二项分布的参数 $n$，$p$ 的值为多少？

10. 两台同样的自动记录仪，每台无故障工作的时间 $T_i(i=1,2)$ 服从参数为 5 的指数分布，首先开动其中一台，当其发生故障时停用而另一台自动开启。试求两台记录仪无故障工作的总时间 $T=T_1+T_2$ 的数学期望 $E(T)$ 及方差 $D(T)$。

11. 假设由自动线加工的某种零件的内径 $X$（单位：mm）服从正态分布 $N(\mu,1)$，内径小于 10 或大于 12 为不合格品，其余为合格品。销售每件合格品获利，销售每件不合格品亏损，已知销售利润 $T$（单位：元）与销售零件的内径 $X$ 有如下关系

$$T=\begin{cases}-1, & x<10\\ 20, & 10\leqslant x\leqslant 12\\ -5, & x>12\end{cases}$$

问：平均直径 $\mu$ 取何值时，销售一个零件的平均利润最大？

12. 某加法器同时收到 20 个噪声电压 $V_k(k=1,2,\cdots,20)$，设它们是相互独立的随机变量，且都在区间（0，10）上服从均匀分布。记 $V=\sum\limits_{k=1}^{20}V_k$，求 $P\{V>105\}$ 的近似值。

13. 假设一条生产线生产的产品合格率是 80%。要使一批产品的合格率达到在 76% 与 84% 之间的概率不小于 0.9，问这批产品至少要生产多少件？

14. 某车间有同型号机床200部，每部机床开动的概率为0.7，假定各机床开动与否互不影响，开动时每部机床需电能1kV。问至少供应多少单位电能才可以0.95的概率保证不会因供电不足而影响生产。

15. 假设某种型号的螺丝钉的重量是随机变量，期望值为50g，标准差为5g，求：

（1）一袋100个螺丝钉的重量超过5.1kg的概率；

（2）每箱螺丝钉装有500袋，500袋中最多有4%的重量超过5.1kg的概率。

16. 某药厂声明，该厂生产的某种药品对于医治一种疑难血液病的治愈率为0.8。医院检验员任意抽查100个服用此药品的病人，如果其中多于75人治愈，就接受这一声明，否则就拒绝这一声明。

（1）若实际上此药品对这种疾病的治愈率是0.8，问接受这一声明的概率是多少？

（2）若实际上此药品对这种疾病的治愈率是0.7，问接受这一声明的概率是多少？

17. 已知随机变量$X$和$Y$分别服从正态分布$N(1, 3^2)$和$N(0, 4^2)$，且$X$与$Y$的相关系数$\rho_{XY}=-\frac{1}{2}$，设$Z=\frac{X}{3}+\frac{Y}{2}$。

（1）求$Z$的数学期望$E(Z)$和方差$D(Z)$；

（2）求$X$与$Z$的相关系数$\rho_{XZ}$。

# 第 4 章　数理统计基础知识

在前面的章节中，我们讲述了概率论的一些基本内容，这些内容是我们后面讲述和学习数理统计必须具备的知识。在概率论的许多问题中，概率分布通常被假定为已知的，一切推理和计算都基于这个已知的分布进行，但在实际问题中，我们要研究的随机变量，它的分布经常是未知的，或不完全知道，需要我们通过对所研究的随机变量进行重复独立的观察，得到许多观察值，再对这些数据进行分析，才能对所研究的分布做出推断。

## 4.1　基本概念

### 4.1.1　总体和个体

在数理统计中，我们常常需要考察有关对象的某一个（或多个）数量指标，如某种型号灯泡的寿命，并为此进行灯泡使用寿命的相关随机试验。我们将试验的全部可能的观察值称为**总体**；而把总体中的每一个可能的观察值称为**个体**。总体中所包含的个体的个数称为**总体的容量**，容量为有限的称为**有限总体**，容量为无限的称为**无限总体**。

例如，在我们研究某批国产轿车每公里的耗油量时，该批轿车有 10000 辆，每辆轿车的每公里耗油量是一个可能的观察值，所形成的总体中含有 10000 个可能的观察值，即 10000 个个体。类似地，我们研究某学校学生的营养状况时，我们关心的数量指标是学生的身高和体重，若用 $X$ 和 $Y$ 分别表示，那么，所有学生的身高和体重所构成的二维随机变量（$X$，$Y$）就是总体，每个学生的身高和体重就是个体。这个总体是有限总体。如果我们观察记录该学校每年的学生身高和体重，那么得到的会是一个无限的总体。

### 4.1.2　样本与样本分布

在实际问题中，总体的观察值数量很多，或分布未知，或只知道它具有某种形式而其中包含着未知参数。为了对总体进行各种所需的研究，就必须从总体抽取一部分个体，根据获得的部分个体的数据来对总体分布做出推断。被抽取的部分个体被称为总体的一个**样本**。在数理统计中的表示为：为了解总体的分布，从总体随机地抽取 $n$ 个个体，分别标记为 $X_1$，$X_2$，…，$X_n$，我们称 $X_1$，$X_2$，…，$X_n$ 为总体 $X$ 的样本，称 $X_1$，$X_2$，…，$X_n$ 所对应的观察值 $x_1$，$x_2$，…，$x_n$ 为**样本值**，$n$ 为**样本容量**或**样本量**，样本中的个体 $X_i$ 称为**样品**。

**例 4.1.1** 从装有 100 个球，包括 60 个红球、40 个白球的箱子中随机抽取 10 个球，其中标记“1”代表抽出的为红球，“0”代表抽出的为白球，抽取的结果标记如下：

1，1，0，1，0，1，0，1，1，1

这里“1”和“0”就是抽取的样本容量为 10 的样本 $X_1$，$X_2$，…，$X_{10}$所对应的观察值 $x_1$，$x_2$，…，$x_{10}$，总体就是 100 个球。

为了使从总体中抽取的样本能够很好地反映总体的信息，就需要对抽样的方式方法提出一些要求。**简单随机抽样**是最常用的抽样方法，其抽样的要求为：

（1）代表性。即要求总体中每一个个体都有同等机会被抽入样本，也意味着样本中每个个体 $X_i$与所考察的总体 $X$ 具有相同的分布；

（2）独立性。即要求样本中每一个个体取值不影响其他个体的取值，这意味着样本中各个个体 $X_1$，$X_2$，…，$X_n$是相互独立的随机变量。

而由简单随机抽样获得的样本（$X_1$，$X_2$，…，$X_n$）称为**简单随机样本，或简单样本**。在实际的抽样过程中，对于有限总体，当总体容量较大或所抽取的样本容量在总体所占比例较小时，不放回抽样可以获得像简单样本那样好的样本，总体容量较小时，应该用放回抽样来得到简单样本；对于无限总体，简单随机抽样获得的样本都是简单样本。今后除非特别指明，本书中的样本都为简单随机样本。

那么如何建立样本与总体的联系呢？这里就需要提出样本的分布概念。关于样本的分布，我们可以用样本联合分布函数来表示，具体为：若总体的分布函数为 $F(x)$，设 $X_1$，$X_2$，…，$X_n$是取自总体的容量为 $n$ 的样本，则

$$F(x_1, x_2, \cdots, x_n) = F(x_1)F(x_2)\cdots F(x_n) = \prod_{i=1}^{n} F(x_i) \tag{4.1.1}$$

称为样本 $X_1$，$X_2$，…，$X_n$的**联合分布函数**。

特别地，若总体 $X$ 为离散型随机变量，其概率分布律为 $P(X=x_i)=p(x_i)$，$i=1$，2，…，$n$，则样本的联合分布律为

$$p(x_1, x_2, \cdots, x_n) = P(X_1=x_1, X_2=x_2, \cdots, X_n=x_n) = \prod_{i=1}^{n} p(x_i) \tag{4.1.2}$$

若总体 $X$ 为连续型随机变量，其密度函数为 $f(x)$，则样本的联合密度函数为

$$f(x_1, x_2, \cdots, x_n) = \prod_{i=1}^{n} f(x_i) \tag{4.1.3}$$

**例4.1.2**　设总体 $X \sim B(1, p)$，其概率分布律为 $P(X=x)=p^x(1-p)^{1-x}$，$x=0$，1，$X_1$，$X_2$，…，$X_n$为总体的简单样本，求样本的联合分布律。

**解：** 
$$\begin{aligned} p(x_1, x_2, \cdots, x_n) &= P(X_1=x_1, X_2=x_2, \cdots, X_n=x_n) = \prod_{i=1}^{n} p(x_i) \\ &= p^{x_1}(1-p)^{1-x_1} p^{x_2}(1-p)^{1-x_2} \cdots p^{x_n}(1-p)^{1-x_n} \\ &= p^{\sum_{i=1}^{n} x_i}(1-p)^{n-\sum_{i=1}^{n} x_i} \end{aligned}$$

其中，$x_i=0, 1$，$i=1, 2, \cdots, n$。

**例4.1.3**　设总体 $X$ 为连续随机变量，其密度函数 $f(x)$ 有

$$f(x)=\begin{cases} e^{-x}, & x \geqslant 0 \\ 0, & x<0 \end{cases}$$

$X_1$，$X_2$，…，$X_n$为总体的简单样本，求样本的联合密度函数。

**解：**

$$f(x_1, x_2, \cdots, x_n)=f(x_1)f(x_2)\cdots f(x_n)=e^{-x_1}e^{-x_2}\cdots e^{-x_n}=e^{-\sum_{i=1}^{n} x_i},$$
$$i=1, 2, \cdots, n$$

### 4.1.3　统计量

由样本概念我们知道，样本代表着总体，为了使样本对总体所做的推断具有一定的可靠性，在抽取样本后，我们要根据所推断的问题，对样本进行“加工”和“提炼”，把样本中我们需要的信息提取出来，构造一些样本的适当函数，并利用这些样本的函数进行统计、推断，这些样本的函数统称为**统计量**。

**定义4.1.1**　设 $X_1$，$X_2$，…，$X_n$是取自总体 $X$ 的一个样本，$T=T(X_1, X_2, \cdots, X_n)$ 是 $X_1$，$X_2$，…，$X_n$的一个样本函数。若 $T(X_1, X_2, \cdots, X_n)$ 中不含任何未知参数，则称 $T(X_1, X_2, \cdots, X_n)$ 是样本 $X_1$，$X_2$，…，$X_n$的一个统计量。若 $x_1$，$x_2$，…，$x_n$是样本 $X_1$，$X_2$，…，$X_n$ 相对应的样本值，则称 $T(x_1, x_2, \cdots, x_n)$ 是 $T(X_1, X_2, \cdots, X_n)$ 的**观察值**。若 $X_1$，$X_2$，…，$X_n$是取自总体 $X$ 的一个样本，$x_1$，$x_2$，…，$x_n$是这一样本的观察值，则我们常用的统计量的定义分别为：

（1）样本均值和样本均值的观察值

$$\bar{X}=\frac{X_1+X_2+\cdots+X_n}{n}=\frac{1}{n}\sum_{i=1}^{n} X_i,$$
$$\bar{x}=\frac{1}{n}\sum_{i=1}^{n} x_i$$

（2）样本方差

$$S^2 = \frac{1}{n-1}\sum_{i=1}^{n}(X_i - \bar{X})^2 = \frac{1}{n-1}\left(\sum_{i=1}^{n}X_i^2 - n\bar{X}^2\right)$$

$$s^2 = \frac{1}{n-1}\sum_{i=1}^{n}(x_i - \bar{x})^2 = \frac{1}{n-1}\left(\sum_{i=1}^{n}x_i^2 - n\bar{x}^2\right)$$

其中 $S$ 称为样本标准差或样本均方差，其观察值 $s$ 为非负数，反映了总体标准方差的信息。即：

$$s = \sqrt{\frac{1}{n-1}\sum_{i=1}^{n}(x_i - \bar{x})^2} = \sqrt{\frac{1}{n-1}\left(\sum_{i=1}^{n}x_i^2 - n\bar{x}^2\right)}$$

**注意：**样本方差和概率论中总体方差的定义有所不同，请同学们查阅比较。

（3）样本 $k$ 阶原点矩

$$A_k = \frac{1}{n}\sum_{i=1}^{n}X_i^k,\ a_k = \frac{1}{n}\sum_{i=1}^{n}x_i^k,\ k = 1,2,\cdots$$

特别地，当 $k=1$ 时，$a_1 = \bar{x} = \frac{1}{n}\sum_{i=1}^{n}x_i$，即与样本均值相同。

（4）样本 $k$ 阶中心矩

$$B_k = \frac{1}{n}\sum_{i=1}^{n}(X_i - \bar{X})^k,\ b_k = \frac{1}{n}\sum_{i=1}^{n}(x_i - \bar{x})^k,\ k = 1,2,\cdots$$

特别地，当 $k=2$ 时，$b_2 = \sigma^2 = \frac{1}{n}\sum_{i=1}^{n}(x_i - \bar{x})^2$，即与概率中的总体方差相等。

**例 4.1.4** 用测温仪对某一物体的温度（单位:℃）测量 5 次，其结果为：1250，1265，1245，1260，1275，求统计量的观察值 $\bar{x}$、$s^2$、$s$、$a_2$和 $b_2$。

**解：**由题意得

$$\bar{x} = \frac{1}{5}\sum_{i=1}^{5}x_i = \frac{1250 + 1265 + 1245 + 1260 + 1275}{5} = 1259$$

$$\begin{aligned}s^2 &= \frac{1}{5-1}\sum_{i=1}^{5}(x_i - \bar{x})^2\\ &= \frac{1}{4}[(1250-1259)^2 + (1265-1259)^2 + (1245-1259)^2 + (1260-1259)^2 +\\ &\quad (1275-1259)^2]\end{aligned}$$

$$= 142.5$$

$$s = \sqrt{142.5} = 11.9$$

$$a_2 = \frac{1}{5}\sum_{i=1}^{5} x_i^2 = \frac{1}{5}(1250^2 + 1265^2 + 1245^2 + 1260^2 + 1275^2) = 1585195$$

$$b_2 = \frac{1}{5}\sum_{i=1}^{5} (x_i - \bar{x})^2$$

$$= \frac{1}{5}[(1250 - 1259)^2 + (1265 - 1259)^2 + (1245 - 1259)^2 + (1260 - 1259)^2 + (1275 - 1259)^2]$$

$$= 114$$

**例 4.1.5**　设总体 $X$ 的期望和方差分别为 $E(X) = \mu$，$D(X) = \sigma^2$。试求 $E(\bar{X})$，$D(\bar{X})$，$E(S^2)$ 和 $E(B_2)$。

**解：**$E(\bar{X}) = E\left(\frac{1}{n}\sum_{i=1}^{n} X_i\right) = \frac{1}{n}\sum_{i=1}^{n} E(X_i) = \frac{1}{n}\sum_{i=1}^{n}\mu = \mu$

$$D(\bar{X}) = D\left(\frac{1}{n}\sum_{i=1}^{n} X_i\right) = \frac{1}{n^2}\sum_{i=1}^{n} D(X_i) = \frac{1}{n^2}\sum_{i=1}^{n}\sigma^2 = \frac{\sigma^2}{n}$$

$$E(S^2) = E\left[\frac{1}{n-1}\sum_{i=1}^{n}(X_i - \bar{X})^2\right] = \frac{1}{n-1}E\left\{\sum_{i=1}^{n}[(X_i - \mu) - (\bar{X} - \mu)]^2\right\}$$

$$= \frac{1}{n-1}E\left[\sum_{i=1}^{n}(X_i - \mu)^2 - n(\bar{X} - \mu)^2\right]$$

$$= \frac{1}{n-1}\left[\sum_{i=1}^{n} D(X) - nD(\bar{X})\right]$$

$$= \frac{1}{n-1}\left(\sum_{i=1}^{n}\sigma^2 - n\frac{\sigma^2}{n}\right) = \sigma^2$$

由

$$B_2 = \frac{1}{n}\sum_{i=1}^{n}(X_i - \bar{X})^2 = \frac{n-1}{n}S^2$$

得

$$E(B_2) = E\left(\frac{n-1}{n}S^2\right) = \frac{n-1}{n}E(S^2) = \frac{n-1}{n}\sigma^2$$

（5）次序统计量及中位数：设 $X_1$，$X_2$，…，$X_n$是取自总体 $X$ 的一个样本，把其按大小排列为$X_{(1)} \leqslant X_{(2)} \leqslant \cdots \leqslant X_{(n)}$，则称$X_{(1)}$，$X_{(2)}$，…，$X_{(n)}$为**次序统计量**。利用次序统计量我们可以得到**样本中位数**，为

$$m_{\frac{1}{2}}=\begin{cases}X_{\left(\frac{n+1}{2}\right)}, & \text{当 } n \text{ 为奇数}\\ \frac{1}{2}\left[X_{\left(\frac{n}{2}\right)}+X_{\left(\frac{n}{2}+1\right)}\right], & \text{当 } n \text{ 为偶数}\end{cases}$$

次序统计量的应用之一是五数概括和箱线图。在得到有序样本后，容易计算如下五个值：最小观察值$x_{\min}=x_{(1)}$，最大观察值$x_{\max}=x_{(n)}$，中位数$m_{0.5}$，第一四分位数$Q_1=m_{0.25}$和第三四分位数$Q_3=m_{0.75}$。所谓五数概括就是指用这五个数：$x_{\min}$，$Q_1$，$m_{0.5}$，$Q_3$，$x_{\max}$来大致描述一批数据的状况。

而关于样本的**分位数**，我们可以定义如下：

$$m_p=\begin{cases}X_{([np]+1)}, & \text{当 } np \text{ 不是整数}\\ \frac{1}{2}\left[X_{(np)}+X_{(np+1)}\right], & \text{当 } np \text{ 为整数}\end{cases}$$

其中 $p$ 为样本的分位数，且 $0 \leqslant p \leqslant 1$，有时也用百分数来表示。

**例 4.1.6** 以下是 17 个病人的血压（收缩压，单位：mmHg）数据的有序样本，试根据样本数据做出五数概括和箱线图。

75，80，86，88，98，100，102，102，105，110，118，118，118，120，122，123，132

**解**：由该数据可计算得到：$x_{\min}=75$，$m_{0.5}=105$，$x_{\max}=132$；

因为 $np=17\times0.25=4.25$，所以$Q_1=m_{0.25}$位于第$[4.25]+1=5$ 处，即$Q_1=m_{0.25}=98$，同理得$Q_3=m_{0.75}=118$。

数据的箱线图如图 4.1.1 所示。

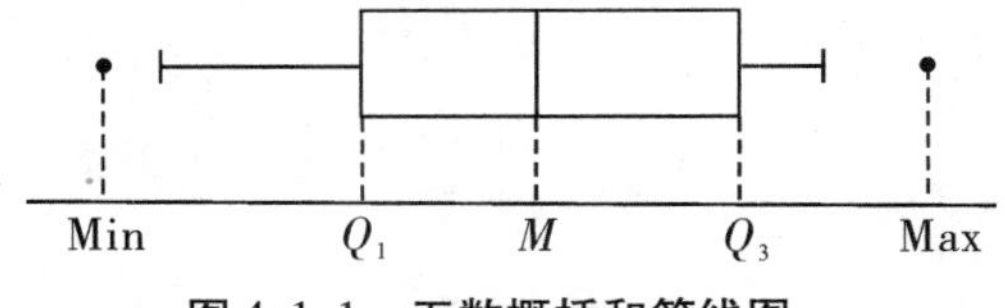


**图 4.1.1 五数概括和箱线图**

# 4.2 抽样分布

统计量的分布称为**抽样分布**。在使用统计量进行统计推断时常需要知道它的分布，而在总体的分布函数已知时，抽样分布也是确定的，但能够求出抽样分布且具有简单表达式的情形并不多。所幸的是，在总体分布为正态分布时，许多重要统计量的抽样分布都可以求得；而更重要的是，即使总体不服从正态分布，根据中心极限定理，当 $n$ 很大时，也可用正态分布近似求得。在前面的概率论章节中，我们介绍了几种常见的分布，它们也是数理统计学中常涉及的分布。以下我们先给出分位数概念，再介绍几个以标准正态分布变量为基础而构造的抽样分布。

## 4.2.1 分位数

设随机变量 $X$ 的分布函数为 $F(x)$，对给定的实数 $\alpha(0<\alpha<1)$，若实数$F_\alpha$满足

$$P\{X > F_\alpha\} = \alpha \tag{4.2.1}$$

则称$F_\alpha$为随机变量 $X$ 分布的水平为 $\alpha$ 的**上侧分位数**。

若实数$T_{\frac{\alpha}{2}}$满足

$$P\{|X| > T_{\frac{\alpha}{2}}\} = \alpha \tag{4.2.2}$$

则称$T_{\frac{\alpha}{2}}$为随机变量 $X$ 分布的水平为 $\alpha$ 的**双侧分位数**。例如，标准正态分布的上侧分位数（$u_\alpha$）和双侧分位数（$u_{\frac{\alpha}{2}}$），详见下图 4.2.1 和 4.2.2。

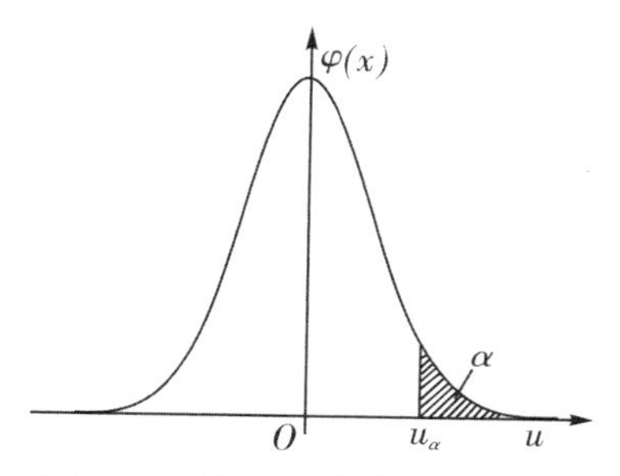

4.2.1　标准正态分布的上侧分位数

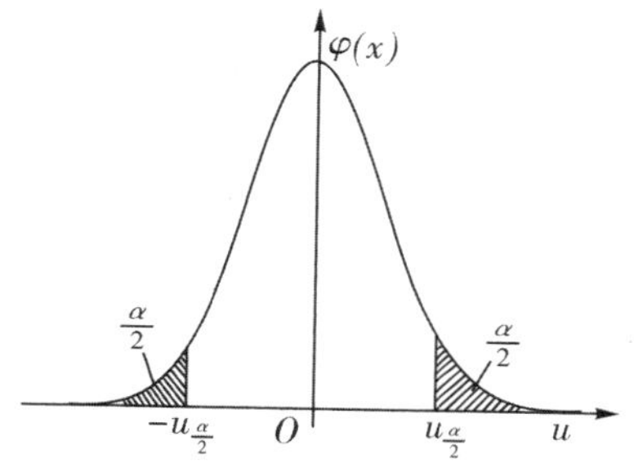

4.2.2　标准正态分布的双侧分位数

通常，我们很难直接求解分位数的值。针对常用的统计分布，本书附录给出了一些分布函数值表或分位数表，从而可以通过查分布函数值表得到分位数的值。

**例 4.2.1**　设 $\alpha = 0.05$，求标准正态分布水平为 $\alpha$ 的上侧分位数和双侧分位数。

**解：** 由

$$\Phi(u_{0.05}) = 1 - 0.05 = 0.95$$

查标准正态分布函数值表，可得

$$u_{0.05} = 1.645$$

而水平为 0.05 的双侧分位数为$u_{0.025}$，它满足

$$\Phi(u_{0.025}) = 1 - 0.025 = 0.975$$

查表得

$$u_{0.025} = 1.96$$

即标准正态分布水平 $\alpha=0.05$ 的上侧分位数为1.645，双侧分位数分别为 $-1.96$ 和1.96。

### 4.2.2 卡方分布

设 $n$ 个随机变量 $X_1$，$X_2$，…，$X_n$是取自总体 $X\sim N(0,1)$ 的样本，则统计量

$$\chi^2=X_1^2+X_2^2+\cdots+X_n^2 \tag{4.2.3}$$

所服从的分布称为自由度为 $n$ 的卡方分布，记作$\chi^2\sim\chi^2(n)$。其密度函数为

$$f(x)=\begin{cases}\dfrac{1}{2^{\frac{n}{2}}\Gamma\left(\dfrac{n}{2}\right)}x^{\frac{n}{2}-1}\mathrm{e}^{-\frac{x}{2}}, & x>0\\ 0, & x\leqslant 0\end{cases} \tag{4.2.4}$$

其中 $\Gamma(\frac{n}{2})$ 为函数 $\Gamma(x)=\int_0^{+\infty}t^{x-1}\mathrm{e}^{-t}\mathrm{d}t$，$(x>0)$ 在 $x=\frac{n}{2}$处的函数值。$f(x)$的图形如4.2.3（a）所示。

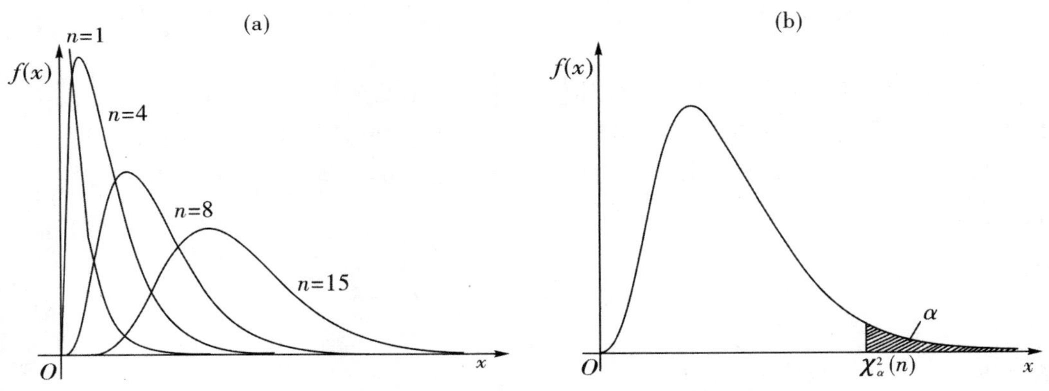


**图4.2.3　$\chi^2(n)$ 分布的密度函数（a）和上侧分位数（b）**

由图可见当自由度 $n$ 越大，$\chi^2(n)$的密度曲线越趋于对称，$n$ 越小，曲线越不对称。当 $n=1$ 时$\chi^2(1)$分布又称为 $\gamma$ 分布，当 $n=2$ 时$\chi^2(2)$分布就是我们前面描述过的指数分布。$\chi^2$分布具有下列性质：

（1）若$\chi_1^2\sim\chi^2(m)$，$\chi_2^2\sim\chi^2(n)$，且它们相互独立，则

$$\chi_1^2+\chi_2^2\sim\chi^2(m+n)$$

这个性质称为$\chi^2$分布的可加性，能够推广到 $\sum\limits_{i=1}^{n}\chi_i^2$ 的卡方求和。证明略。

（2）若$\chi^2 \sim \chi^2(n)$，则有$E(\chi^2)=n$，$D(\chi^2)=2n$；

证明：已知$X_i \sim N(0,1)$，则$E(X_i^2)=D(X_i)=1$，$i=1,2,\cdots,n$

$$D(X_i^2)=E(X_i^4)-[E(X_i^2)]^2=E(X_i^4)-1=\frac{1}{\sqrt{2\pi}}\int_{-\infty}^{+\infty}x^4 e^{-\frac{x^2}{2}}dx-1=2$$

所以

$$E(\chi^2)=E(\sum_{i=1}^{n}X_i^2)=\sum_{i=1}^{n}E(X_i^2)=n$$

$$D(\chi^2)=D(\sum_{i=1}^{n}X_i^2)=\sum_{i=1}^{n}D(X_i^2)=2n$$

（3）若$\chi^2 \sim \chi^2(n)$，对于给定的$\alpha(0<\alpha<1)$，若存在$\chi_{\alpha}^2(n)$满足

$$P(\chi^2>\chi_{\alpha}^2(n))=\int_{\chi_{\alpha}^2(n)}^{+\infty}f(x)dx=\alpha$$

则称点$\chi_{\alpha}^2(n)$为$\chi^2(n)$分布的上侧$\alpha$分位数，图形如4.2.3（b）所示。

为方便计算，已有按$P(\chi^2>\chi_{\alpha}^2(n))=\alpha$，$0<\alpha<1$制成的$\chi^2$分布表（见附表6），以供查询。例如，给定$\alpha=0.05$，$n=25$，查$\chi^2$分布表可得$\chi_{0.05}^2(25)=37.652$，即$P(\chi^2>37.652)=\int_{37.652}^{+\infty}f(x)dx=0.05$。

若存在$\chi_{1-\alpha}^2(n)$满足

$$P(\chi^2<\chi_{1-\alpha}^2(n))=\int_{0}^{\chi_{1-\alpha}^2(n)}f(x)dx=\alpha$$

则称点$\chi_{1-\alpha}^2(n)$为$\chi^2(n)$分布的下侧$\alpha$分位数。同理，我们可以求出$\chi^2(n)$的双侧分位数。$\chi^2(n)$的下侧分位数和双侧分位数见图4.2.4。

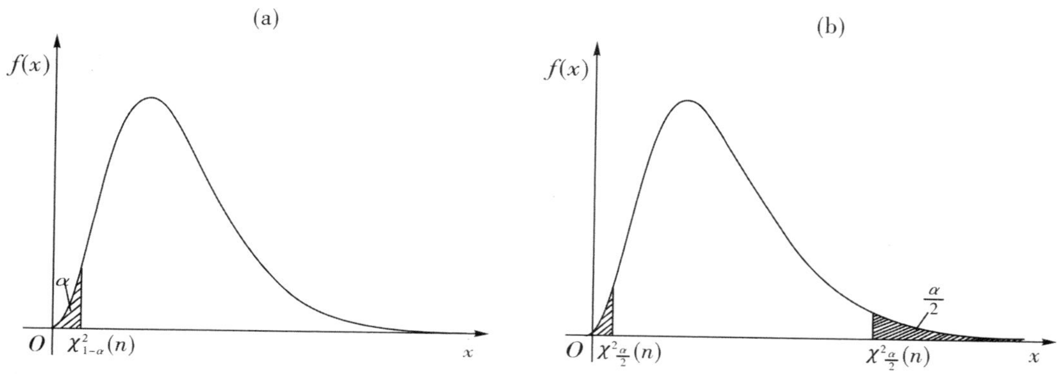


图4.2.4　$\chi^2(n)$的下侧分位数（a）和双侧分位数（b）

**例 4.2.2** 设 $\alpha=0.05$，$n=25$，求$\chi^2$分布的水平为 $\alpha$ 的下侧分位数和双侧分位数。

**解：** 查$\chi^2$分布表可得

$$\chi^2_{1-0.05}(25)=\chi^2_{0.95}(25)=14.611$$

即

$$P(\chi^2<14.611)=\int_0^{14.611}f(x)\mathrm{d}x=0.05$$

查$\chi^2$分布表得

$$\chi^2_{0.025}(25)=40.646$$
$$\chi^2_{1-0.025}(25)=\chi^2_{0.975}(25)=13.120$$

即

$$P((\chi^2<13.120)\cup(\chi^2>40.646))=\int_0^{13.120}f(x)\mathrm{d}x+\int_{40.646}^{+\infty}f(x)\mathrm{d}x=0.025+0.025=0.05$$

（4）设 $X_1$，$X_2$，…，$X_n$是取自总体 $X\sim N(\mu,\sigma^2)$ 的样本，则有

$$\chi^2=\sum_{i=1}^{n}\frac{(X_i-\mu)^2}{\sigma^2}\sim\chi^2(n),\ i=1,2,\cdots,n$$

**证明：** 已知 $X\sim N(\mu,\sigma^2)$，可得 $U=\dfrac{X_i-\mu}{\sigma}\sim N(0,1)$，由$\chi^2$分布定义可得

$$\chi^2=U_1^2+U_2^2+\cdots+U_n^2=\sum_{i=1}^{n}\frac{(X_i-\mu)^2}{\sigma^2}\sim\chi^2(n)$$

（5）设 $X_1$，$X_2$，…，$X_n$是取自总体 $X\sim N(\mu,\sigma^2)$ 的样本，其样本均值和样本方差分别为 $\bar{x}$ 和$s^2$，则有

$$\frac{(n-1)s^2}{\sigma^2}\sim\chi^2(n-1)$$

**证明：** $(n-1)s^2=\sum\limits_{i=1}^{n}(x_i-\bar{x})^2=\sum\limits_{i=1}^{n}x_i^2-n\bar{x}^2=\sum\limits_{i=2}^{n}x_i^2$，于是有

$$\frac{(n-1)\ s^2}{\sigma^2}=\sum_{i=2}^{n}\left(\frac{x_i}{\sigma}\right)^2\sim\chi^2(n-1)$$

**例 4.2.3**　设 $X_1$，$X_2$，…，$X_n$是取自总体 $X\sim N\ (\mu,\ \sigma^2)$ 的样本，当 $n=16$ 时，求 $P(\frac{s^2}{\sigma^2}\leqslant 1.67)$。

**解：** 当 $n=16$ 时，有$\frac{(n-1)s^2}{\sigma^2}=\frac{15\ s^2}{\sigma^2}\sim\chi^2(15)$，所以

$$P\left(\frac{s^2}{\sigma^2}\leqslant 1.67\right)=P\left(\frac{15s^2}{\sigma^2}\leqslant 15\times 1.67\right)=P(\chi^2(15)\leqslant 25.05)=1-P(\chi^2(15)>25.05)$$

查$\chi^2$分布表得$\chi^2_{0.05}(15)\approx 25.05$，故得

$$P\left(\frac{s^2}{\sigma^2}\leqslant 1.67\right)\approx 1-0.05=0.95$$

### 4.2.3　$t$ 分布

设 $X$，$Y$ 是两个相互独立的随机变量，$X\sim N(0,\ 1)$，$Y\sim\chi^2(n)$，则称

$$T=\frac{X}{\sqrt{\frac{Y}{n}}}\tag{4.2.5}$$

服从自由度为 $n$ 的 $t$ **分布**，记作 $T\sim t(n)$。$t$ 分布又称**学生分布**，其密度函数为

$$f(t)=\frac{\Gamma\left(\frac{n+1}{2}\right)}{\sqrt{n\pi}\,\Gamma\left(\frac{n}{2}\right)}\left(1+\frac{t^2}{n}\right)^{-\frac{n+1}{2}},\quad -\infty<t<+\infty\tag{4.2.6}$$

$t$ 分布的密度函数与标准正态分布 $N(0,\ 1)$ 密度很相似，它们都是关于原点对称。当 $\lim\limits_{n\to\infty}f(t)=\frac{1}{\sqrt{2\pi}}\mathrm{e}^{-\frac{t^2}{2}}$，即 $t$ 分布以标准正态分布 $N\ (0,\ 1)$ 为极限分布。一般地，当 $n>30$ 时，$t$ 分布与 $N(0,\ 1)$ 非常接近。当 $n$ 较小时，$t$ 分布与 $N(0,\ 1)$ 的差异较大（见附表 4 和附表 5）。$t$ 分布具有如下性质：

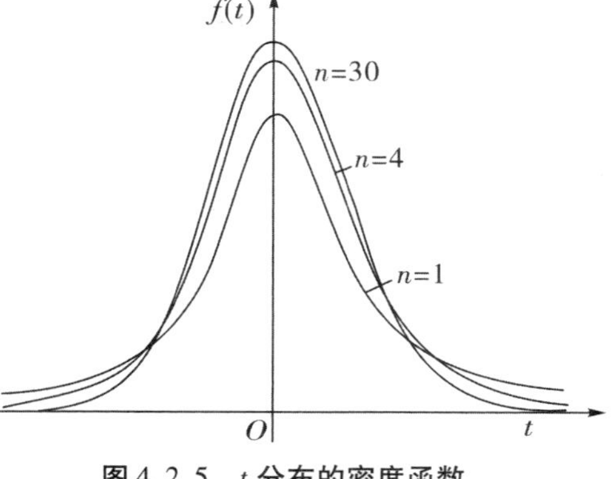

图 4.2.5　$t$ 分布的密度函数

（1）当 $t>1$ 时，$E(T)=0$；当 $t>2$ 时，$D(T)=\frac{n}{n-2}$；

（2）若 $T\sim t(n)$，对于给定的 $\alpha(0<\alpha<1)$，若存在$t_{\alpha}(n)$ 满足

$$P(T>t_{\alpha}(n))=\int_{t_{\alpha}(n)}^{+\infty}f(t)\mathrm{d}t=\alpha$$

则称点$t_{\alpha}(n)$ 为 $t(n)$ 分布的**上 $\alpha$ 分位数**；

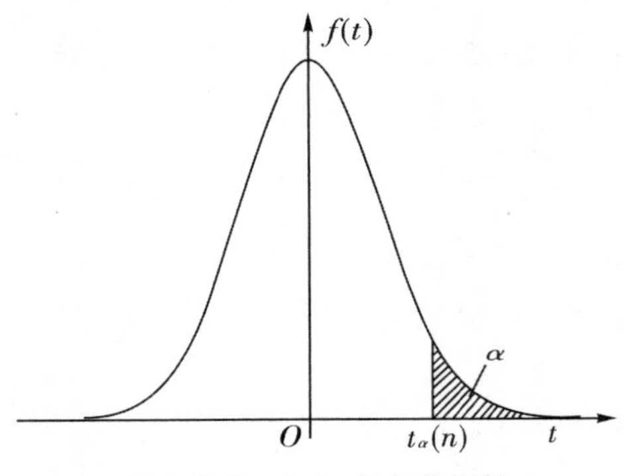


图 4.2.6　$t(n)$ 的上分位数

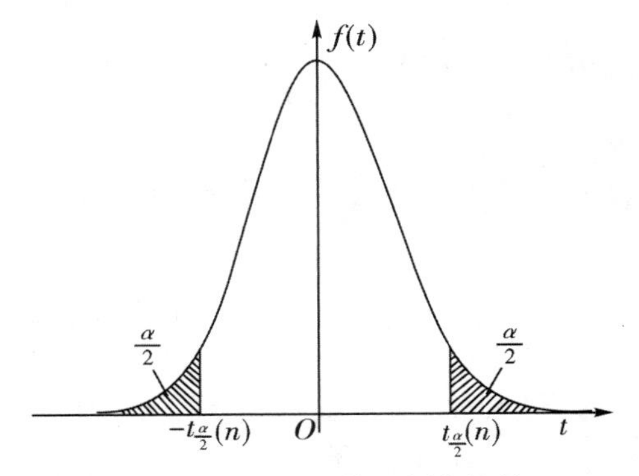


图 4.2.7　$t(n)$ 的双侧分位数

由 $t(n)$ 分布的上 $\alpha$ 分位数的定义和 $t(n)$ 图形的对称性知，$t(n)$ 分布的下 $\alpha$ 分位数为 $-t_{\alpha}(n)$ 或$t_{1-\alpha}(n)$，其中上 $\alpha$ 分位数可自附表 5 查得，下 $\alpha$ 分位数则需要进行相应的转换求得，如$t_{0.05}(10)=1.8125$，$t_{0.95}(10)=t_{1-0.05}(10)=-t_{0.05}(10)=-1.8125$。

（3）设 $X_1$，$X_2$，…，$X_n$是取自总体 $X\sim N(\mu,\sigma^2)$ 的样本，其样本均值和样本方差分别为 $\bar{x}$ 和 $s^2$，则有

$$T=\frac{\bar{x}-\mu}{s/\sqrt{n}}\sim t(n-1)$$

**证明**：由标准正态分布的推论知

$$U=\frac{\bar{x}-\mu}{\sigma/\sqrt{n}}\sim N(0,1)$$

因此

$$T=\frac{\bar{x}-\mu}{s/\sqrt{n}}=\frac{\frac{\bar{x}-\mu}{\sigma/\sqrt{n}}}{\sqrt{\frac{(n-1)\ s^2/\sigma^2}{n-1}}}$$

由$\chi^2$分布的性质知$\frac{(n-1)\ s^2}{\sigma^2}\sim\chi^2\ (n-1)$，故可以由$t$分布定义得上式$T=\frac{\bar{x}-\mu}{s/\sqrt{n}}\sim t(n-1)$。

（4）设$X_1$，$X_2$，…，$X_{n1}$是取自总体$X\sim N(\mu_1,\ \sigma_1^2)$的样本，$Y_1$，$Y_2$，…，$Y_{n2}$是取自总体$Y\sim N(\mu_2,\ \sigma_2^2)$的样本，$X$和$Y$相互独立，其样本均值分别为$\bar{X}$和$\bar{Y}$，样本方差分别为$S_1^2$和$S_2^2$，

①若$\sigma_1^2$，$\sigma_2^2$已知，则有

$$U=\frac{(\bar{X}-\bar{Y})-(\mu_1-\mu_2)}{\sqrt{\frac{\sigma_1^2}{n_1}+\frac{\sigma_2^2}{n_2}}}\sim N\ (0,\ 1)$$

②若$\sigma_1^2$，$\sigma_2^2$未知，则有

$$T=\frac{(\bar{X}-\bar{Y})-(\mu_1-\mu_2)}{\sqrt{\frac{S_1^2}{n_1}+\frac{S_2^2}{n_2}}}\sim t(\nu)$$

其中

$$\nu=\frac{\left(\frac{S_1^2}{n_1}+\frac{S_2^2}{n_2}\right)^2}{\frac{\left(\frac{S_1^2}{n_1}\right)^2}{n_1-1}+\frac{\left(\frac{S_2^2}{n_2}\right)^2}{n_2-1}}$$

若$n_1$，$n_2$充分大，则有

$$U=\frac{(\bar{X}-\bar{Y})-(\mu_1-\mu_2)}{\sqrt{\frac{S_1^2}{n_1}+\frac{S_2^2}{n_2}}}\sim N(0,\ 1)$$

③若$\sigma_1^2=\sigma_2^2=\sigma^2$，则有

$$T=\frac{(\bar{X}-\bar{Y})-(\mu_1-\mu_2)}{S_W\sqrt{\frac{1}{n_1}+\frac{1}{n_2}}}\sim t(n_1+n_2-2)$$

其中

$$S_W^2=\frac{(n_1-1)S_1^2+(n_2-1)S_2^2}{n_1+n_2-2}$$

**证明：**①由 $\bar{X}\sim N(\mu_1,\ \frac{\sigma_1^2}{n_1})$，$\bar{Y}\sim N(\mu_2,\ \frac{\sigma_2^2}{n_2})$，知

$$\bar{X}-\bar{Y}\sim N(\mu_1-\mu_2,\ \frac{\sigma_1^2}{n_1}+\frac{\sigma_2^2}{n_2})$$

故有

$$U=\frac{(\bar{X}-\bar{Y})-(\mu_1-\mu_2)}{\sqrt{\frac{\sigma_1^2}{n_1}+\frac{\sigma_2^2}{n_2}}}\sim N(0,\ 1)$$

②由题可得$\frac{(n_1-1)S_1^2}{\sigma^2}\sim\chi^2(n_1-1)$，$\frac{(n_2-1)S_2^2}{\sigma^2}\sim\chi^2(n_2-1)$，且它们相互独立，由$\chi^2$分布的可加性得

$$\chi^2=\frac{(n_1-1)S_1^2}{\sigma^2}+\frac{(n_2-1)S_2^2}{\sigma^2}\sim\chi^2(n_1+n_2-2)$$

故由 $t$ 分布的定义得

$$T=\frac{U}{\sqrt{\chi^2/(n_1+n_2-2)}}=\frac{(\bar{X}-\bar{Y})-(\mu_1-\mu_2)}{S_W\sqrt{\frac{1}{n_1}+\frac{1}{n_2}}}\sim t(n_1+n_2-2)$$

### 4.2.4　*F* 分布

设 $X\sim\chi^2(n_1)$，$Y\sim\chi^2(n_2)$，且 $X$ 与 $Y$ 相互独立，则称

$$F=\frac{X/n_1}{Y/n_2}\tag{4.2.7}$$

服从自由度为（$n_1$，$n_2$）的 $F$ 分布，记作 $F\sim F(n_1,\ n_2)$，其密度函数为

$$f(x)=\begin{cases}\dfrac{\Gamma\left(\dfrac{n_1+n_2}{2}\right)}{\Gamma\left(\dfrac{n_1}{2}\right)\Gamma\left(\dfrac{n_2}{2}\right)}\left(\dfrac{n_1}{n_2}\right)^{\frac{n_1}{2}}x\left(1+\dfrac{n_1}{n_2}x\right)^{-\frac{n_1+n_2}{2}}, & x\geqslant 0\\ 0, & x<0\end{cases} \tag{4.2.8}$$

F 分布是由自由度（$n_1$，$n_2$）决定的偏态分布，即 F 分布的密度函数曲线不对称，但当$n_1\to\infty$，$n_2\to\infty$ 时，F 分布的密度函数曲线近似正态分布密度函数曲线。

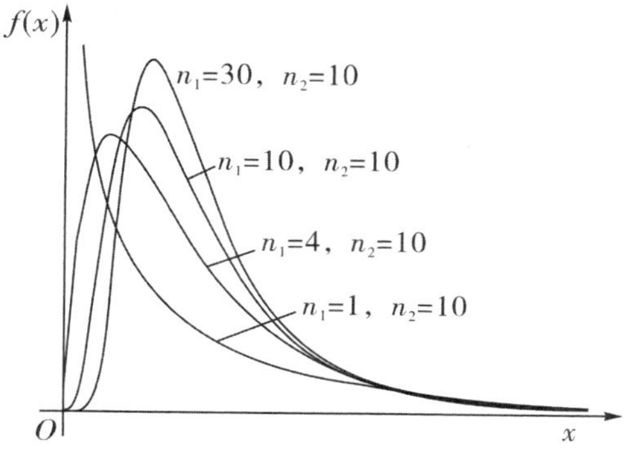

图 4.2.8　F 分布的密度函数

根据 F 分布的定义，其具有以下性质：

（1）若$F\sim F(n_1, n_2)$，则$\dfrac{1}{F}\sim F(n_2, n_1)$；

由 F 分布定义易证明。

（2）若 $T\sim t(n)$，则$T^2\sim F(1, n)$；

**证明：**

由 $T=\dfrac{X}{\sqrt{Y/n}}\sim t(n)$，其中 $X\sim N(0, 1)$，$Y\sim \chi^2(n)$，

可得 $X^2\sim\chi^2$（1），所以 $T^2=\dfrac{X^2}{Y/n}=\dfrac{X^2/1}{Y/n}\sim F(1, n)$。

（3）若 $F\sim F(n_1, n_2)$，对于给定的 $\alpha(0<\alpha<1)$，若存在$F_\alpha(n_1, n_2)$ 满足

$$P(F>F_\alpha(n_1, n_2))=\int_{F_\alpha(n_1,n_2)}^{+\infty}f(x)\mathrm{d}x=\alpha$$

则称点$F_\alpha$（$n_1$，$n_2$）为 F 分布的上 α 分位数。同样 F 分布也存在下分位数和双侧分位数，分别为$F_{1-\alpha}(n_1, n_2)$，$F_{1-\frac{\alpha}{2}}$（$n_1$，$n_2$）和$F_{\frac{\alpha}{2}}$（$n_1$，$n_2$）。

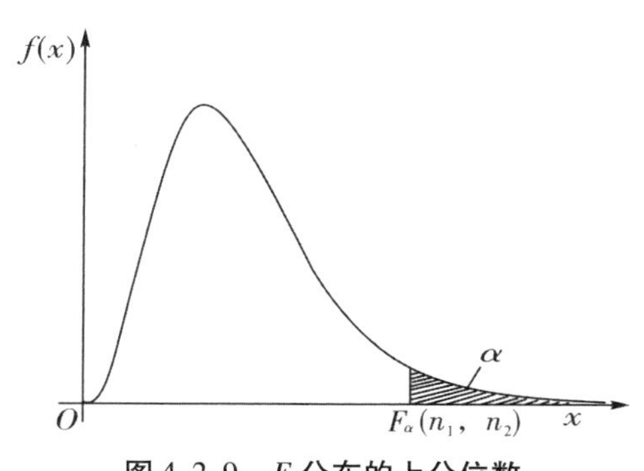

图 4.2.9　F 分布的上分位数

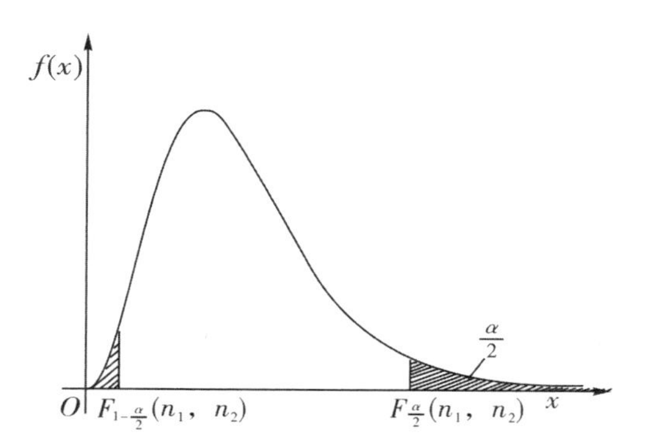

图 4.2.10　F 分布的双侧分位数

其中 F 分布的上 α 分位点可自附表 7 查得。如$F_{0.05}$(10，15)=2.54。若要查 F 分布

的下 $\alpha$ 分位点，可通过变换等式，利用 $F$ 分布的上 $\alpha$ 分位点得到，如$F_{0.95}(15, 10)=F_{1-0.05}(15, 10)=\frac{1}{F_{0.05}(10, 15)}=0.39$。

（4）设 $X_1$，$X_2$，…，$X_n$是取自总体 $X\sim N(\mu_1, \sigma_1^2)$ 的样本，$Y_1$，$Y_2$，…，$Y_n$是取自总体 $Y\sim N(\mu_2, \sigma_2^2)$ 的样本，$X$ 和 $Y$ 相互独立，则有

$$F=\frac{\sum_{i=1}^{n_1}(X_i-\mu_1)^2/\sigma_1^2 n_1}{\sum_{i=1}^{n_2}(Y_i-\mu_2)^2/\sigma_2^2 n_2}\sim F(n_1, n_2)$$

**证明：**由$\chi^2$分布的性质知

$$\sum_{i=1}^{n_1}(X_i-\mu_1)^2/\sigma_1^2\sim\chi^2(n_1), \sum_{i=1}^{n_2}(X_i-\mu_2)^2/\sigma_2^2\sim\chi^2(n_2)$$

因此，由 $F$ 分布的定义得

$$F=\frac{\chi^2(n_1)/n_1}{\chi^2(n_2)/n_2}=\frac{\sum_{i=1}^{n_1}(X_i-\mu_1)^2/\sigma_1^2 n_1}{\sum_{i=1}^{n_2}(Y_i-\mu_2)^2/\sigma_2^2 n_2}\sim F(n_1, n_2)$$

（5）设 $X_1$，$X_2$，…，$X_n$是取自总体 $X\sim N(\mu_1, \sigma_1^2)$ 的样本，$Y_1$，$Y_2$，…，$Y_n$是取自总体 $Y\sim N(\mu_2, \sigma_2^2)$ 的样本，$X$ 和 $Y$ 相互独立，其样本方差分别为$s_1^2$和$s_2^2$，则有

$$F=\frac{s_1^2/\sigma_1^2}{s_2^2/\sigma_2^2}\sim F(n_1-1, n_2-1)$$

**证明：**由$\chi^2$分布的性质知

$$\frac{(n_1-1)s_1^2}{\sigma_1^2}\sim\chi^2(n_1-1), \frac{(n_2-1)s_2^2}{\sigma_2^2}\sim\chi^2(n_2-1)$$

因此，由 $F$ 分布的定义得

$$F=\frac{\dfrac{\chi^2(n_1-1)}{n_1-1}}{\dfrac{\chi^2(n_2-1)}{n_2-1}}=\frac{s_1^2/\sigma_1^2}{s_2^2/\sigma_2^2}\sim F(n_1-1,\ n_2-1)$$

即 $F=\dfrac{s_1^2/\sigma_1^2}{s_2^2/\sigma_2^2}\sim F(n_1-1,\ n_2-1)$。

## 本章习题

1. 从一批零件中随机抽取 10 件，测得其重量（单位：g）为：

230，243，195，240，228，195，245，200，232，190

（1）写出总体、样本、样本值、样本容量；

（2）求样本均值、样本方差、样本二阶原点矩和二阶中心矩；

（3）试根据样本数据做出五数概括和箱线图。

2. 设总体 $X\sim N(10,\ 5^2)$，从总体 $X$ 中抽取一个容量为 100 的样本，求样本均值与总体均值之差的绝对值大于 1 的概率。

3. 设总体 $X$ 服从标准正态分布，$X_1$，$X_2$，…，$X_n$是来自总体 $X$ 的一个简单随机样本，试问统计量

$$Y=\frac{\left(\dfrac{n}{5}-1\right)\sum\limits_{i=1}^{5}X_i^2}{\sum\limits_{i=6}^{n}X_i^2},n>5$$

服从何种分布？

4. 设总体 $X$ 服从正态分布 $N(0,\ 2^2)$，$X_1$，$X_2$，…，$X_n$是来自总体 $X$ 的一个简单随机样本，试问统计量

$$Y=\frac{X_1^2+X_2^2+\cdots+X_{10}^2}{2(X_{11}^2+X_{12}^2+\cdots+X_{15}^2)},\ n>5$$

服从何种分布？

5. 从正态总体 $N(2.1,\ 5^2)$ 中抽取容量为 $n$ 的样本，若要求其样本均值位于区间 $(1.1,\ 3.1)$ 内的概率不小于 0.95，则样本容量 $n$ 至少取多大？

6. 设某厂生产的灯泡的使用寿命 $X\sim N(1000,\ \sigma^2)$（单位：小时），随机抽取一容量为 9 的样本，并测得样本均值及样本方差. 但是由于工作上的失误，事后失去了此试验的结果，只记得样本方差为 $S^2=100^2$，试求 $P(\bar{X}>1062)$。

7. 设总体 $X\sim N(\mu_1,\ \sigma^2)$，总体 $Y\sim N(\mu_2,\ \sigma^2)$，$X_1$，$X_2$，…，$X_{n1}$和 $Y_1$，$Y_2$，…，

$Y_{n2}$分别来自总体 $X$ 和 $Y$ 的简单随机样本，试求 $E\left[\frac{\sum_{i=1}^{n_1}(X_i-\bar{X})^2+\sum_{j=1}^{n_2}(Y_j-\bar{Y})^2}{n_1+n_2-2}\right]$。

8. 设总体 $X$ 的概率密度为 $f(x)=\frac{1}{2}e^{-|x|}$，$-\infty<x<+\infty$，$X_1$，$X_2$，…，$X_n$ 为总体 $X$ 的简单随机样本，其样本方差为 $S^2$，求 $E(S^2)$。

9. 从一正态总体中抽取容量为 10 的样本，假定有 2% 的样本均值与总体均值之差的绝对值在 4 以上，求总体的标准差。

10. 设总体 $X\sim N(\mu,16)$，$X_1$，$X_2$，…，$X_{10}$ 是来自总体 $X$ 的一个容量为 10 的简单随机样本，$S^2$ 为其样本方差，且 $P(S^2>\alpha)=0.1$，求 $\alpha$ 之值。

11. 求总体 $X\sim N(20,3)$ 的容量分别为 10，15 的两个独立随机样本平均值差的绝对值大于 0.3 的概率。

12. 若 $X\sim t(n)$，试证 $X^2\sim F(1,n)$。

13. 若 $X\sim F(n,m)$，$Z=0.5\ln F$，求 $Z$ 的分布函数。

14. 查表求：

$u_{0.99}$，$u_{0.95}$，$u_{0.05}$，$u_{0.025}$，$\chi^2_{0.975}(10)$，$\chi^2_{0.990}(15)$，$\chi^2_{0.025}(10)$，$\chi^2_{0.05}(10)$，
$t_{0.975}(10)$，$t_{0.990}(10)$，$t_{0.05}(10)$，$t_{0.025}(10)$，
$F_{0.975}(5,10)$，$F_{0.99}(5,10)$，$F_{0.05}(5,10)$，$F_{0.025}(5,10)$。

# 第5章　参数估计

概率论主要是在给定的总体分布或概率空间的条件下进行计算和推理，而数理统计则是在给定数据和总体分布部分信息（有时没有总体分布的任何信息）的情况下对总体分布或对其某些数据特征进行推断。在前面的章节中，我们已经对一些常用的统计量进行了详述，在接下来的章节中，我们将分别对数理统计推断的两大基本问题即估计和假设检验展开论述。

## 5.1　点估计

### 5.1.1　点估计的两种方法

在数理统计中，把刻画总体 $X$ 的某些特征的常数称为**参数**，例如总体服从指数分布 $X \sim E(\lambda)$，其中$\lambda$就是参数；若总体服从正态分布 $X \sim N(\mu, \sigma^2)$，其中$\mu$，$\sigma^2$就是参数。点估计就是在总体 $X$ 分布函数形式已知，但它的一个或多个参数未知，借助于总体 $X$ 的一个样本来近似估计总体未知参数的值。

**例 5.1.1**　设 $X$ 表示某型号电子元件的寿命（单位：小时），已知它服从参数为$\lambda$的指数分布，即 $X \sim E(\lambda)$，其中$\lambda(\lambda>0)$为未知参数。现得到一组样本值为

168，130，169，143，174，198，108，212，252

试估计未知参数$\lambda$的值。

**解**：已知 $X \sim E(\lambda)$，故有 $E(X)=\dfrac{1}{\lambda}$。因此我们要求出$\lambda$，需要先求出总体均值 $E(X)$，这里我们可以用样本均值来近似估计 $E(X)$。由样本数据计算得到

$$\bar{x} = \frac{1}{n}\sum_{i=1}^{n} x_i = \frac{1}{9}(168 + 130 + \cdots + 252) = 172.7$$

即 $\bar{x} \approx E(X) = \dfrac{1}{\lambda}$，故可得参数$\lambda$的估计值为0.0058。

**定义 5.1.1**　设 $X_1, X_2, \cdots, X_n$是取自总体 $X$ 的样本，其样本值为 $x_1, x_2, \cdots, x_n$，对总体 $X$ 的某个未知参数 $\theta$，可构造一个相应的统计量 $\hat{\theta}=\hat{\theta}(X_1, X_2, \cdots, X_n)$，用它的观察值 $\hat{\theta}=\hat{\theta}(x_1, x_2, \cdots, x_n)$ 作为待估计参数 $\theta$ 的估计值。我们称 $\hat{\theta}(X_1, X_2, \cdots, X_n)$ 为未知参数 $\theta$ 的一个**点估计量**，称 $\hat{\theta}(x_1, x_2, \cdots, x_n)$ 为未知参数 $\theta$ 的

一个**点估计值**。对于点估计，最常用的估计方法为**矩估计法**和**极大似然估计法**。

1. 矩估计法

矩估计法是最早的估计方法之一，是皮尔逊（K. Pearson）在19世纪末提出的一个替换原理，后被称为矩估计法，即根据概率论的辛钦大数定律，当样本容量 $n$ 足够大时，利用样本的各阶原点矩与总体原点矩，建立估计量的方程组，从而求得未知参数估计量的方法。具体如下：

**定义 5.1.2** 设 $X_1$，$X_2$，…，$X_n$ 是取自总体 $X$ 的样本，已知 $X$ 的分布律为 $P\{X=x\}=p(x;\ \theta_1,\ \theta_2,\ \cdots,\ \theta_l)$（$X$ 为离散型），或密度函数为 $f(x;\ \theta_1,\ \theta_2,\ \cdots,\ \theta_l)$（$X$ 为连续型），其中 $\theta_1$，$\theta_2$，…，$\theta_l$ 为待估参数。若总体 $X$ 的 $k$ 阶原点矩 $\mu_k=E(X^k)$，$k=1$，2，…，$l$ 存在，当样本容量 $n$ 足够大时，令 $\mu_k=A_k=\dfrac{1}{n}\sum_{i=1}^{n}X_i^k$ 可建立如下方程：

$$\begin{cases}\mu_1=\mu_1(\theta_1,\theta_2,\cdots,\theta_l)=A_1=\dfrac{1}{n}\sum\limits_{i=1}^{n}X_i\\ \mu_2=\mu_2(\theta_1,\theta_2,\cdots,\theta_l)=A_2=\dfrac{1}{n}\sum\limits_{i=1}^{n}X_i^2\\ \vdots\\ \mu_k=\mu_k(\theta_1,\theta_2,\cdots,\theta_l)=A_k=\dfrac{1}{n}\sum\limits_{i=1}^{n}X_i^k\end{cases}$$

这是一个含未知参数 $\theta_1$，$\theta_2$，…，$\theta_l$ 的 $l$ 个方程构成的方程组，解此方程组，可得 $l$ 个统计量：

$$\begin{cases}\hat{\theta}_1=\hat{\theta}_1(X_1,\ X_2,\ \cdots,\ X_n)\\ \hat{\theta}_2=\hat{\theta}_2(X_1,\ X_2,\ \cdots,\ X_n)\\ \vdots\\ \hat{\theta}_l=\hat{\theta}_l(X_1,\ X_2,\ \cdots,\ X_n)\end{cases}$$

代入样本值可得

$$\begin{cases}\hat{\theta}_1=\hat{\theta}_1(x_1,\ x_2,\ \cdots,\ x_n)\\ \hat{\theta}_2=\hat{\theta}_2(x_1,\ x_2,\ \cdots,\ x_n)\\ \vdots\\ \hat{\theta}_l=\hat{\theta}_l(x_1,\ x_2,\ \cdots,\ x_n)\end{cases}$$

上式解出的参数 $\hat{\theta}_1$，$\hat{\theta}_2$，…，$\hat{\theta}_l$ 即为未知参数 $\theta_1$，$\theta_2$，…，$\theta_l$ 的矩估计量，记作 $\hat{\theta}_1$，$\hat{\theta}_2$，…，$\hat{\theta}_l$。

**例 5.1.2**　在例 5.1.1 中，$X$ 为某型号电子元件的寿命（单位：小时），$\lambda$（$\lambda>0$）为指数分布的未知参数。由指数分布的性质知，总体 $X$ 的一阶原点矩 $\mu_1=E(X)=\frac{1}{\lambda}$，样本的原点矩 $A_1=\frac{1}{n}\sum_{i=1}^{n}X_i=\bar{X}$，因此我们可以令 $\mu_1=A_1$，即 $\mu_1=\mu_1(\lambda)=A_1=\frac{1}{n}\sum_{i=1}^{n}X_i=\bar{X}$，代入样本值，可得 $\hat{\lambda}=\frac{1}{\bar{X}}=\frac{n}{\sum_{i=1}^{n}X_i}=0.0058$。

**例 5.1.3**　设总体 $X\sim P(\lambda)$，求对 $\lambda$ 的矩估计量。

**解**：由 $X\sim P(\lambda)$ 知，总体 $X$ 的原点矩 $\mu_1=E(X)=\lambda$，样本的原点矩 $A_1=\frac{1}{n}\sum_{i=1}^{n}X_i=\bar{X}$。令 $\mu_1=A_1$，可得 $\mu_1=\mu_1(\lambda)=A_1=\frac{1}{n}\sum_{i=1}^{n}X_i=\bar{X}$,即

$$\hat{\lambda}=\frac{1}{n}\sum_{i=1}^{n}X_i=\bar{X}$$

**例 5.1.4**　设 $X_1$，$X_2$，…，$X_n$ 是取自总体 $X$ 的一个样本。已知总体 $X$ 的均值 $\mu$ 和方差 $\sigma^2$（$\sigma^2>0$）都存在，但未知。试求 $\mu$，$\sigma^2$ 的矩估计量。

**解**：由题可得总体 $X$ 的原点矩分别为

$$\begin{cases}\mu_1=E(X)=\mu\\ \mu_2=E(X^2)=D(X)+[E(X)]^2=\sigma^2+\mu^2\end{cases}$$

样本 $X_i$ 的原点矩分别为

$$\begin{cases}A_1=\frac{1}{n}\sum_{i=1}^{n}X_i=\bar{X}\\ A_2=\frac{1}{n}\sum_{i=1}^{n}X_i^2\end{cases}$$

令 $\mu_1=A_1$，$\mu_2=A_2$，可解得

$$\begin{cases}\hat{\mu}=A_1=\bar{X}\\ \hat{\sigma}^2=A_2-A_1^2=\frac{1}{n}\sum_{i=1}^{n}X_i^2-\bar{X}^2=\frac{1}{n}\sum_{i=1}^{n}(X_i-\bar{X})^2=\frac{n-1}{n}S^2\end{cases}$$

此例表明，不管总体 $X$ 是否已知，只要总体的均值和方差存在，我们就可以用矩估计法求得它们的点估计值，即总体 $\hat{\mu}=\bar{X}$，$\hat{\sigma}^2=\frac{1}{n}\sum_{i=1}^{n}(X_i-\bar{X})^2=\frac{n-1}{n}S^2$。

**例 5.1.5** 设 $X_1$，$X_2$，…，$X_n$ 是取自总体 $X$ 的一个样本。已知总体 $X$ 的密度函数为

$$f(x)=\begin{cases}\frac{6x(\theta-x)}{\theta^3}, & 0<x<\theta\\ 0, & \text{其他}\end{cases}$$

试求 $\theta$ 的矩估计量。

**解：** 由矩估计法有

$$\mu_1=E(X)=\int_{-\infty}^{+\infty}xf(x)\mathrm{d}x=\int_0^{\theta}\frac{6x^2}{\theta^3}(\theta-x)\mathrm{d}x=\frac{\theta}{2}$$

$$A_1=\frac{1}{n}\sum_{i=1}^{n}X_i=\bar{X}$$

令 $\mu_1=A_1$，即 $\frac{\theta}{2}=\bar{X}$，则得 $\theta$ 矩估计量为

$$\hat{\theta}=2\bar{X}$$

2. 极大似然估计法

极大似然估计法最早由德国数学家高斯（Gauss）在 1821 年针对正态分布提出，在 1922 年再次由英国统计学家费希尔（R. A. Fisher）提出，并证明了它的一些性质，从此该法得到广泛应用。所谓极大似然估计法，就是当我们用样本的函数值估计总体参数时，应使得当参数取这些值时，所观测到的样本出现的概率为最大。也可以说用“最像”参数 $\theta$ 的统计量去估计 $\theta$。下面我们来看例 5.1.6。

**例 5.1.6** 已知一只箱子中有白球和红球共计 90 个，其中某一颜色的球为 80 个，而另一种为 10 个。现有放回地从箱中抽取 4 个，每次抽取一个球，若结果是抽取的白球为 3 个，红球 1 个，试确定箱中白球多还是红球多。

**解：** 凭经验，我们似乎会认为箱中白球多。这里我们从概率的角度来分析这个判断。设抽取一个白球的概率为 $p$，则抽取 $n$ 个球而结果是白球的个数 $X\sim B(n,\ p)$，其分布率为

$$P(X=k)=C_n^k p^k(1-p)^{n-k},\ k=0,\ 1,\ 2,\ \cdots,\ n$$

若 $p=\dfrac{8}{9}$（白球多），则

$$P(X=3)=C_4^3p^3(1-p)^{4-3}=0.312$$

若 $p=\dfrac{1}{9}$（红球多），则

$$P(X=3)=C_4^3p^3(1-p)^{4-3}=0.0049$$

这就是说，当箱中白球多时，取出 4 个球，其中 3 个是白球的概率比箱中红球多时而取出的是 3 个白球的概率大得多，即“概率大的事件更可能出现”。因此，从参数估计的角度说，当总体的参数 $p$ 有两个可供选择的估计 $\hat{p}=\dfrac{8}{9}$ 和 $\hat{p}=\dfrac{1}{9}$ 时，自然我们要选择概率大的 $\hat{p}=\dfrac{8}{9}$ 来作为 $p$ 的估计值。

**定义 5.1.3**　设 $X_1$，$X_2$，…，$X_n$ 是取自总体 $X$ 的样本，$x_1$，$x_2$，…，$x_n$ 是相应的样本值。已知 $X$ 的分布律为 $P\{X=x\}=p(x;\ \theta_1,\ \theta_2,\ \cdots,\ \theta_l)$（$X$ 为离散型），或密度函数为 $f(x;\ \theta_1,\ \theta_2,\ \cdots,\ \theta_l)$（$X$ 为连续型），其中 $\theta_1$，$\theta_2$，…，$\theta_l$ 为待估参数。则样本的联合分布律或联合密度函数为

$$\begin{cases} p(x_1;\theta_1,\theta_2,\cdots,\theta_l)p(x_2;\theta_1,\theta_2,\cdots,\theta_l)\cdots p(x_n;\theta_1,\theta_2,\cdots,\theta_l)=\prod\limits_{i=1}^{n}p(x_i;\theta_1,\theta_2,\cdots,\theta_l) \\ f(x_1;\theta_1,\theta_2,\cdots,\theta_l)f(x_2;\theta_1,\theta_2,\cdots,\theta_l)\cdots f(x_n;\theta_1,\theta_2,\cdots,\theta_l)=\prod\limits_{i=1}^{n}f(x_i;\theta_1,\theta_2,\cdots,\theta_l) \end{cases}$$

记 $L(\theta_1,\ \theta_2,\ \cdots,\ \theta_l)=\prod\limits_{i=1}^{n}p(x_i;\ \theta_1,\ \theta_2,\ \cdots,\ \theta_l)$ 或 $L(\theta_1,\ \theta_2,\ \cdots,\ \theta_l)=\prod\limits_{i=1}^{n}f(x_i;\ \theta_1,\ \theta_2,\ \cdots,\ \theta_l)$，则称 $L(\theta_1,\ \theta_2,\ \cdots,\ \theta_l)$ 为样本的**似然函数**，或简记为 $L_n$。其取值的大小实质上反映的是该样本值出现的可能性大小。

对给定的样本值 $x_1$，$x_2$，…，$x_n$，选取 $\theta_1$，$\theta_2$，…，$\theta_l$，使得其似然函数 $L(\theta_1,\ \theta_2,\ \cdots,\ \theta_l)$ 达到最大值，即求 $\hat{\theta}_i=\theta_i(x_1,\ x_2,\ \cdots,\ x_n)$，$i=1,\ 2,\ \cdots,\ l$，使得

$$L(\hat{\theta}_1,\ \hat{\theta}_2,\ \cdots,\ \hat{\theta}_l)=\max L(\theta_1,\ \theta_2,\ \cdots,\ \theta_l)$$

这个方法称为**极大似然估计法**。利用这个方法得到的估计值

$$\begin{cases}\hat{\theta}_1=\hat{\theta}_1(x_1, x_2, \cdots, x_n)\\ \hat{\theta}_2=\hat{\theta}_2(x_1, x_2, \cdots, x_n)\\ \vdots\\ \hat{\theta}_l=\hat{\theta}_l(x_1, x_2, \cdots, x_n)\end{cases}$$

称为未知参数$\theta_1$，$\theta_2$，…，$\theta_l$的**极大似然估计值**。对应的统计量

$$\begin{cases}\hat{\theta}_1=\hat{\theta}_1(X_1, X_2, \cdots, X_n)\\ \hat{\theta}_2=\hat{\theta}_2(X_1, X_2, \cdots, X_n)\\ \vdots\\ \hat{\theta}_l=\hat{\theta}_l(X_1, X_2, \cdots, X_n)\end{cases}$$

称为未知参数$\theta_1$，$\theta_2$，…，$\theta_l$的**极大似然估计量**。

这样，确定极大似然估计量的问题就归结到微分学中的求极值的问题了。

因此，由多元函数极值的求法，若似然函数 $L(\theta_1, \theta_2, \cdots, \theta_l)$ 关于参数$\theta_1$，$\theta_2$，…，$\theta_l$可微，则可由似然方程组

$$\begin{cases}\dfrac{\partial L(\theta_1, \theta_2, \cdots, \theta_l)}{\partial\theta_1}=0\\ \dfrac{\partial L(\theta_1, \theta_2, \cdots, \theta_l)}{\partial\theta_2}=0\\ \vdots\\ \dfrac{\partial L(\theta_1, \theta_2, \cdots, \theta_l)}{\partial\theta_l}=0\end{cases}$$

或对数似然方程组

$$\begin{cases}\dfrac{\partial \ln L(\theta_1, \theta_2, \cdots, \theta_l)}{\partial\theta_1}=0\\ \dfrac{\partial \ln L(\theta_1, \theta_2, \cdots, \theta_l)}{\partial\theta_2}=0\\ \vdots\\ \dfrac{\partial \ln L(\theta_1, \theta_2, \cdots, \theta_l)}{\partial\theta_l}=0\end{cases}$$

求得$\theta_1$，$\theta_2$，…，$\theta_l$的极大似然估计量。

**例 5.1.7** 设$X_1$，$X_2$，…，$X_n$是取自总体$X\sim B(1, p)$的样本，求$p$的极大似然

估计量。

**解**：设 $x_1$，$x_2$，…，$x_n$是取自总体 $X$ 的样本值，根据贝努利分布的分布律 $P(X=x)=p^x(1-p)^{1-x}$，$x=0$，1，则样本的似然函数为

$$L(p)=L(x_1, x_2, \cdots, x_n; p)=\prod_{i=1}^{n} p^{x_i}(1-p)^{1-x_i}=p^{\sum\limits_{i=1}^{n} x_i}(1-p)^{n-\sum\limits_{i=1}^{n} x_i}$$

两端取对数，得

$$\ln L(p)=\sum_{i=1}^{n} x_i \ln p+\left(n-\sum_{i=1}^{n} x_i\right) \ln (1-p)$$

两侧对 $p$ 求导，并令导数为零

$$\frac{\mathrm{d} \ln L(p)}{\mathrm{d} p}=\frac{1}{p} \sum_{i=1}^{n} x_i-\frac{1}{1-p}\left(n-\sum_{i=1}^{n} x_i\right)=0$$

解得 $p$ 的极大似然估计值为

$$\hat{p}=\frac{1}{n} \sum_{i=1}^{n} x_i$$

所以 $p$ 的极大似然估计量为

$$\hat{p}=\frac{1}{n} \sum_{i=1}^{n} X_i=\bar{X}$$

**例 5.1.8**　设 $X_1$，$X_2$，…，$X_n$是取自总体 $X \sim P(\lambda)$ 的样本，求$\lambda(\lambda>0)$ 的极大似然估计量。

**解**：设 $x_1$，$x_2$，…，$x_n$ 是取自总体 $X$ 的样本值，根据泊松分布的分布律 $P(X=x)=\frac{\lambda^x}{x!}\mathrm{e}^{-\lambda}$，$\lambda>0$，则样本的似然函数为

$$L(\lambda)=L(x_1, x_2, \cdots, x_n; \lambda)=\prod_{i=1}^{n} \frac{\lambda^{x_i}}{x_i!} \mathrm{e}^{-\lambda}=\frac{\lambda^{\sum\limits_{i=1}^{n} x_i}}{\prod\limits_{i=1}^{n}(x_i!)} \mathrm{e}^{-n \lambda}$$

两端取对数，得

$$\ln L(\lambda) = \sum_{i=1}^{n} x_i \ln\lambda - \sum_{i=1}^{n} \ln(x_i!) - n\lambda$$

对$\lambda$求导，并令导数为零

$$\frac{\mathrm{d}\ln L(\lambda)}{\mathrm{d}\lambda} = \frac{1}{\lambda}\sum_{i=1}^{n} x_i - n = 0$$

解得$\lambda$的极大似然估计值为

$$\hat{\lambda} = \frac{1}{n}\sum_{i=1}^{n} x_i$$

所以$\lambda$的极大似然估计量为$\hat{\lambda} = \frac{1}{n}\sum_{i=1}^{n} X_i = \bar{X}$。这一结果和矩估计的结果是相同的。

**例 5.1.9** 设$X_1$，$X_2$，…，$X_n$是取自总体$X \sim N(\mu, \sigma^2)$的样本，求$\mu$，$\sigma^2$（$\sigma^2 > 0$）的极大似然估计量。

**解：** 设$x_1$，$x_2$，…，$x_n$是取自总体$X$的样本值，根据正态分布的密度函数$f(x) = \frac{1}{\sqrt{2\pi}\sigma}\mathrm{e}^{-\frac{(x-\mu)^2}{2\sigma^2}}$（$-\infty < x < +\infty$），则样本的似然函数为

$$L(\mu, \sigma^2) = L(x_1, x_2, \cdots, x_n; \mu, \sigma^2) = \prod_{i=1}^{n} \frac{1}{\sqrt{2\pi}\sigma}\mathrm{e}^{-\frac{(x_i-\mu)^2}{2\sigma^2}} = \left(\frac{1}{\sqrt{2\pi}\sigma}\right)^n \mathrm{e}^{-\frac{1}{2\sigma^2}\sum_{i=1}^{n}(x_i-\mu)^2}$$

两端取对数，得

$$\ln L(\mu, \sigma^2) = -\frac{n}{2}\ln(2\pi\sigma^2) - \frac{1}{2\sigma^2}\sum_{i=1}^{n}(x_i-\mu)^2$$

对$\mu$，$\sigma^2$求导，并令导数为零

$$\begin{cases} \dfrac{\partial \ln L(\mu, \sigma^2)}{\partial \mu} = \dfrac{1}{\sigma^2}\sum_{i=1}^{n}(x_i - \mu) = 0 \\ \dfrac{\partial \ln L(\mu, \sigma^2)}{\partial \sigma^2} = -\dfrac{n}{2\sigma^2} + \dfrac{1}{2\sigma^4}\sum_{i=1}^{n}(x_i-\mu)^2 = 0 \end{cases}$$

解得

$$\begin{cases}\hat{\mu}=\dfrac{1}{n}\sum\limits_{i=1}^{n}x_i=\bar{x}\\\hat{\sigma}^2=\dfrac{1}{n}\sum\limits_{i=1}^{n}(x_i-\bar{x})^2\end{cases}$$

所以$\mu$，$\sigma^2$的极大似然估计量为

$$\begin{cases}\hat{\mu}=\dfrac{1}{n}\sum\limits_{i=1}^{n}X_i=\bar{X}\\\hat{\sigma}^2=\dfrac{1}{n}\sum\limits_{i=1}^{n}(X_i-\bar{X})^2\end{cases}$$

其结果也与矩估计的结果相同。

**例 5.1.10**　设$X_1$，$X_2$，…，$X_n$是取自总体$X\sim U(a,\ b)$的样本，求$a$，$b$的极大似然估计量。

**解**：设$x_1$，$x_2$，…，$x_n$是取自总体$X$的样本值，记$x_{(1)}=\min\{x_1,\ x_2,\ \cdots,\ x_n\}$，$x_{(n)}=\max\{x_1,\ x_2,\ \cdots,\ x_n\}$，根据均匀分布的密度函数

$$f(x)=\begin{cases}\dfrac{1}{b-a},\ a<x<b\\0，其他\end{cases}$$

则样本的似然函数为

$$L(a,\ b)=L(x_1,\ x_2,\ \cdots,\ x_n;\ a,\ b)=\prod_{i=1}^{n}\frac{1}{b-a}=\frac{1}{(b-a)^n},\ a\leqslant x_1,\ x_2,\ \cdots,\ x_n\leqslant b$$

由于$a\leqslant x_1$，$x_2$，…，$x_n\leqslant b$等价于$a\leqslant x_{(1)}\leqslant x_{(n)}\leqslant b$，于是对任何满足条件$a\leqslant x_{(1)}\leqslant x_{(n)}\leqslant b$的$a$，$b$都有

$$L(a,\ b)=\frac{1}{(b-a)^n}\leqslant\frac{1}{(x_{(n)}-x_{(1)})^n}$$

即似然函数$L(a,\ b)$在$a=x_{(1)}$，$b=x_{(n)}$时取得极大值，因此$a$，$b$的极大似然估计值为$\hat{a}=x_{(1)}$，$\hat{b}=x_{(n)}$，$a$，$b$的极大似然估计量为$\hat{a}=X_{(1)}$，$\hat{b}=X_{(n)}$。

此例说明，对于一些不能够利用似然函数的导数求得估计量的问题，我们可以根据总体分布的性质得到结果。实际问题中还有许多不能够利用似然函数求得估计量的问题，可能需要一些其他的数学方法如牛顿—费森（Newton - Raphson）算法等来解决。下面再看一个例子：

**例 5.1.11** 设 $X_1$，$X_2$，…，$X_n$是取自总体 $X$ 的样本，其密度函数为

$$f(x)=\begin{cases}\dfrac{\beta}{x^{\beta+1}}, & x>1\\ 0, & x\leqslant 1\end{cases}$$

求 $\beta$ 的矩估计量和极大似然估计量。

**解**：(1) 由题得

$$E(X)=\int_{-\infty}^{+\infty}xf(x)\mathrm{d}x=\int_{1}^{+\infty}x\frac{\beta}{x^{\beta+1}}\mathrm{d}x=\int_{1}^{+\infty}\frac{\beta}{x^{\beta}}\mathrm{d}x=\frac{\beta}{\beta-1},\ A=\bar{X}$$

令 $E(X)=A$，得 $\beta$ 的矩估计量为

$$\hat{\beta}=\frac{\bar{X}}{\bar{X}-1}$$

(2) 由题意可得当$x_i>1$，$i=1$，2，…，$n$ 时

$$L(\beta)=L(x_1,\ x_2,\ \cdots,\ x_n;\ \beta)=\prod_{i=1}^{n}\frac{\beta}{x_i^{\beta+1}}=\frac{\beta^n}{\prod\limits_{i=1}^{n}x_i^{\beta+1}}$$

$$\ln L(\beta)=n\ln\beta-(\beta+1)\sum_{i=1}^{n}\ln x_i$$

求导，并令导数为零，得

$$\frac{\mathrm{d}\ln L(\beta)}{\mathrm{d}\beta}=\frac{n}{\beta}-\sum_{i=1}^{n}\ln x_i=0$$

解得 $\beta$ 的极大似然估计值 $\hat{\beta}=\dfrac{n}{\sum\limits_{i=1}^{n}\ln x_i}$，估计量为 $\hat{\beta}=\dfrac{n}{\sum\limits_{i=1}^{n}\ln X_i}$。

从这个例子我们可以看出，对于同一参数，用不同的估计方法求出的估计量可能不相同。我们自然会问，这些估计量有什么不同，采用哪一个估计量会更好呢？这就涉及用什么样的标准来评价估计量的问题。

### 5.1.2 估计量的评选标准

评价估计量的优良性的标准主要分为无偏性、有效性和相合性。

1. 无偏性

设 $\hat{\theta}$ 是未知参数 $\theta$ 的估计量，由估计量的定义我们知道，对于不同的样本值，会得到不同的估计值。一个自然的要求就是希望估计值 $\hat{\theta}$ 在 $\theta$ 的真实值附近徘徊，不要偏高也不要偏低，这就是无偏性要求的标准。

**定义 5.1.4** 设 $\hat{\theta}=\hat{\theta}(X_1, X_2, \cdots, X_n)$ 是未知参数 $\theta$ 的估计量，若

$$E(\hat{\theta})=\theta \tag{5.1.1}$$

则称 $\hat{\theta}$ 是 $\theta$ 的**无偏估计量**，否则称 $\hat{\theta}$ 为 $\theta$ 的**有偏估计量**。无偏性是对一个估计量的最基本的要求，其实际意义就是无系统误差。因此，有多个估计量时，要优先考虑无偏估计量。但很多时候我们得到的估计量是有偏估计量，如例 5. 1. 4 和 5. 1. 9 中分别用矩估计法和极大似然估计法得到 $\sigma^2$ 的估计量都是 $\hat{\sigma}^2=\frac{1}{n}\sum_{i=1}^{n}(X_i-\bar{X})^2$，而 $E(\hat{\sigma}^2)=E\left[\frac{1}{n}\sum_{i=1}^{n}(X_i-\bar{X})^2\right]=\frac{n-1}{n}E(S^2)=\frac{n-1}{n}\sigma^2$，即 $\hat{\sigma}^2=\frac{1}{n}\sum_{i=1}^{n}(X_i-\bar{X})^2$ 是 $\sigma^2$ 的有偏估计量。而 $E(S^2)=\sigma^2$ 即 $S^2$ 是 $\sigma^2$ 的无偏估计量，因此，我们常用样本方差来估计总体的方差。

**例 5. 1. 12** 设 $X_1, X_2, \cdots, X_n$ 是取自总体 $X$ 的样本，总体 $X$ 的 $k$ 阶矩 $\mu_k=E(X^k)$，$k\geqslant 1$ 存在，试证明：不论 $X$ 服从什么分布，样本的 $k$ 阶矩 $A_k=\frac{1}{n}\sum_{i=1}^{n}X_i^k$ 是总体 $k$ 阶矩的无偏估计量。

**证明：**已知 $X_1, X_2, \cdots, X_n$ 和总体 $X$ 同分布，因而

$$\mu_k=E(X_i^k),\ i=1, 2, \cdots, n$$

$$E(A_k)=E\left(\frac{1}{n}\sum_{i=1}^{n}X_i^k\right)=\frac{1}{n}\sum_{i=1}^{n}E(X_i^k)=\frac{1}{n}n\mu_k=\mu_k$$

所以 $A_k=\frac{1}{n}\sum_{i=1}^{n}X_i^k$ 是 $\mu_k=E(X^k)$ 的无偏估计量。

**例 5. 1. 13** 设 $X_1, X_2, \cdots, X_n$ 是取自总体 $X\sim P(\lambda)$ 的样本，试验证样本方差 $S^2$ 是参数 $\lambda$ 的无偏估计量，对于任意 $\alpha(0\leqslant\alpha\leqslant 1)$，$\alpha\bar{X}+(1-\alpha)S^2$ 也是 $\lambda$ 的无偏估计量。

**证明：**由泊松分布的性质知

$$E(X)=\lambda,\ D(X)=\lambda$$

由前面的论述可知

$$E(S^2)=D(X)=\lambda$$

即样本方差$S^2$是参数$\lambda$的无偏估计量。又

$$E(\bar{X})=E(X)=\lambda$$

则

$$E[\alpha\bar{X}+(1-\alpha)S^2]=\alpha E(\bar{X})+(1-\alpha)E(S^2)=\alpha\lambda+(1-\alpha)\lambda=\lambda$$

所以 $\alpha\bar{X}+(1-\alpha)S^2$也是$\lambda$的无偏估计量。

2. 有效性

从上面的例 5.1.13 我们可知，总体参数的无偏估计量也不是唯一的。这又产生了一个问题，对于同一个参数的多个无偏估计量，哪一个更好？一个重要的标准，就是观察它们的取值是否更集中在真实值的附近，即哪一个估计量的方差更小。这就是参数的有效性。

**定义 5.1.5** 设 $\hat{\theta}_1=\hat{\theta}_1(X_1, X_2, \cdots, X_n)$ 和 $\hat{\theta}_2=\hat{\theta}_2(X_1, X_2, \cdots, X_n)$ 都是未知参数 $\theta$ 的无偏估计量，若有

$$D(\hat{\theta}_1)<D(\hat{\theta}_2) \tag{5.1.2}$$

则称 $\hat{\theta}_1$比 $\hat{\theta}_2$有效。

**例 5.1.14** 设 $X_1, X_2, \cdots, X_n$是取自总体 $X$ 的一个样本，试证下列式子并比较它们的有效性。

(1) $\hat{\mu}_1=\frac{1}{5}X_1+\frac{3}{10}X_2+\frac{1}{2}X_3$

(2) $\hat{\mu}_2=\frac{1}{3}X_1+\frac{1}{4}X_2+\frac{5}{12}X_3$

(3) $\hat{\mu}_3=\frac{1}{3}X_1+\frac{3}{4}X_2-\frac{1}{12}X_3$

**证明：**

$$E(\hat{\mu}_1)=E\left(\frac{1}{5}X_1+\frac{3}{10}X_2+\frac{1}{2}X_3\right)=\frac{1}{5}E(X_1)+\frac{3}{10}E(X_2)+\frac{1}{2}E(X_3)=\frac{1}{5}\mu+\frac{3}{10}\mu+\frac{1}{2}\mu=\mu$$

$$E(\hat{\mu}_2)=E\left(\frac{1}{3}X_1+\frac{1}{4}X_2+\frac{5}{12}X_3\right)=\frac{1}{3}E(X_1)+\frac{1}{4}E(X_2)+\frac{5}{12}E(X_3)=\frac{1}{3}\mu+\frac{1}{4}\mu+\frac{5}{12}\mu=\mu$$

$$E(\hat{\mu}_3)=E\left(\frac{1}{3}X_1+\frac{3}{4}X_2-\frac{1}{12}X_3\right)=\frac{1}{3}E(X_1)+\frac{3}{4}E(X_2)-\frac{1}{12}E(X_3)=\frac{1}{3}\mu+\frac{3}{4}\mu-\frac{1}{12}\mu=\mu$$

因此$\hat{\mu}_1$，$\hat{\mu}_2$，$\hat{\mu}_3$都是总体均值$\mu$的无偏估计量。而

$$D(\hat{\mu}_1)=D\left(\frac{1}{5}X_1+\frac{3}{10}X_2+\frac{1}{2}X_3\right)=\frac{1}{25}D(X_1)+\frac{9}{100}D(X_2)+\frac{1}{4}D(X_3)$$
$$=\frac{1}{25}\sigma^2+\frac{9}{100}\sigma^2+\frac{1}{4}\sigma^2=\frac{38}{100}\sigma^2$$
$$D(\hat{\mu}_2)=D\left(\frac{1}{3}X_1+\frac{1}{4}X_2+\frac{5}{12}X_3\right)=\frac{1}{9}D(X_1)+\frac{1}{16}D(X_2)+\frac{25}{144}D(X_3)$$
$$=\frac{1}{9}\sigma^2+\frac{1}{16}\sigma^2+\frac{25}{144}\sigma^2=\frac{50}{144}\sigma^2$$
$$D(\hat{\mu}_3)=D\left(\frac{1}{3}X_1+\frac{3}{4}X_2-\frac{1}{12}X_3\right)=\frac{1}{9}D(X_1)+\frac{9}{16}D(X_2)+\frac{1}{144}D(X_3)$$
$$=\frac{1}{9}\sigma^2+\frac{9}{16}\sigma^2+\frac{1}{144}\sigma^2=\frac{98}{144}\sigma^2$$

所以有

$$D(\hat{\mu}_2)<D(\hat{\mu}_1)<D(\hat{\mu}_3)$$

即$\hat{\mu}_2$比$\hat{\mu}_1$，$\hat{\mu}_3$更有效。

**例 5.1.15**　设$X_1$，$X_2$，…，$X_n$是取自总体$X$的一个样本，样本均值$\bar{X}=\frac{1}{n}\sum_{i=1}^{n}X_i$和样本的任意变量$X_i(i=1, 2, \cdots, n)$均为总体均值$E(X)=\mu$的无偏估计量，试求哪个更有效？

**证明：** 由于$E(\bar{X})=\mu$和$E(X_i)=\mu$，所以$\bar{X}$和$X_i(i=1, 2, \cdots, n)$均为总体均值$E(X)=\mu$的无偏估计量。而

$$D(\bar{X})=D\left(\frac{1}{n}\sum_{i=1}^{n}X_i\right)=\frac{1}{n^2}\sum_{i=1}^{n}D(X_i)=\frac{\sigma^2}{n},\ D(X_i)=\sigma^2(i=1, 2, \cdots, n)$$

所以$\bar{X}$比$X_i(i=1, 2, \cdots, n)$更有效。

3. 一致性（相合性）

前面讲述的估计量的无偏性和有效性都是在样本容量$n$固定的条件下讨论的。而实践中人们发现参数的估计量是样本的函数，与样本容量$n$有关，当样本容量越大时，关于总体的信息也随之增多，估计量与参数的真实值的偏差也变小。对于一个好的估计量，我们希望当样本容量$n\to\infty$时，估计值能与参数真实值几乎完全一致才好，这就是估计量的一致性概念。

**定义 5.1.6**　设$\hat{\theta}=\hat{\theta}(X_1, X_2, \cdots, X_n)$是未知参数$\theta$的估计量，若$\hat{\theta}$依概率收敛于$\theta$，即对任意的$\varepsilon>0$，有

$$\lim_{n\to\infty}P(|\hat{\theta}-\theta|<\varepsilon)=1 \tag{5.1.3}$$

则称$\hat{\theta}$是 $\theta$ 的**一致估计量**或**相合估计量**。

**例 5.1.16** 设 $X_1$，$X_2$，…，$X_n$是取自总体 $X\sim N(\mu,\ \sigma^2)$ 的一个样本，则样本均值 $\bar{X}=\frac{1}{n}\sum_{i=1}^{n}X_i$ 是 $\mu$ 的一致估计量，样本方差$S^2$是$\sigma^2$的一致估计量。

**证明**：因为 $E(\bar{X})=\mu$，$D(\bar{X})=\frac{\sigma^2}{n}$，由切比雪夫不等式，对任意的 $\varepsilon>0$，有

$$1\geqslant P(|\bar{X}-\mu|<\varepsilon)\geqslant 1-\frac{D(\bar{X})}{\varepsilon^2}=1-\frac{\sigma^2}{n\varepsilon^2}$$

故

$$\lim_{n\to\infty}P(|\bar{X}-\mu|<\varepsilon)=1$$

所以 $\bar{X}=\frac{1}{n}\sum_{i=1}^{n}X_i$ 是 $\mu$ 的一致估计量。又

$$E(S^2)=\sigma^2,\ \frac{(n-1)S^2}{\sigma^2}\sim\chi^2(n-1)$$

从而 $D\left(\frac{(n-1)S^2}{\sigma^2}\right)=2(n-1)$，于是 $D(S^2)=\frac{2\sigma^4}{n-1}$，由切比雪夫不等式得，对任意的$\varepsilon>0$，有

$$1\geqslant P(|S^2-\sigma^2|<\varepsilon)\geqslant 1-\frac{D(S^2)}{\varepsilon^2}=1-\frac{2\sigma^4}{(n-1)\varepsilon^2}$$

即

$$\lim_{n\to\infty}P(|S^2-\sigma^2|<\varepsilon)=1$$

所以样本方差$S^2$是$\sigma^2$的一致估计量。

## 5.2 区间估计

我们已经介绍了参数的点估计以及评价估计量的优良标准。参数的点估计是用一个确定的值去估计未知的参数，但是，我们知道了参数的估计值，可能还需要知道估

计值与参数真实值的误差有多大，估计值的可靠性有多大等。这些问题在点估计中是无法回答的。这就需要引入区间估计的概念。

现在常用的区间估计理论是波兰数理统计学家奈曼（J. Neyman）在20世纪30年代建立起来的，其统计推断思想是根据样本求出未知参数的估计区间，并使这个区间包含未知参数的可靠程度达到预定的要求，这样的估计被认为更有实用价值。

### 5.2.1　置信区间和置信度

估计的区间也叫置信区间，即对该区间包含未知参数 $\theta$ 能可靠到何种程度。具体的定义如下：

**定义5.2.1**　设 $\theta$ 是总体 $X$ 的一个待估的未知参数，$X_1$，$X_2$，…，$X_n$是取自总体 $X$ 的一个样本，对于给定的常数 $\alpha(0<\alpha<1)$，由样本确定的两个统计量 $\hat{\theta}_1=\hat{\theta}_1$（$X_1$，$X_2$，…，$X_n$）与$\hat{\theta}_2=\hat{\theta}_2$（$X_1$，$X_2$，…，$X_n$），满足

$$P\{\hat{\theta}_1\leqslant\theta\leqslant\hat{\theta}_2\}=1-\alpha \tag{5.2.1}$$

则称随机区间［$\hat{\theta}_1$，$\hat{\theta}_2$］是参数 $\theta$ 的置信水平为 $1-\alpha$ 的**置信区间**，$\hat{\theta}_1$和$\hat{\theta}_2$分别称为双侧置信区间的**置信下限**和**置信上限**，$1-\alpha$ 称为**置信水平**或**置信度**。

置信区间的意义是：它以 $1-\alpha$ 的概率包含未知参数 $\theta$。这里参数 $\theta$ 虽然未知，但它是一个常数，没有随机性，而区间［$\hat{\theta}_1$，$\hat{\theta}_2$］的两个端点则是随机的。式（5.2.1）含义为：若反复多次抽取样本容量为 $n$ 的样本，并由每个样本值确定一个区间［$\hat{\theta}_1$，$\hat{\theta}_2$］，而每个这样的区间可能包含 $\theta$ 的真实值，也可能不包含 $\theta$ 的真实值。根据贝努利大数定律，当抽样次数充分大时，在这么多的区间中，包含 $\theta$ 真实值的约占 $1-\alpha$，不包含 $\theta$ 真实值的约占 $\alpha$。如，若 $\alpha=0.05$，反复抽样1000次，则得到的1000个［$\hat{\theta}_1$，$\hat{\theta}_2$］区间中，包含 $\theta$ 真实值的区间约950个，不包含的约50个。

**例5.2.1**　设 $X_1$，$X_2$，…，$X_n$是取自总体 $X\sim N(\mu,\sigma^2)$ 的一个样本，其中参数 $\sigma^2$已知，$\mu$ 未知，求 $\mu$ 的置信水平为 $1-\alpha$ 的置信区间。

**解**：由正态分布的标准化得

$$U=\frac{\bar{X}-\mu}{\sigma/\sqrt{n}}\sim N(0,1)$$

而根据标准正态分布 $\alpha$ 分位数的定义有

$$P\left\{|U|=\left|\frac{\bar{X}-\mu}{\sigma/\sqrt{n}}\right|\leqslant u_{\frac{\alpha}{2}}\right\}=1-\alpha$$

即

$$P\left\{\bar{X}-\frac{\sigma}{\sqrt{n}}u_{\frac{\alpha}{2}}\leqslant\mu\leqslant\bar{X}+\frac{\sigma}{\sqrt{n}}u_{\frac{\alpha}{2}}\right\}=1-\alpha$$

所以，$\mu$ 的置信水平为 $1-\alpha$ 的置信区间为

$$\left[\bar{X}-\frac{\sigma}{\sqrt{n}}u_{\frac{\alpha}{2}},\ \bar{X}+\frac{\sigma}{\sqrt{n}}u_{\frac{\alpha}{2}}\right]$$

或简写为$\left[\bar{X}\pm\frac{\sigma}{\sqrt{n}}u_{\frac{\alpha}{2}}\right]$。

此例中，若取 $\alpha=0.05$，则 $1-\alpha=0.95$，查标准正态分布表得$u_{\frac{\alpha}{2}}=u_{0.025}=1.96$；若设$\sigma^2=4$，$n=25$，$\bar{x}=4.0$，则可得 $\mu$ 的一个置信水平为 0.95 的置信区间为$\left[4.0\pm\frac{2}{\sqrt{25}}\times 1.96\right]$，即［3.22，4.78］。

**注意：**此时该区间已经不再是随机区间，但我们仍称它为置信水平为 0.95 的置信区间，其含义是：若反复抽样多次，每次的 25 个样本确定一个区间，在这些区间中，包含 $\mu$ 的约占 95%，不包含的约为 5%。现在抽样得到区间［3.22，4.78］，该区间属于那些包含 $\mu$ 的区间的可信程度为 95%。

值得注意的是：任何置信水平为 $1-\alpha$ 的置信区间都不是唯一的，以上例来说，若给定 $\alpha=0.05$，实际上则又有

$$P\left\{\bar{X}-\frac{\sigma}{\sqrt{n}}u_{0.02}\leqslant\mu\leqslant\bar{X}+\frac{\sigma}{\sqrt{n}}u_{0.03}\right\}=0.95$$

$$P\left\{\bar{X}-\frac{\sigma}{\sqrt{n}}u_{0.03}\leqslant\mu\leqslant\bar{X}+\frac{\sigma}{\sqrt{n}}u_{0.02}\right\}=0.95$$

即

$$\left[\bar{X}-\frac{\sigma}{\sqrt{n}}u_{0.02},\ \bar{X}+\frac{\sigma}{\sqrt{n}}u_{0.03}\right]$$

$$\left[\bar{X}-\frac{\sigma}{\sqrt{n}}u_{0.03},\ \bar{X}+\frac{\sigma}{\sqrt{n}}u_{0.02}\right]$$

也是 $\mu$ 的置信水平为 0.95 的置信区间。同样的，若设$\sigma^2=4$，$n=25$，$\bar{x}=4.0$，则分别可得 $\mu$ 的置信水平为 0.95 的置信区间为$\left[4.0-\frac{2}{\sqrt{25}}\times 2.054,\ 4.0+\frac{2}{\sqrt{25}}\times 1.88\right]$，

$\left[4.0-\frac{2}{\sqrt{25}}\times 1.88,\ 4.0+\frac{2}{\sqrt{25}}\times 2.054\right]$，即 [3.18，4.75]，[3.25，4.82]。相比较，我们发现由$\left[\bar{X}\pm\frac{\sigma}{\sqrt{n}}u_{\frac{\alpha}{2}}\right]$确定的区间长度最短，若我们继续尝试列出更多的置信区间，我们仍会发现由$\left[\bar{X}\pm\frac{\sigma}{\sqrt{n}}u_{\frac{\alpha}{2}}\right]$确定的区间长度最短，这就是区间估计中要考虑的估计精度问题，$\left[\bar{X}\pm\frac{\sigma}{\sqrt{n}}u_{\frac{\alpha}{2}}\right]$就是精度最高的置信区间。实际上，在区间估计中，我们希望参数 $\theta$ 以很大概率被包含在区间 $[\hat{\theta}_1,\ \hat{\theta}_2]$ 内，就是说满足 $P\{\hat{\theta}_1\leqslant\theta\leqslant\hat{\theta}_2\}=1-\alpha$ 的置信水平，$1-\alpha$ 尽可能大，即要求估计尽量可靠；而另一方面又要求估计的精度要尽可能高，即区间 $[\hat{\theta}_1,\ \hat{\theta}_2]$ 的长度要尽可能短。如估计一个人的每月收入在［3000 ～ 5000］之间，我们自然希望这个人的收入有很大把握在这个区间内，并且希望这个区间不太长。如果估计的区间写为［1000 ～ 9000］，当然可靠很多，但是精度太差，实际的用处不大。因此，对于区间估计这两个要求是相互矛盾的，针对这个问题，奈曼提出了广泛接受的准则：先保证可靠性，在此前提下尽可能提高精度。如前面例 5.2.1 中，在可靠性 $1-\alpha$ 为 0.95 的条件下，取最高精度的估计区间［3.22，4.78］。

综上，我们可得求未知参数 $\theta$ 的置信区间的一般方法，也称为**枢轴量法**：

（1）寻求一个与待估参数 $\theta$ 有关 $X_1$，$X_2$，…，$X_n$的统计量 $T=T(X_1,\ X_2,\ \cdots,\ X_n;\ \theta)$，求出 $T$ 的分布，且此分布不依赖于任何未知参数。注意：这个统计量 $T$ 一般通过 $\theta$ 的点估计（多数是通过极大似然估计构造）和抽样分布得到。

（2）对给定的置信水平 $1-\alpha$，定出两个常数 $a$，$b$，使得

$$P\{a\leqslant T\leqslant b\}=1-\alpha$$

一般常选取 $P\{T\leqslant a\}=P\{T\geqslant b\}=\frac{\alpha}{2}$所对应的 $a$，$b$ 值。注意：这一步需要由抽样分布的分位数设定得到，也表示相应的可靠性已设定。

（3）$a\leqslant T\leqslant b$ 等价于不等式$\hat{\theta}_1\leqslant\theta\leqslant\hat{\theta}_2$，其中$\hat{\theta}_1=\hat{\theta}_1(X_1,\ X_2,\ \cdots,\ X_n)$与$\hat{\theta}_2=\hat{\theta}_2(X_1,\ X_2,\ \cdots,\ X_n)$都是统计量，则 $[\hat{\theta}_1,\ \hat{\theta}_2]$ 就是 $\theta$ 的一个置信水平为 $1-\alpha$ 的置信区间。下面我们来详细地讨论生产和实际中最常用的有关正态分布参数的区间估计。

### 5.2.2　单正态总体的区间估计

设 $X_1$，$X_2$，…，$X_n$为取自总体 $X\sim N(\mu,\ \sigma^2)$ 的一个样本，置信水平为 $1-\alpha$。下面我们分几种情况来讨论 $\mu$ 和$\sigma^2$的置信区间 $[\hat{\theta}_1,\ \hat{\theta}_2]$。

1. *方差$\sigma^2$已知，估计均值$\mu$*

由前面的例 5.2.1，我们知道 $\mu$ 的置信水平为 $1-\alpha$ 的置信区间为

$$\left[\bar{X}-\frac{\sigma}{\sqrt{n}}u_{\frac{\alpha}{2}},\ \bar{X}+\frac{\sigma}{\sqrt{n}}u_{\frac{\alpha}{2}}\right]$$

或简写为$\left[\bar{X}\pm\frac{\sigma}{\sqrt{n}}u_{\frac{\alpha}{2}}\right]$。

**例 5.2.2** 设$X_1$，$X_2$，…，$X_9$是取自总体$X\sim N(\mu,\ 0.9^2)$的一个样本，若已知$\bar{x}=5$，试求未知参数$\mu$的置信水平为0.95的置信区间。

**解**：由题意，知$\sigma^2=0.9^2$，$\mu$的置信水平为0.95的置信区间为

$$\left[\bar{X}-\frac{\sigma}{\sqrt{n}}u_{\frac{\alpha}{2}},\ \bar{X}+\frac{\sigma}{\sqrt{n}}u_{\frac{\alpha}{2}}\right]$$

又知$\bar{x}=5$，$n=9$，$\alpha=0.05$，查表知$u_{0.025}=1.96$。故得$\mu$的置信区间为

$$\left[5-\frac{0.9}{\sqrt{9}}\times1.96,\ 5+\frac{0.9}{\sqrt{9}}\times1.96\right]$$

即$\mu$的置信水平为0.95的置信区间为［4.41，5.59］。

2. *方差$\sigma^2$未知，估计均值$\mu$*

此时$\sigma^2$未知，我们不能使用$\left[\bar{X}\pm\frac{\sigma}{\sqrt{n}}u_{\frac{\alpha}{2}}\right]$作为置信区间。由于$S^2=\frac{1}{n-1}\sum_{i=1}^{n}(X_i-\bar{X})^2$是$\sigma^2$的无偏估计量，因此可用$S$代替$\sigma$，根据抽样分布定理有

$$T=\frac{\bar{X}-\mu}{S/\sqrt{n}}\sim t(n-1)$$

对于给定的置信水平$1-\alpha$，有

$$P\left\{|T|=\left|\frac{\bar{X}-\mu}{S/\sqrt{n}}\right|\leqslant t_{\frac{\alpha}{2}}(n-1)\right\}=1-\alpha$$

即

$$P\left\{\bar{X}-\frac{S}{\sqrt{n}}t_{\frac{\alpha}{2}}(n-1)\leqslant\mu\leqslant\bar{X}+\frac{S}{\sqrt{n}}t_{\frac{\alpha}{2}}(n-1)\right\}=1-\alpha$$

所以，$\mu$的置信水平为$1-\alpha$的置信区间为

$$\left[\bar{X}-\frac{S}{\sqrt{n}}t_{\frac{\alpha}{2}}(n-1),\ \bar{X}+\frac{S}{\sqrt{n}}t_{\frac{\alpha}{2}}(n-1)\right]$$

或简写为$\left[\bar{X}\pm\frac{S}{\sqrt{n}}t_{\frac{\alpha}{2}}\ (n-1)\right]$。

**注意：**这里由于$\sigma^2$未知，用 $S$ 近似 $\sigma$，所以估计的效果要差些，即在相同置信水平下，所确定的置信区间长度要长些。但在实际问题中，总体方差$\sigma^2$未知的情况居多，因此，置信区间$\left[\bar{X}\pm\frac{S}{\sqrt{n}}t_{\frac{\alpha}{2}}(n-1)\right]$相较区间$\left[\bar{X}\pm\frac{\sigma}{\sqrt{n}}u_{\frac{\alpha}{2}}\right]$有更大的实用价值。

**例 5.2.3**　设 $X_1$，$X_2$，…，$X_{21}$是取自总体 $X\sim N(\mu,\ \sigma^2)$ 的一个样本，若已知 $\bar{x}=13.2$，$s^2=5$，$\sigma^2$未知，试求未知参数$\mu$ 的置信水平为 0.95 的置信区间。

**解：**由题意，$\sigma^2$未知，$\mu$ 的置信水平为 0.95 的置信区间为

$$\left[\bar{X}-\frac{S}{\sqrt{n}}t_{\frac{\alpha}{2}}(n-1),\ \bar{X}+\frac{S}{\sqrt{n}}t_{\frac{\alpha}{2}}(n-1)\right]$$

又知 $\bar{x}=13.2$，$n=21$，$\alpha=0.05$，查表得$t_{\frac{\alpha}{2}}(n-1)=t_{0.025}(20)=2.0860$。故得$\mu$ 的置信区间为

$$\left[13.2-\frac{\sqrt{5}}{\sqrt{21}}\times 2.086,\ 13.2+\frac{\sqrt{5}}{\sqrt{21}}\times 2.086\right]$$

即所求区间为［12.182，14.218］。

**例 5.2.4**　设某车间生产的一批零件，其长度近似服从正态分布 $X\sim N(\mu,\ \sigma^2)$。现从这批零件中随机抽取 9 件，测其长度值（单位：mm）为：

49.7，50.6，51.8，52.4，48.8，51.1，51.2，51.0，51.5

试求总体均值$\mu$ 的置信水平为 0.95 的置信区间。

**解：**由题意，$\sigma^2$未知，$\mu$ 的置信水平为 0.95 的置信区间为

$$\left[\bar{X}-\frac{S}{\sqrt{n}}t_{\frac{\alpha}{2}}(n-1),\ \bar{X}+\frac{S}{\sqrt{n}}t_{\frac{\alpha}{2}}(n-1)\right]$$

又知 $n=9$，$\alpha=0.05$，查表得$t_{\frac{\alpha}{2}}(n-1)=t_{0.025}(8)=2.306$，由抽样数据得 $\bar{x}=50.9$，$s=1.09$。故得$\mu$ 的置信区间为

$$\left[50.9-\frac{1.09}{\sqrt{9}}\times 2.306,\ 50.9+\frac{1.09}{\sqrt{9}}\times 2.306\right]$$

即所求区间为［50.06，51.74］。

3. *均值$\mu$已知，估计方差$\sigma^2$*

由正态分布的标准化定义可知

$$\frac{X_i-\mu}{\sigma} \sim N(0,\ 1)$$

故由卡方分布的定义可得

$$\chi^2 = \sum_{i=1}^{n} \frac{(X_i-\mu)^2}{\sigma^2} \sim \chi^2(n)$$

对于给定的置信水平$1-\alpha$，有

$$P\left\{\chi^2_{1-\frac{\alpha}{2}}(n) \leqslant \chi^2 = \sum_{i=1}^{n} \frac{(X_i-\mu)^2}{\sigma^2} \leqslant \chi^2_{\frac{\alpha}{2}}(n)\right\} = 1-\alpha$$

即

$$P\left\{\frac{\sum_{i=1}^{n}(X_i-\mu)^2}{\chi^2_{\frac{\alpha}{2}}(n)} \leqslant \sigma^2 \leqslant \frac{\sum_{i=1}^{n}(X_i-\mu)^2}{\chi^2_{1-\frac{\alpha}{2}}(n)}\right\} = 1-\alpha$$

所以，$\sigma^2$的置信水平为$1-\alpha$的置信区间为

$$\left[\frac{\sum_{i=1}^{n}(X_i-\mu)^2}{\chi^2_{\frac{\alpha}{2}}(n)},\ \frac{\sum_{i=1}^{n}(X_i-\mu)^2}{\chi^2_{1-\frac{\alpha}{2}}(n)}\right]$$

**注意：**当概率密度函数不对称时，如$\chi^2$分布和$F$分布，习惯上仍然取其对称的分位点来确定双侧置信区间，但这样得到的置信区间长度不是最短的。另外，在实际问题中，$\sigma^2$未知而$\mu$已知的情形是极为罕见的，主要是$\sigma^2$未知且$\mu$未知的情形。

4. *均值$\mu$未知，估计方差$\sigma^2$*

我们知道$S^2$是$\sigma^2$的一个无偏估计量，由$\chi^2$分布的性质，可知

$$\chi^2 = \frac{(n-1)S^2}{\sigma^2} \sim \chi^2(n-1)$$

因此，对于给定的置信水平$1-\alpha$，有

$$P\left\{\chi^2_{1-\frac{\alpha}{2}}(n-1) \leqslant \chi^2 = \frac{(n-1)S^2}{\sigma^2} \leqslant \chi^2_{\frac{\alpha}{2}}(n-1)\right\} = 1-\alpha$$

即

$$P\left\{\frac{(n-1)S^2}{\chi^2_{\frac{\alpha}{2}}(n-1)} \leqslant \sigma^2 \leqslant \frac{(n-1)S^2}{\chi^2_{1-\frac{\alpha}{2}}(n-1)}\right\} = 1-\alpha$$

所以得$\sigma^2$的置信水平为$1-\alpha$的置信区间为

$$\left[\frac{(n-1)S^2}{\chi^2_{\frac{\alpha}{2}}(n-1)}, \frac{(n-1)S^2}{\chi^2_{1-\frac{\alpha}{2}}(n-1)}\right]$$

同样，我们还可得到标准差$\sigma$的置信水平为$1-\alpha$的置信区间

$$\left[\frac{\sqrt{n-1}\,S}{\sqrt{\chi^2_{\frac{\alpha}{2}}(n-1)}}, \frac{\sqrt{n-1}\,S}{\sqrt{\chi^2_{1-\frac{\alpha}{2}}(n-1)}}\right]$$

**例 5.2.5**　已知总体$X\sim N(\mu, \sigma^2)$，$\mu$未知，$n=12$，$s^2=1.356$，试求$\sigma^2$的置信水平为0.90的置信区间。

**解：** 由题意，$\mu$未知，$\sigma^2$的置信水平为0.90的置信区间为

$$\left[\frac{(n-1)S^2}{\chi^2_{\frac{\alpha}{2}}(n-1)}, \frac{(n-1)S^2}{\chi^2_{1-\frac{\alpha}{2}}(n-1)}\right]$$

又知$n=12$，$s^2=1.356$，$\alpha=0.10$，查表得$\chi^2_{\frac{\alpha}{2}}(n-1)=\chi^2_{0.05}(11)=19.675$，$\chi^2_{1-\frac{\alpha}{2}}(n-1)=\chi^2_{0.95}(11)=4.575$，故得$\sigma^2$的置信区间为

$$\left[\frac{11\times1.356}{19.675}, \frac{11\times1.356}{4.575}\right]$$

即［0.758，3.26］。

**例 5.2.6**　设有一组来自正态总体$X\sim N(\mu, \sigma^2)$的样本

0.497，0.506，0.518，0.524，0.488，0.510，0.510，0.512

试求$\sigma^2$的置信水平为0.95的置信区间。

**解：** 由题意，$\mu$未知，$\sigma^2$的置信水平为0.95的置信区间为

$$\left[\frac{(n-1)S^2}{\chi^2_{\frac{\alpha}{2}}(n-1)}, \frac{(n-1)S^2}{\chi^2_{1-\frac{\alpha}{2}}(n-1)}\right]$$

又知 $n=8$，$\alpha=0.05$，查表得 $\chi^2_{\frac{\alpha}{2}}(n-1)=\chi^2_{0.025}(7)=16.013$，$\chi^2_{1-\frac{\alpha}{2}}(n-1)=\chi^2_{0.975}(7)=1.690$，由抽样数据得 $\bar{x}=0.508$，$s^2=0.0001$。故得 $\sigma^2$ 的置信区间为

$$\left[\frac{7\times 0.0001}{16.013}, \frac{7\times 0.0001}{1.690}\right]$$

即所求区间为［0.00004，0.0004］。

### 5.2.3　两个正态总体的区间估计

在实际工作中，我们常常会遇到需要处理两个正态总体的情况，如由于原料、设备条件、操作人员等的不同，或生产工艺的更新等因素，引起产品的某一服从正态分布的指标的总体均值、总体方差有所改变，我们需要评估这些改变的程度，这时就需要考虑两个正态总体均值或方差的估计问题。

设 $X_1$，$X_2$，…，$X_{n1}$ 为取自总体 $X\sim N(\mu_1, \sigma_1^2)$ 的样本，$Y_1$，$Y_2$，…，$Y_{n2}$ 为取自总体 $Y\sim N(\mu_2, \sigma_2^2)$ 的样本，且 $X$ 和 $Y$ 相互独立，给定的置信水平为 $1-\alpha$。下面我们来讨论两个正态总体的 $\mu$ 和 $\sigma^2$ 的置信区间。

1. 两个总体均值之差 $\mu_1-\mu_2$ 的区间估计

（1）当 $\sigma_1^2$，$\sigma_2^2$ 均已知时。

已知 $X\sim N(\mu_1, \sigma_1^2)$，$Y\sim N(\mu_2, \sigma_2^2)$，且 $X$ 和 $Y$ 相互独立。根据第 4 章 4.2.3 $t$ 分布的性质（4）知，此时有

$$U=\frac{(\bar{X}-\bar{Y})-(\mu_1-\mu_2)}{\sqrt{\frac{\sigma_1^2}{n_1}+\frac{\sigma_2^2}{n_2}}}\sim N(0, 1)$$

对于给定的置信水平 $1-\alpha$，有

$$P\left\{|U|=\left|\frac{(\bar{X}-\bar{Y})-(\mu_1-\mu_2)}{\sqrt{\frac{\sigma_1^2}{n_1}+\frac{\sigma_2^2}{n_2}}}\right|\leqslant u_{\frac{\alpha}{2}}\right\}=1-\alpha$$

即

$$P\left\{(\bar{X}-\bar{Y})-u_{\frac{\alpha}{2}}\sqrt{\frac{\sigma_1^2}{n_1}+\frac{\sigma_2^2}{n_2}}\leqslant\mu_1-\mu_2\leqslant(\bar{X}-\bar{Y})+u_{\frac{\alpha}{2}}\sqrt{\frac{\sigma_1^2}{n_1}+\frac{\sigma_2^2}{n_2}}\right\}=1-\alpha$$

所以，$\mu_1-\mu_2$的置信水平为 $1-\alpha$ 的置信区间为

$$\left[(\bar{X}-\bar{Y})-u_{\frac{\alpha}{2}}\sqrt{\frac{\sigma_1^2}{n_1}+\frac{\sigma_2^2}{n_2}},\ (\bar{X}-\bar{Y})+u_{\frac{\alpha}{2}}\sqrt{\frac{\sigma_1^2}{n_1}+\frac{\sigma_2^2}{n_2}}\right]$$

或简写为$\left[(\bar{X}-\bar{Y})\pm u_{\frac{\alpha}{2}}\sqrt{\frac{\sigma_1^2}{n_1}+\frac{\sigma_2^2}{n_2}}\right]$。

（2）当$\sigma_1^2$，$\sigma_2^2$都未知，$n_1$，$n_2$充分大时。

根据第 4 章 4. 2. 3 $t$ 分布的性质（4）知，此时有

$$U=\frac{(\bar{X}-\bar{Y})-(\mu_1-\mu_2)}{\sqrt{\frac{S_1^2}{n_1}+\frac{S_2^2}{n_2}}}\sim N(0,\ 1)$$

所以对于给定的置信水平 $1-\alpha$，有

$$P\left\{|U|=\left|\frac{(\bar{X}-\bar{Y})-(\mu_1-\mu_2)}{\sqrt{\frac{S_1^2}{n_1}+\frac{S_2^2}{n_2}}}\right|\leqslant u_{\frac{\alpha}{2}}\right\}=1-\alpha$$

即

$$P\left\{(\bar{X}-\bar{Y})-u_{\frac{\alpha}{2}}\sqrt{\frac{S_1^2}{n_1}+\frac{S_2^2}{n_2}}\leqslant\mu_1-\mu_2\leqslant(\bar{X}-\bar{Y})+u_{\frac{\alpha}{2}}\sqrt{\frac{S_1^2}{n_1}+\frac{S_2^2}{n_2}}\right\}=1-\alpha$$

所以，$\mu_1-\mu_2$的置信水平为 $1-\alpha$ 的置信区间为

$$\left[(\bar{X}-\bar{Y})\pm u_{\frac{\alpha}{2}}\sqrt{\frac{S_1^2}{n_1}+\frac{S_2^2}{n_2}}\right]$$

（3）当$\sigma_1^2=\sigma_2^2=\sigma^2$，但$\sigma^2$未知时。

根据第 4 章 4. 2. 3 $t$ 分布的性质（4）知，此时有

$$T=\frac{(\bar{X}-\bar{Y})-(\mu_1-\mu_2)}{S_W\sqrt{\frac{1}{n_1}+\frac{1}{n_2}}}\sim t(n_1+n_2-2)$$

其中

$$S_W^2=\frac{(n_1-1)S_1^2+(n_2-1)S_2^2}{n_1+n_2-2}$$

所以对于给定的置信水平 $1-\alpha$，有

$$P\left\{|T|=\left|\frac{(\bar{X}-\bar{Y})-(\mu_1-\mu_2)}{S_W\sqrt{\frac{1}{n_1}+\frac{1}{n_2}}}\right|\leqslant t_{\frac{\alpha}{2}}(n_1+n_2-2)\right\}=1-\alpha$$

即

$$P\left\{(\bar{X}-\bar{Y})-t_{\frac{\alpha}{2}}(n_1+n_2-2)S_W\sqrt{\frac{1}{n_1}+\frac{1}{n_2}}\leqslant\mu_1-\mu_2\leqslant(\bar{X}-\bar{Y})+t_{\frac{\alpha}{2}}(n_1+n_2-2)S_W\sqrt{\frac{1}{n_1}+\frac{1}{n_2}}\right\}$$
$$=1-\alpha$$

所以得$\mu_1-\mu_2$的置信水平为 $1-\alpha$ 的置信区间为

$$\left[(\bar{X}-\bar{Y})\pm t_{\frac{\alpha}{2}}(n_1+n_2-2)S_W\sqrt{\frac{1}{n_1}+\frac{1}{n_2}}\right]$$

其中

$$S_W^2=\frac{(n_1-1)S_1^2+(n_2-1)S_2^2}{n_1+n_2-2}$$

**例 5.2.7** 设两总体 $X\sim N(\mu_1,60)$，$Y\sim N(\mu_2,36)$，且 $X$ 和 $Y$ 相互独立，现从 $X$，$Y$ 中分别抽取容量为$n_1=75$，$n_2=50$ 的样本，且算得 $\bar{x}=82$，$\bar{y}=76$，试求$\mu_1-\mu_2$的置信水平为 0.95 的置信区间。

**解：** 由题意，$\sigma_1^2=60$，$\sigma_2^2=36$，可得$\mu_1-\mu_2$的置信水平为 0.95 的置信区间为

$$\left[(\bar{X}-\bar{Y})-u_{\frac{\alpha}{2}}\sqrt{\frac{\sigma_1^2}{n_1}+\frac{\sigma_2^2}{n_2}},\ (\bar{X}-\bar{Y})+u_{\frac{\alpha}{2}}\sqrt{\frac{\sigma_1^2}{n_1}+\frac{\sigma_2^2}{n_2}}\right]$$

又知$n_1=75$，$n_2=50$，$\bar{x}=82$，$\bar{y}=76$，$\alpha=0.05$，查表得$u_{\frac{\alpha}{2}}=u_{0.025}=1.96$。故得$\mu_1-\mu_2$的置信区间为

$$\left[(82-76)-1.96\times\sqrt{\frac{60}{75}+\frac{36}{50}},\ (82-76)+1.96\times\sqrt{\frac{60}{75}+\frac{36}{50}}\right]$$

即所求区间为［3.58，8.42］。

**例 5.2.8**　设制造厂甲生产的灯泡寿命（单位：小时）服从 $X \sim N(\mu_1, \sigma^2)$，从中随机抽取 200 个灯泡测定其寿命为 $\bar{x}=1090$，$s_x=100$。制造厂乙生产的灯泡寿命服从 $Y \sim N(\mu_2, \sigma^2)$，从其中抽取 100 个灯泡测定其寿命为 $\bar{y}=1290$，$s_y=105$。试求 $\mu_1-\mu_2$ 的置信水平为 0.95 的置信区间。

**解**：由题意，$\sigma_1^2=\sigma_2^2=\sigma^2$，可得 $\mu_1-\mu_2$ 的置信水平为 0.95 的置信区间为

$$\left[(\bar{X}-\bar{Y}) \pm t_{\frac{\alpha}{2}}(n_1+n_2-2) S_W \sqrt{\frac{1}{n_1}+\frac{1}{n_2}}\right]$$

又知 $n_1=200$，$n_2=100$，$\bar{x}=1090$，$\bar{y}=1290$，$\alpha=0.05$，$s_x=100$，$s_y=105$，计算可得 $S_W=101.7$，查表得 $t_{\frac{\alpha}{2}}(n_1+n_2-2)=t_{0.025}(298)\approx 1.96$。故得 $\mu_1-\mu_2$ 的置信区间为

$$\left[(1090-1290) \pm 1.96 \times 101.7 \times \sqrt{\frac{1}{200}+\frac{1}{100}}\right]$$

即所求区间为［$-224.4$，$-175.6$］。

**注意**：当样本量 $n$ 充分大时，$t_\alpha \approx u_\alpha$，所以本例中 $t_{\frac{\alpha}{2}}(n_1+n_2-2)=t_{0.025}(298)\approx u_{0.025}=1.96$。

2. 两个总体方差比 $\sigma_1^2/\sigma_2^2$ 的区间估计

（1）当 $\mu_1$，$\mu_2$ 均已知时。

已知 $X \sim N(\mu_1, \sigma_1^2)$，$Y \sim N(\mu_2, \sigma_2^2)$，且 $X$ 和 $Y$ 相互独立。根据第 4 章 4.2.2 中 $\chi^2$ 分布的性质（4），知此时有

$$\chi_1^2=\sum_{i=1}^{n_1}\frac{(X_i-\mu_1)^2}{\sigma_1^2} \sim \chi^2(n_1),\quad \chi_2^2=\sum_{j=1}^{n_2}\frac{(Y_j-\mu_2)^2}{\sigma_2^2} \sim \chi^2(n_2)$$

对于给定的置信水平 $1-\alpha$，有

$$P\left\{F_{1-\frac{\alpha}{2}}(n_1,n_2) \leqslant F=\frac{\sum_{i=1}^{n_1}(X_i-\mu_1)^2/\sigma_1^2 n_1}{\sum_{j=1}^{n_2}(Y_j-\mu_2)^2/\sigma_2^2 n_2} \leqslant F_{\frac{\alpha}{2}}(n_1,n_2)\right\}=1-\alpha$$

即

$$P\left\{\frac{\sum_{i=1}^{n_1}(X_i-\mu_1)^2/n_1}{F_{\frac{\alpha}{2}}(n_1,n_2)\sum_{j=1}^{n_2}(Y_j-\mu_2)^2/n_2} \leqslant \frac{\sigma_1^2}{\sigma_2^2} \leqslant \frac{\sum_{i=1}^{n_1}(X_i-\mu_1)^2/n_1}{F_{1-\frac{\alpha}{2}}(n_1,n_2)\sum_{j=1}^{n_2}(Y_j-\mu_2)^2/n_2}\right\}=1-\alpha$$

所以，$\frac{\sigma_1^2}{\sigma_2^2}$的置信水平为 $1-\alpha$ 的置信区间为

$$P\left[\frac{\sum_{i=1}^{n_1}(X_i-\mu_1)^2/n_1}{F_{\frac{\alpha}{2}}(n_1,n_2)\sum_{j=1}^{n_2}(Y_j-\mu_2)^2/n_2},\ \frac{\sum_{i=1}^{n_1}(X_i-\mu_1)^2/n_1}{F_{1-\frac{\alpha}{2}}(n_1,n_2)\sum_{j=1}^{n_2}(Y_j-\mu_2)^2/n_2}\right]=1-\alpha$$

（2）当 $\mu_1$，$\mu_2$均未知时。

根据第 4 章 4.2.2 中$\chi^2$分布的性质（5），知此时有

$$\chi_1^2=\frac{(n_1-1)S_1^2}{\sigma_1^2}\sim\chi^2(n_1-1),\ \chi_2^2=\frac{(n_2-1)S_2^2}{\sigma_2^2}\sim\chi^2(n_2-1)$$

对于给定的置信水平 $1-\alpha$，有

$$P\left\{F_{1-\frac{\alpha}{2}}(n_1-1,\ n_2-1)\leqslant F=\frac{S_1^2/\sigma_1^2}{S_2^2/\sigma_2^2}\leqslant F_{\frac{\alpha}{2}}(n_1-1,\ n_2-1)\right\}=1-\alpha$$

即

$$P\left\{\frac{S_1^2}{F_{\frac{\alpha}{2}}(n_1-1,\ n_2-1)S_2^2}\leqslant\frac{\sigma_1^2}{\sigma_2^2}\leqslant\frac{S_1^2}{F_{1-\frac{\alpha}{2}}(n_1-1,\ n_2-1)S_2^2}\right\}=1-\alpha$$

所以，$\sigma_1^2/\sigma_2^2$的置信水平为 $1-\alpha$ 的置信区间为

$$\left[\frac{S_1^2}{F_{\frac{\alpha}{2}}(n_1-1,\ n_2-1)S_2^2},\ \frac{S_1^2}{F_{1-\frac{\alpha}{2}}(n_1-1,\ n_2-1)S_2^2}\right]$$

**例 5.2.9** 甲、乙两台机床加工同一种零件，在机床甲加工的零件中抽取 16 件，在机床乙加工的零件中抽取 21 件，并分别测得它们的长度（单位：mm），且由抽样所得数据算得$s_1^2=0.125$，$s_2^2=0.210$。假设测量值服从正态分布，方差分别为$\sigma_1^2$，$\sigma_2^2$，试求置信水平为 0.95 的两总体方差之比的置信区间。

**解：**由题知两总体的均值 $\mu_1$，$\mu_2$均未知，可知$\frac{\sigma_1^2}{\sigma_2^2}$的置信水平为 0.95 的置信区间为

$$\left[\frac{S_1^2}{F_{\frac{\alpha}{2}}(n_1-1,\ n_2-1)S_2^2},\ \frac{S_1^2}{F_{1-\frac{\alpha}{2}}(n_1-1,\ n_2-1)S_2^2}\right]$$

又知$n_1=16$，$n_2=21$，$\alpha=0.05$，$s_1^2=0.125$，$s_2^2=0.210$，查表得$F_{\frac{\alpha}{2}}(n_1-1, n_2-1)=F_{0.025}(15, 20)=2.57$，$F_{1-\frac{\alpha}{2}}(n_1-1, n_2-1)=F_{0.975}(15, 20)=\frac{1}{F_{0.025}(20, 15)}=0.362$。故得$\frac{\sigma_1^2}{\sigma_2^2}$的置信区间为

$$\left[\frac{0.125}{2.57\times0.210}, \frac{0.125}{0.362\times0.210}\right]$$

即 [0.23，1.64]。

**例 5.2.10**　从两个电池制造厂生产的电池产品中分别抽取 10 个电池，测定它们的寿命（单位：小时）如下表所示：

| 甲 | 1023 | 982 | 1027 | 998 | 1017 | 998 | 999 | 1005 | 1043 | 997 |
|---|---|---|---|---|---|---|---|---|---|---|
| 乙 | 1032 | 1033 | 997 | 1028 | 1012 | 1018 | 998 | 999 | 1009 | 1007 |

设制造厂甲生产的电池寿命服从 $N(1000, \sigma_1^2)$，制造厂乙生产的电池寿命服从 $N(\mu_2, \sigma_2^2)$。试求置信水平为 0.95 的$\frac{\sigma_1^2}{\sigma_2^2}$的置信区间。

**解**：由题知电池寿命总体甲 $X\sim N(1000, \sigma_1^2)$，总体乙 $Y\sim N(\mu_2, \sigma_2^2)$，$X$ 与 $Y$ 相互独立，由$\chi^2$分布的性质有

$$\chi_1^2=\sum_{i=1}^{n_1}\frac{(X_i-\mu_1)^2}{\sigma_1^2}\sim\chi^2(n_1), \chi_2^2=\frac{(n_2-1)S_2^2}{\sigma_2^2}\sim\chi^2(n_2-1)$$

对于总体甲和总体乙，由 $F$ 分布的定义，可得

$$F=\frac{\chi^2(n_1)/n_1}{\chi^2(n_2-1)/(n_2-1)}=\frac{\sum_{i=1}^{n_1}(X_i-\mu_1)^2/\sigma_1^2n_1}{S_2^2/\sigma_2^2}=F(n_1,n_2-1)$$

由区间估计的定义，对于给定的置信水平 $1-\alpha$，有

$$P\left\{F_{1-\frac{\alpha}{2}}(n_1,n_2-1)\leqslant\frac{\sum_{i=1}^{n_1}(X_i-\mu_1)^2/\sigma_1^2n_1}{S_2^2/\sigma_2^2}\leqslant F_{\frac{\alpha}{2}}(n_1,n_2-1)\right\}=1-\alpha$$

即

$$P\left\{\frac{\sum_{i=1}^{n_1}(X_i-\mu_1)^2}{F_{\frac{\alpha}{2}}(n_1,n_2-1)n_1S_2^2}\leqslant\frac{\sigma_1^2}{\sigma_2^2}\leqslant\frac{\sum_{i=1}^{n_1}(X_i-\mu_1)^2}{F_{1-\frac{\alpha}{2}}(n_1,n_2-1)n_1S_2^2}\right\}=1-\alpha$$

故$\frac{\sigma_1^2}{\sigma_2^2}$的置信水平为 $1-\alpha$ 的置信区间为

$$\left[\frac{\sum_{i=1}^{n_1}(X_i-\mu_1)^2}{F_{\frac{\alpha}{2}}(n_1,n_2-1)n_1S_2^2},\ \frac{\sum_{i=1}^{n_1}(X_i-\mu_1)^2}{F_{1-\frac{\alpha}{2}}(n_1,n_2-1)n_1S_2^2}\right]$$

又知均值 $\mu_1=1000$，$\mu_2$未知，$n_1=n_2=10$，$\alpha=0.05$，由表计算得$\sum_{i=1}^{n_1}(X_i-\mu_1)^2=3763$，$s_2^2=193$，查表得$F_{\frac{\alpha}{2}}(n_1,\ n_2-1)=F_{0.025}(10,\ 9)=3.96$，$F_{1-\frac{\alpha}{2}}(n_1,\ n_2-1)=F_{0.975}(10,\ 9)=\frac{1}{F_{0.025}(9,\ 10)}=0.265$。故得$\frac{\sigma_1^2}{\sigma_2^2}$的置信区间为

$$\left[\frac{3763}{3.96\times10\times193},\ \frac{3763}{0.265\times10\times193}\right]$$

即［0.49，7.36］。

### 5.2.4 大样本的区间估计

在实际问题中，我们要找寻有些随机变量的枢轴量及分布比较困难，但是在样本量充分大时，可用渐进分布来构造近似的置信区间，一个典型的例子就是关于比率 $p$ 的置信区间。

设 $X_1$，$X_2$，…，$X_n$为取自总体 $X\sim B(1,\ p)$ 的样本，样本容量 $n>50$，试求 $p$ 的置信水平为 $1-\alpha$ 的置信区间。

由中心极限定理知，当样本充分大时，样本均值 $\bar{x}$ 的渐进分布为 $N\left(p,\ \frac{p(1-p)}{n}\right)$，因此有

$$U=\frac{\bar{X}-p}{\sqrt{p(1-p)/n}}\sim N(0,\ 1)$$

所以，$U$ 可作为近似枢轴量。对于给定的置信水平 $1-\alpha$，根据标准正态分布 $\alpha$ 分位数

的定义有

$$P\left\{|U|=\left|\frac{\bar{X}-p}{\sqrt{p(1-p)/n}}\right|\leqslant u_{\frac{\alpha}{2}}\right\}=1-\alpha$$

其中不等式

$$|U|=\left|\frac{\bar{X}-p}{\sqrt{p(1-p)/n}}\right|\leqslant u_{\frac{\alpha}{2}}$$

等价于

$$(n+u_{\frac{\alpha}{2}}^{2})p^{2}-(2n\bar{X}+u_{\frac{\alpha}{2}}^{2})p+n\bar{X}^{2}<0$$

解此不等式，其中由题知 $n$ 比较大，因此在使用中常略去$u_{\frac{\alpha}{2}}/n$ 的值。这样，简化上面不等式的结果，可得 $p$ 的置信水平为 $1-\alpha$ 的置信区间近似为

$$\left[\bar{X}-u_{\frac{\alpha}{2}}\sqrt{\frac{\bar{X}(1-\bar{X})}{n}},\ \bar{X}+u_{\frac{\alpha}{2}}\sqrt{\frac{\bar{X}(1-\bar{X})}{n}}\ \right]$$

或简写为$\left[\bar{X}\pm u_{\frac{\alpha}{2}}\sqrt{\frac{\bar{X}(1-\bar{X})}{n}}\ \right]$。

**例 5.2.11**　某中草药的疗效疗程显示，接受治疗的 100 人中，有 20 人的病痛得到了有效缓解。试确认该中草药的疗效 $p$ 的置信水平为 0.95 的置信区间。

**解**：根据题意，样本量 $n=100$，样本均值 $\bar{x}=\frac{20}{100}=0.2$，对于置信水平 $1-\alpha=0.95$，查表知$u_{\frac{\alpha}{2}}=u_{0.025}=1.96$。代入 $p$ 的置信水平为 0.95 的近似置信区间

$$\left[\bar{X}-u_{\frac{\alpha}{2}}\sqrt{\frac{\bar{X}(1-\bar{X})}{n}},\ \bar{X}+u_{\frac{\alpha}{2}}\sqrt{\frac{\bar{X}(1-\bar{X})}{n}}\ \right]$$

得

$$\left[0.2-1.96\times\sqrt{\frac{0.2(1-0.2)}{100}},\ 0.2+1.96\times\sqrt{\frac{0.2(1-0.2)}{100}}\ \right]$$

即 [0.122，0.278]。

**注意**：样本充分大，一般指样本容量 $n>50$。在大样本下，我们可以用一些近似枢

轴量或近似值，从而可以很大程度地简化计算过程，如用$S^2$近似代替$\sigma^2$，用$u_{\frac{\alpha}{2}}$代替$t_{\frac{\alpha}{2}}(n)$等。

### 5.2.5 单侧置信区间的区间估计

在上述讨论中，我们都是针对未知参数$\theta$的双侧置信区间$(\hat{\theta}_1, \hat{\theta}_2)$展开的。但在实际问题中，我们常会遇到求解如设备、元件的最低使用寿命，饮料中果汁的最低含量，水中某有害物质的最高含量等问题。这就需要寻求参数$\theta$的单侧置信界限。

**定义 5.2.2** 设$\theta$是总体$X$的一个待估的未知参数，$X_1, X_2, \cdots, X_n$是取自总体$X$的一个样本，对于给定的常数$\alpha(0<\alpha<1)$，由样本确定的统计量$\underline{\theta}=\underline{\theta}(X_1, X_2, \cdots, X_n)$，满足

$$P\{\theta \geqslant \underline{\theta}\} \geqslant 1-\alpha \tag{5.2.2}$$

则称随机区间$[\underline{\theta}, +\infty)$是参数$\theta$的置信水平为$1-\alpha$的单侧置信区间，$\underline{\theta}$称为$\theta$的置信下限。若由样本确定的统计量$\overline{\theta}=\overline{\theta}(X_1, X_2, \cdots, X_n)$，满足

$$P\{\theta \leqslant \overline{\theta}\} \geqslant 1-\alpha \tag{5.2.3}$$

则也称随机区间$(-\infty, \overline{\theta}]$是参数$\theta$的置信水平为$1-\alpha$的单侧置信区间，$\overline{\theta}$称为$\theta$的置信上限。

例如，设$X_1, X_2, \cdots, X_n$为取自总体$X \sim N(\mu, \sigma^2)$的一个样本，置信水平为$1-\alpha$。对于$\mu$和$\sigma^2$的单侧置信区间有：

1. 方差$\sigma^2$已知，估计均值$\mu$

由

$$U=\frac{\overline{X}-\mu}{\sigma/\sqrt{n}} \sim N(0, 1)$$

有

$$P\left\{U=\frac{\overline{X}-\mu}{\sigma/\sqrt{n}} \geqslant -u_{\alpha}\right\}=1-\alpha$$

即

$$P\left\{\mu \leqslant \overline{X}+\frac{\sigma}{\sqrt{n}} u_{\alpha}\right\}=1-\alpha$$

于是得到$\mu$的置信水平为$1-\alpha$的单侧置信区间为

$$\left(-\infty, \ \bar{X}+\frac{\sigma}{\sqrt{n}}u_{\alpha}\right]$$

同理可得$\mu$的置信水平为$1-\alpha$的另一单侧置信区间为

$$\left[\bar{X}-\frac{\sigma}{\sqrt{n}}u_{\alpha}, \ +\infty\right)$$

2. *方差$\sigma^2$未知，估计均值$\mu$*

根据定义可得$\mu$的置信水平为$1-\alpha$的单侧置信区间分别为

$$\left(-\infty, \ \bar{X}+\frac{S}{\sqrt{n}}t_{\alpha}(n-1)\right]$$

或

$$\left[\bar{X}-\frac{S}{\sqrt{n}}t_{\alpha}(n-1), \ +\infty\right)$$

3. *均值$\mu$未知，估计方差$\sigma^2$*

$\sigma^2$的置信水平为$1-\alpha$的单侧置信区间分别为

$$\left(0, \ \frac{(n-1)S^2}{\chi^2_{1-\alpha}(n-1)}\right]$$

或

$$\left[\frac{(n-1)S^2}{\chi^2_{\alpha}(n-1)}, \ +\infty\right)$$

**例 5.2.12**　随机测得大气中某有毒有机化合物的浓度（单位：μg/m$^3$）为：

105，110，120，125，128，130

设化合物的浓度服从正态分布，试求化合物浓度平均值和方差的置信水平为0.95的单侧置信上限。

**解：**已知$1-\alpha=0.95$，$n=6$，$\bar{x}=119.7$，$s^2=102.7$，查表得$t_{\alpha}(n-1)=t_{0.05}(5)=2.0150$，根据题意可得化合物浓度平均值$\mu$的置信水平为0.95的单侧置信区间为

$$\left(-\infty,\ 119.7+\frac{10.1}{\sqrt{6}}\times 2.0150\right]$$

即

$$(-\infty,\ 128]$$

所以化合物浓度平均值的置信水平为 0.95 的单侧置信区间上限是 128μg/m³。

查表得$\chi^2_{1-\alpha}(n-1)=\chi^2_{0.95}(5)=1.145$，则化合物浓度方差$\sigma^2$的置信水平为 0.95 的单侧置信区间为

$$\left(0,\ \frac{(n-1)S^2}{\chi^2_{1-\alpha}(n-1)}\right]=\left(0,\ \frac{5\times 102.7}{1.145}\right]$$

即

$$(0,\ 448.5]$$

所以化合物浓度方差的置信水平为 0.95 的单侧置信区间上限是 448.5。

### 5.2.6 样本量的确认

在统计中，样本量越大，估计的精度越高，相应的费用也越高，抽样及分析等过程需要投入的时间、人力等也越多。因此，实际工作中人们往往关心：在一定条件下，至少需要多少样本才能够满足统计要求？这里我们举例说明如何确认样本大小。

**例 5.2.13** 设大气中某有毒有机化合物的浓度（单位：μg/m³）服从正态分布 $X\sim N(\mu,\ \sigma^2)$，$\sigma^2$已知，要求化合物浓度平均值$\mu$的置信水平为$1-\alpha$的置信区间的长度不能长于$\omega$。试确认需要监测的样本量。

**解：** 由题知$\sigma^2$已知，我们可以根据$\bar{X}\sim N(\mu,\ \frac{\sigma^2}{n})$来构造$\mu$的置信水平为$1-\alpha$的置信区间$\left[\bar{X}\pm\frac{\sigma}{\sqrt{n}}u_{\frac{\alpha}{2}}\right]$。因此可知区间长度为$2\frac{\sigma}{\sqrt{n}}u_{\frac{\alpha}{2}}$，从而有

$$2\frac{\sigma}{\sqrt{n}}u_{\frac{\alpha}{2}}\leqslant\omega$$

可得

$$n\geqslant\left(\frac{2u_{\frac{\alpha}{2}}\sigma}{\omega}\right)^2$$

如果已知$\sigma^2=0.1$，$\omega=0.05$，$\alpha=0.05$，可得

$$n\geqslant\left(\frac{2u_{\frac{\alpha}{2}}\sigma}{\omega}\right)^2=\left(\frac{2\times1.96\times0.1}{0.05}\right)^2=61.47$$

即为达到要求至少需要测量 62 次。

以上为有关正态分布的两个参数$\mu$，$\sigma^2$的最常见的区间估计，具体的情况我们又总结在附表 2 中，以供读者查阅。

## 本章习题

1. 随机取 8 只玻璃管，测得它们的直径（单位：mm）为

$$44.1,\ 44.5,\ 44.3,\ 44.1,\ 44.0,\ 43.8,\ 44.6,\ 44.2$$

求总体均值$\mu$及方差$\sigma^2$的矩估计，并求样本方差$S^2$。

2. 设$X_1$，$X_2$，…，$X_n$为取自总体$X$的一个样本。试用矩估计法和极大似然估计法求下列各总体的密度函数或分布律中的未知参数。

（1）$f(x)=\begin{cases}\theta c^{\theta}x^{-(\theta+1)}, & x>c\\ 0, & 其他\end{cases}$，其中$c>0$为已知，$\theta>1$，$\theta$为未知参数；

（2）$f(x)=\begin{cases}\sqrt{\theta}x^{\sqrt{\theta}-1}, & 0\leqslant x\leqslant1\\ 0, & 其他\end{cases}$，其中$\theta>0$，$\theta$为未知参数；

（3）$P(X=x)=C_m^x p^x(1-p)^{m-x}$，$x=0, 1, 2, \cdots, m$，$0<p<1$，$p$为未知参数。

3. 设总体$X$具有分布律

| $X$ | 1 | 2 | 3 |
|---|---|---|---|
| $P_k$ | $\frac{1}{2}(1-\theta)$ | $\theta$ | $\frac{1}{2}(1-\theta)$ |

其中$\theta$（$0<\theta<1$）为未知参数。已知样本值$x_1=1$，$x_2=2$，$x_3=1$，试求$\theta$的矩估计值和极大似然估计值。

4. 设$X_1$，$X_2$，$X_3$，$X_4$是来自正态总体$N(\mu, 1)$的样本，其中$\mu$未知，设有估计量

$$T_1=\frac{1}{2}X_1+\frac{1}{3}X_2+\frac{1}{6}X_3$$

$$T_2=\frac{1}{4}X_1+\frac{2}{5}X_2+\frac{1}{5}X_3$$

$$T_3=\frac{1}{4}X_1+\frac{1}{4}X_2+\frac{1}{2}X_3$$

（1）指出 $T_1$，$T_2$，$T_3$ 中哪个是 $\mu$ 的无偏估计量；

（2）在上述 $\mu$ 的无偏估计量中哪一个较为有效？

5. 某工厂生产滚珠，从某日生产的产品中随机抽取9个，测得直径（单位：mm）如下：

14.6，14.7，15.1，14.9，14.8，15.0，15.1，15.2，14.8

设滚珠直径服从正态分布，求下列情况下 $\mu$ 的置信度为0.95的置信区间。

（1）若由以往经验知 $\sigma=0.15$mm；

（2）若 $\sigma$ 未知。

6. 某科研小组从珠江某河段随机采集水样9个，测定其水体某化合物的浓度（单位：mg/L）如下：

13.0，13.2，12.8，12.6，13.1，13.0，12.9，12.7，12.5

设水体中该化合物的浓度服从正态分布，求下列情况下总体标准差 $\sigma$ 的置信度为0.95的置信区间。

（1）若由以往经验知 $\mu=12.9$mg/L；

（2）若 $\mu$ 未知。

7. 设某土壤中有机质的含量服从正态分布，且标准差近似为1.5mg/kg。甲、乙两监测小组分别随机地从某地区农田土壤中采集20个土壤表层样品，测量其有机质含量，得样本均值分别为 $\bar{x}_1=18$mg/kg，$\bar{x}_2=24$mg/kg。若设两样本独立，求两土壤有机质总体均值差 $\mu_1-\mu_2$ 的置信度为0.95的置信区间。

8. 设两位学生甲、乙分别独立地对其在某河流采取的水样中含铬量用同样的方法分别做10和16次测定，其测定值的样本方差依次为 $S_{甲}^2=0.45$，$S_{乙}^2=0.60$，设 $\sigma_{甲}^2$，$\sigma_{乙}^2$ 分别为甲、乙的测定值的总体方差。若总体均服从正态分布，且相互独立，求方差比 $\sigma_{甲}^2/\sigma_{乙}^2$ 的置信度为0.95的置信区间。

9. 进行30次独立测试，测得零件加工时间的样本均值 $\bar{x}=5.5$ 秒，样本标准差 $s=1.7$ 秒。设零件加工时间服从正态分布，求零件加工时间的均值和标准差对应于置信水平0.95的置信区间。

10. 某自动包装机包装食盐，其重量服从正态分布，今随机抽取10袋，测得重量（单位：g）分别为：

351，354，353，350，347，349，346，353，346，352

（1）求平均重量 $\mu$ 的点估计值；

（2）求方差 $\sigma^2$ 的点估计值；

（3）求 $\mu$ 的95%的置信区间；

（4）求方差 $\sigma^2$ 的95%的置信区间；

（5）若已知方差 $\sigma^2=4$，求 $\mu$ 的95%的置信区间。

# 第6章　假设检验

假设检验是数理统计中的一个重要内容。假设检验由皮尔逊（K. Pearson）在20世纪初提出，后经费希尔（R. A. Fisher）进行细化，最终由奈曼（J. Neyman）和小皮尔逊（E. Pearson）进一步完善。

假设检验分为参数假设检验和非参数假设检验，其中又分为对一个总体的假设检验和对多个总体的假设检验。在本章中，我们主要以一个总体的参数假设检验为主，部分内容涉及两个总体的参数假设检验和一个总体的非参数假设检验。

## 6.1　假设检验

### 6.1.1　假设检验的基本概念

在参数估计中，常常会在抽样前对未知总体做一些假设。例如假设总体 $X$ 服从正态分布，假定某正态总体的方差已知等。在数理统计中，关于总体分布的概率性质的假设称为**统计假设**。抽样前所做出的假设是否与实际相符，可以用样本所提供的信息来验证，这个验证的方法和过程称为**统计检验**。假设检验问题就是研究如何根据抽样所获得的样本来检验抽样前所做出的假设。为了说明这个问题，我们先看下面的例子。

**例6.1.1**　某车间负责包装某种红糖，在正常情况下，包装机包装的每袋红糖的重量 $X$（单位：g）服从正态分布 $N(450, 25)$。车间工作人员为检验包装机每日是否运行正常，随机抽取了20袋红糖，称得它们的重量平均值为448g。试问包装机是否运行正常？

在这个问题中，根据经验，包装的每袋红糖的重量 $X$ 服从正态分布，其均方差 $\sigma=5$，总体均值为 $\mu$，但 $\mu$ 未知。该例子的问题是我们需要通过抽取的20个样本判断总体 $X$ 的数学期望或总体均值 $\mu$ 是否等于450g，即 $\mu=450$ 还是 $\mu\neq450$。为此我们提出两个相互对立的假设：

$$H_0: \mu=\mu_0=450 \text{ 和 } H_1: \mu\neq\mu_0=450$$

再根据一定的准则，利用已知的样本值做出判断，究竟是假设 $H_0$ 成立还是 $H_1$ 成立。这里 $H_0$ 称为**原假设**或**零假设**，$H_1$ 称为**备选假设**或**对立假设**。如果判断 $H_0$ 成立，即接受 $H_0$，则认为 $\mu=\mu_0$，机器运行正常；否则，判断 $H_1$ 成立，拒绝 $H_0$，认为 $\mu\neq\mu_0$，即机器运行不正常。

下面我们讨论如何检验上述假设，即给定一个接受或拒绝原假设的准则。设从总

体中抽取的一个样本为 $X_1$，$X_2$，…，$X_n$，样本均值为 $\bar{X}$。我们知道 $\bar{X}$ 是总体均值 $\mu$ 的无偏估计量，观察值 $\bar{x}$ 的大小在一定程度上反映了 $\mu$ 的大小。因此，若假设 $H_0$ 为真，则观察值 $\bar{x}$ 与 $\mu_0$ 的偏差 $|\bar{x}-\mu_0|$ 一般不应太大，否则我们就怀疑假设 $H_0$ 的正确性而拒绝 $H_0$。那么如何判断 $|\bar{x}-\mu_0|$ 的大小？考虑到当 $H_0$ 为真时 $\dfrac{\bar{X}-\mu_0}{\sigma/\sqrt{n}} \sim N(0,1)$，那么衡量 $|\bar{x}-\mu_0|$ 的大小就可以归结为衡量 $\dfrac{|\bar{x}-\mu_0|}{\sigma/\sqrt{n}}$ 的大小。这样我们可以选定一个整数 $k$，当观察值 $\bar{x}$ 满足 $\dfrac{|\bar{x}-\mu_0|}{\sigma/\sqrt{n}} \geqslant k$ 时就拒绝假设 $H_0$，反之，若 $\dfrac{|\bar{x}-\mu_0|}{\sigma/\sqrt{n}} < k$，则接受假设 $H_0$。那么整数 $k$ 应该取多大合适？由于我们的判断方法是基于一个样本的观测数据，而观测数据是带有随机误差的，故难免在做出判断的时候犯错，具体有以下两种错误形式：

**表 6.1.1　原假设 $H_0$ 的判断情况**

| 判断＼假设 | $H_0$ 为真 | $H_0$ 不为真 |
|---|---|---|
| 拒绝 $H_0$ | 第一类错误 | 不犯错 |
| 接受 $H_0$ | 不犯错 | 第二类错误 |

其中"实际上 $H_0$ 为真但做出了拒绝 $H_0$ 的判断"被称为第一类错误，也称为弃真，"实际上 $H_0$ 不为真但做出了接受 $H_0$ 的判断"被称为第二类错误，也称为存伪。一个理想的检验应该使犯两类错误的概率都小，但在实际问题中，若要让犯第一类错误的概率小，应该设定整数 $k$ 尽量小，而要让犯第二类错误的概率小，则需要设定整数 $k$ 尽量大。因此，解决这个矛盾的一个方法就是在控制第一类错误的基础上，尽量少犯第二类错误。具体为，设定一个较小的常数 $\alpha$（$0<\alpha<1$），使犯这类错误的概率不超过 $\alpha$，即

$$P\{\text{当}H_0\text{为真拒绝}H_0\} \leqslant \alpha$$

为控制犯第一类错误，通常将 $\alpha$ 取为 0.1，0.05，0.01 等较小的数。

为了确定常数 $k$，我们可通过考虑统计量 $\dfrac{\bar{X}-\mu_0}{\sigma/\sqrt{n}}$ 的设定来确认。由于允许犯第一类错误的概率最大为 $\alpha$，则可得

$$P\{\text{当}H_0\text{为真拒绝}H_0\} = P\left\{\left|\frac{\bar{x}-\mu_0}{\sigma/\sqrt{n}}\right| \geqslant k\right\} = \alpha$$

当 $H_0$ 为真时，$U=\dfrac{\bar{X}-\mu_0}{\sigma/\sqrt{n}}\sim N(0,1)$。因此，由标准正态分布分位数的定义知

$$P\left\{\left|\frac{\bar{x}-\mu_0}{\sigma/\sqrt{n}}\right|\geqslant u_{\frac{\alpha}{2}}\right\}=\alpha$$

所以可得 $k=u_{\frac{\alpha}{2}}$，因此，若

$$\left|\frac{\bar{x}-\mu_0}{\sigma/\sqrt{n}}\right|\geqslant k=u_{\frac{\alpha}{2}}$$

则拒绝 $H_0$，否则，若

$$\left|\frac{\bar{x}-\mu_0}{\sigma/\sqrt{n}}\right|\leqslant k=u_{\frac{\alpha}{2}}$$

则接受 $H_0$。

例6.1.1中，若取 $\alpha=0.05$，则有 $k=u_{\frac{\alpha}{2}}=u_{0.025}=1.96$，已知 $n=20$，$\sigma=5$，样本均值 $\bar{x}=448$，得

$$\left|\frac{\bar{x}-\mu_0}{\sigma/\sqrt{n}}\right|=\left|\frac{448-450}{5/\sqrt{20}}\right|=1.79<1.96$$

即接受 $H_0$，认为包装机运行正常。

一般地，假设检验中称设定的较小正数 $\alpha$（犯第一类错误的概率不超过 $\alpha$）为**显著性水平** $\alpha$，称转换统计量如 $U=\dfrac{\bar{X}-\mu_0}{\sigma/\sqrt{n}}$ 等为**检验统计量**。对于检验统计量，由 $P\left\{\left|\dfrac{\bar{x}-\mu_0}{\sigma/\sqrt{n}}\right|\geqslant k\right\}=\alpha$，我们称 $W=\{(-\infty,-k]\cup[k,+\infty)\}$ 为**检验统计量的拒绝域**，在上例中检验统计量 $U$ 的拒绝域为 $W=\{(-\infty,-1.96]\cup[1.96,+\infty)\}$，$\overline{W}=\{(-k,k)\}$ 称为**统计量的接受域**，同样上例中 $\overline{W}=\{(-1.96,1.96)\}$。值得注意的是显著性水平 $\alpha$ 不是唯一的，对任意大于 $\alpha$ 的数都可以称为显著性水平，在实际中通常采用显著性水平最小的那一个值。因此，由这个值确认的拒绝域 $W$ 的边界点 $k$ 称为临界点，如在上例中 $-u_{\frac{\alpha}{2}}$ 和 $u_{\frac{\alpha}{2}}$ 都是临界点。

### 6.1.2　假设检验的步骤

通过例6.1.1，我们可以总结出处理参数假设检验问题的一般步骤，首先来讨论如

何提出假设检验问题。一般来说建立假设检验问题有两个原则。

原则一：将受保护的对象设置为原假设。如按照以前我国的司法制度，公安机关抓到嫌疑犯后，很多情况下需要嫌疑犯自己证明无罪，这对嫌疑犯很不利，从而可能导致冤案。现在的司法制度则假定嫌疑犯是无罪的，要司法部门证明嫌疑犯有罪，这样做有利于保护公民的利益，对司法部门的要求也提高了；又比如某公司宣称其研发的针对肝癌的某新药的临床治愈率超过70%，如果该药想上市，则食品和药品监管部门需要对其进行检验，这时应该设定一个有利于患者的原假设，这个命题就是“新药没有达到70%的治愈率”。其对立假设就是“新药的治愈率达到70%以上”。而实际上，如果根据某个合理的检验方法发现原假设被推翻，则有充分的理由认为原假设不成立而对立假设成立，这时应为万一原假设成立而被误判的概率不会超过$\alpha$。而如果发现原假设未被拒绝，并不表明有充分理由接受原假设，而是因为原假设被保护得较严密以至于未被拒绝。

原则二：如果你希望证明某个命题，就取相反结论或其中一部分作为原假设。这种提法往往是出现在两个假设命题中不太清楚哪个受保护的情况下。此时，可以借用司法制度里的“谁主张，谁举证”原则，即若想用统计方法证明一个命题，则将那个命题设置为对立假设。

注意这里的证明不是数学上的严格证明，而是允许犯错的一种统计推断方法。上述两个原则都体现了一般不让受保护对象去证明一个命题。这样假设检验的一般步骤为：

（1）依据假设检验问题的两个原则和实际问题的要求，提出原假设$H_0$和备选假设$H_1$；

（2）在原假设$H_0$为真的前提下，选择合适的检验统计量，给出拒绝域的形式；

（3）给定显著性水平$\alpha$以及样本容量$n$，由$P\{当H_0为真拒绝H_0\}\leqslant\alpha$确定拒绝域的临界点及拒绝域；

（4）抽样，由一组取样的样本值，计算出检验统计量的观察值，根据拒绝域做出判断，是拒绝$H_0$还是接受$H_0$。

## 6.2 正态总体参数的假设检验

正态分布是最常用的分布，也是最重要的分布。下面我们针对正态分布的均值$\mu$和方差$\sigma^2$展开相关的假设检验问题的讨论，包括一个正态总体和两个正态总体的情况。其他分布的参数假设检验问题可用类似的方法解决。

### 6.2.1 单个正态总体$N(\mu, \sigma^2)$均值$\mu$的检验

1. $\sigma^2$已知，均值$\mu$的检验（$u$检验）

在例6.1.1中我们已经讨论过正态总体$N(\mu, \sigma^2)$，当$\sigma^2$已知时，均值$\mu$的检验问

题。在这个假设检验问题中，我们利用统计量 $U=\dfrac{\bar{X}-\mu_0}{\sigma/\sqrt{n}}$ 作为检验统计量来确定拒绝域。这种检验方法称为 $u$ **检验法**。

在例 6.1.1 中，我们讨论的假设是 $H_0$：$\mu=\mu_0$ 和 $H_1$：$\mu\neq\mu_0$，这种假设称为**双侧假设检验**。实际上除了双侧假设检验问题，还有关于 $\mu$ 的其他检验问题，分别为①$H_0$：$\mu\geqslant\mu_0$ 和 $H_1$：$\mu<\mu_0$；②$H_0$：$\mu\leqslant\mu_0$ 和 $H_1$：$\mu>\mu_0$。这两个检验问题称为 $u$ **检验的单侧检验**，其中①为左侧检验，②为右侧检验。单侧检验检验统计量仍然为 $U=\dfrac{\bar{X}-\mu_0}{\sigma/\sqrt{n}}$，其中左侧检验的拒绝域 $W=\{U\leqslant -u_\alpha\}=\{(-\infty, -u_\alpha]\}$，右侧检验的拒绝域为 $W=\{U\geqslant u_\alpha\}=\{[u_\alpha, +\infty)\}$。

**例 6.2.1**　某工厂生产的灯泡使用时数 $X$（单位：小时）服从正态分布 $N(\mu, 400^2)$，其中 $\mu$ 未知。现随机抽取 20 只灯泡，测定灯泡平均使用时数为 1850 小时。设显著性水平 $\alpha=0.05$，试问该厂生产的灯泡平均使用时数 $\mu$ 大于 2000 小时是否成立？

**解**：依题意设定要检验的问题为

$$H_0:\ \mu\geqslant\mu_0=2000,\quad H_1:\ \mu<\mu_0=2000$$

总体方差 $\sigma^2=400^2$ 已知，所以检验统计量为

$$U=\frac{\bar{X}-\mu_0}{\sigma/\sqrt{n}}$$

故检验的拒绝域 $W=\{U\leqslant -u_\alpha\}=\{(-\infty, -u_\alpha]\}$，查标准正态分布表得 $u_\alpha=1.645$，即拒绝域为 $\{(-\infty, -1.645]\}$。由题计算得检验统计量的观察值

$$u=\frac{\bar{x}-\mu_0}{\sigma/\sqrt{n}}=\frac{1850-2000}{400/\sqrt{20}}=-1.677<-u_\alpha=-1.645$$

即检验统计量的样本观察值落到拒绝域中，故认为“灯泡平均使用时数 $\mu$ 大于 2000 小时”不成立。

**例 6.2.2**　某工厂生产的罐头食品中某种食品添加剂的浓度 $X$（单位：μg/g）服从正态分布 $N(\mu, 0.5^2)$，其中 $\mu$ 未知。按规定该添加剂的含量不得高于 62.0μg/g，现从一批罐头中随机抽取 9 罐，测定罐头中该添加剂的平均浓度为 62.3μg/g。设显著性水平 $\alpha=0.05$，试问这批罐头食品的质量是否合格？

**解**：依题意设定要检验的问题为

$$H_0:\ \mu\leqslant\mu_0=62.0,\quad H_1:\ \mu>\mu_0=62.0$$

总体方差 $\sigma^2 = 0.5^2$ 已知，所以检验统计量为

$$U = \frac{\bar{X} - \mu_0}{\sigma/\sqrt{n}}$$

故检验的拒绝域 $W = \{U \geqslant u_\alpha\} = \{[u_\alpha, +\infty)\}$，查标准正态分布表得 $u_{0.05} = 1.645$，即拒绝域为 $\{[1.645, +\infty)\}$。由题计算得检验统计量的观察值

$$u = \frac{\bar{x} - \mu_0}{\sigma/\sqrt{n}} = \frac{62.3 - 62.0}{0.5/\sqrt{9}} = 1.8 > u_{0.05} = 1.645$$

即检验统计量的样本观察值落到拒绝域中，故认为这批罐头食品中的某种食品添加剂的含量超过规定值。

2. $\sigma^2$ 未知，均值 $\mu$ 的检验（$t$ 检验）

设总体 $X$ 服从正态分布 $N(\mu, \sigma^2)$，其中 $\mu$，$\sigma^2$ 未知，我们来求显著性水平为 $\alpha$ 的检验问题

$$H_0: \mu = \mu_0, \ H_1: \mu \neq \mu_0$$

设 $X_1, X_2, \cdots, X_n$ 为取自总体 $X$ 的样本。由于 $\sigma^2$ 未知，现在不能利用统计量 $U = \frac{\bar{X} - \mu_0}{\sigma/\sqrt{n}}$ 来确认拒绝域了，但我们注意到 $S^2$ 是 $\sigma^2$ 的无偏估计量，因此我们可以用 $S$ 来代替 $\sigma$，即采用统计量

$$T = \frac{\bar{X} - \mu_0}{S/\sqrt{n}}$$

作为检验统计量。这样我们可得

$$P\{\text{当}H_0\text{为真拒绝}H_0\} = P\left\{\left|\frac{\bar{X} - \mu_0}{S/\sqrt{n}}\right| \geqslant k\right\} = \alpha$$

当 $H_0$ 为真时，$T = \frac{\bar{X} - \mu_0}{S/\sqrt{n}} \sim t(n-1)$。因此，由 $t$ 分布分位数的定义知

$$P\left\{\left|\frac{\bar{X} - \mu_0}{S/\sqrt{n}}\right| \geqslant t_{\frac{\alpha}{2}}(n-1)\right\} = \alpha$$

所以可得 $k = t_{\frac{\alpha}{2}}(n-1)$，得拒绝域为

$$|t| = \left|\frac{\bar{x}-\mu_0}{s/\sqrt{n}}\right| \geqslant t_{\frac{\alpha}{2}}(n-1)$$

即 $W = \{(-\infty, -t_{\frac{\alpha}{2}}(n-1)] \cup [t_{\frac{\alpha}{2}}(n-1), +\infty)\}$。

上述利用 $t$ 统计量进行假设检验的方法称为 $t$ 检验。关于 $\mu$ 的单边检验的 $t$ 检验法与上述步骤类似，可分别得出 $\mu$ 的左侧检验的拒绝域 $W = \{(-\infty, -t_{\alpha}(n-1)]\}$ 和右侧检验的拒绝域 $W = \{[t_{\alpha}(n-1), +\infty)\}$。

**例 6.2.3**　根据长期的资料分析，某工厂生产的某种型号的钢筋强度 $X$（单位：MPa）服从正态分布 $N(\mu, \sigma^2)$，其中 $\mu$，$\sigma^2$ 未知。现随机抽取 6 根钢筋测得强度为

48.5，49，53.5，49.5，56.0，52.5

设显著性水平 $\alpha = 0.05$，问该种钢筋的平均强度为 52.0 是否可信？

**解**：依题意设定要检验的问题为

$$H_0: \mu = \mu_0 = 52.0, \quad H_1: \mu \neq \mu_0 = 52.0$$

由于总体方差 $\sigma^2$ 未知，所以检验统计量为

$$T = \frac{\bar{X}-\mu_0}{S/\sqrt{n}}$$

其检验的拒绝域 $W = \{(-\infty, -t_{\frac{\alpha}{2}}(n-1)] \cup [t_{\frac{\alpha}{2}}(n-1), +\infty)\}$，查 $t$ 分布表得 $t_{\frac{\alpha}{2}}(n-1) = t_{0.025}(5) = 2.5706$，即拒绝域为 $\{(-\infty, -2.5706] \cup [2.5706, +\infty)\}$。由题计算得 $\bar{x} = 51.5$，$s^2 = 8.9$，可得检验统计量的观察值

$$|t| = \left|\frac{\bar{x}-\mu_0}{s/\sqrt{n}}\right| = \left|\frac{51.5-52.0}{2.98/\sqrt{6}}\right| = 0.411 < t_{0.025}(5) = 2.5706$$

即检验统计量的样本观察值没有落到拒绝域，接受假设 $H_0$，故可认为“该种钢筋的平均强度为 52.0”成立。

**例 6.2.4**　在例 6.2.2 中，若总体方差 $\sigma^2$ 未知，样本的标准差为 0.5。设显著性水平 $\alpha = 0.05$，试问这批罐头食品的质量是否合格？

**解**：依题意设定要检验的问题为

$$H_0: \mu \leqslant \mu_0 = 62.0, \quad H_1: \mu > \mu_0 = 62.0$$

由于总体方差$\sigma^2$未知，所以检验统计量为

$$T=\frac{\bar{X}-\mu_0}{S/\sqrt{n}}$$

检验的拒绝域$W=\{[t_\alpha(n-1), +\infty)\}$，查$t$分布表得$t_\alpha(n-1)=t_{0.05}(8)=1.8595$，即拒绝域为$\{[1.8595, +\infty)\}$。由题计算得检验统计量的观察值

$$t=\frac{\bar{x}-\mu_0}{s/\sqrt{n}}=\frac{62.3-62.0}{0.5/\sqrt{9}}=1.8<1.8595$$

即检验统计量的样本观察值不在拒绝域中，接受假设$H_0$，故认为这批罐头食品中的某食品添加剂的含量未超标。

从本例我们可以看出，在处理小样本时，利用$t$分布所得出的结论和利用正态分布得出的可能完全相反。在实际的检验中，要注意根据实际获得的信息，运用更合理的统计量做判断。

### 6.2.2 单个正态总体$N(\mu, \sigma^2)$方差$\sigma^2$的检验

1. $\mu$未知，方差$\sigma^2$的检验（$\chi^2$检验）

设总体$X$服从正态分布$N(\mu, \sigma^2)$，其中$\mu$，$\sigma^2$未知，我们来讨论显著性水平为$\alpha$的检验问题

$$H_0: \sigma^2=\sigma_0^2, H_1: \sigma^2\neq\sigma_0^2$$

设$X_1$，$X_2$，…，$X_n$为取自总体$X$的样本。其中$\mu$未知，$\sigma_0^2$是已知常数，要检验$\sigma^2=\sigma_0^2$，我们注意到$S^2$是$\sigma^2$的无偏估计量，当$H_0$为真时，观察值$s^2$与$\sigma_0^2$的比值$\frac{s^2}{\sigma_0^2}$一般来说应在1附近摆动，且不应过分大于1或小于1。而由$\chi^2$分布的性质可得，当$H_0$为真时

$$\frac{(n-1)S^2}{\sigma_0^2}\sim\chi^2(n-1)$$

于是我们可以采用统计量

$$\chi^2=\frac{(n-1)S^2}{\sigma_0^2}$$

作为检验统计量，且可得

$$P\{当H_0为真拒绝H_0\}=P\left\{\left|\frac{(n-1)S^2}{\sigma_0^2}\right|\geqslant k\right\}=\alpha$$

而当 $H_0$ 为真时，$\chi^2=\dfrac{(n-1)S^2}{\sigma_0^2}\sim\chi^2(n-1)$，故由 $\chi^2$ 分布分位数的定义知

$$P\left\{\left(\frac{(n-1)S^2}{\sigma_0^2}\leqslant\chi^2_{1-\frac{\alpha}{2}}(n-1)\right)\cup\left(\frac{(n-1)S^2}{\sigma_0^2}\geqslant\chi^2_{\frac{\alpha}{2}}(n-1)\right)\right\}=\alpha$$

所以可得拒绝域 $W=\{(0,\ \chi^2_{1-\frac{\alpha}{2}}(n-1)]\cup[\chi^2_{\frac{\alpha}{2}}(n-1),\ +\infty)\}$。

以上检验法称为 **$\chi^2$（卡方）检验法**。同样，$\mu$ 未知，方差 $\sigma^2$ 的单侧检验也可以利用 $\chi^2$ 检验法求得。与上述步骤类似，可分别得出方差 $\sigma^2$ 的左侧检验的拒绝域 $W=\{(0,\ \chi^2_{1-\alpha}(n-1)]\}$ 和右侧检验的拒绝域 $W=\{[\chi^2_{\alpha}(n-1),\ +\infty)\}$。

**例 6.2.5**　某车间生产的某精密部件螺纹的标准差为 1.2，现从某日生产的一批部件中随机抽取 16 件进行测量，算得样本标准差为 1.65，试问部件螺纹的均匀度有无显著变化？设 $\alpha=0.05$，总体服从均匀分布。

**解：**依题意设定要检验的问题为

$$H_0:\ \sigma^2=\sigma_0^2=1.2^2,\ H_1:\ \sigma^2\neq\sigma_0^2=1.2^2$$

总体均值 $\mu$ 未知，所以可取检验统计量为

$$\chi^2=\frac{(n-1)S^2}{\sigma_0^2}$$

相应的检验的拒绝域 $W=\{(0,\ \chi^2_{1-\frac{\alpha}{2}}(n-1)]\cup[\chi^2_{\frac{\alpha}{2}}(n-1),\ +\infty)\}$，查卡方分布表得 $\chi^2_{1-\frac{\alpha}{2}}(n-1)=\chi^2_{1-0.025}(15)=6.262$，$\chi^2_{\frac{\alpha}{2}}(n-1)=\chi^2_{0.025}(15)=27.488$，得拒绝域为 $\{(0,\ 6.262]\cup[27.488,\ +\infty)\}$。由题知 $s=1.65$，计算可得检验统计量的观察值

$$\chi^2=\frac{(n-1)s^2}{\sigma_0^2}=\frac{15\times1.65^2}{1.2^2}=28.359>27.488$$

即检验统计量的样本观察值落在拒绝域中，拒绝假设 $H_0$，故可认为部件螺纹的均匀度有显著变化。

**例 6.2.6**　某工厂车间负责包装食盐，在正常情况下，包装机包装的每袋食盐的重量（单位：g）$X$ 服从正态分布 $N(400,\ 25)$。车间工作人员为检验包装机每日是否运行正常，随机抽取了 10 袋食盐，称得它们的重量平均值为 402g，样本标准差为 6.4g。试问按标准差来衡量，包装机是否运行正常（$\alpha=0.05$）。

**解**：依题意设定要检验的问题为

$$H_0: \sigma^2 \leqslant \sigma_0^2 = 25, \quad H_1: \sigma^2 > \sigma_0^2 = 25$$

因当日的总体均值$\mu$是未知的，所以可用检验统计量

$$\chi^2 = \frac{(n-1)S^2}{\sigma_0^2}$$

相应的检验的拒绝域 $W = \{[\chi_\alpha^2(n-1), +\infty)\}$，查卡方分布表得$\chi_\alpha^2(n-1) = \chi_{0.05}^2(9) = 16.919$，得拒绝域为 $\{[16.919, +\infty)\}$。由题知 $s = 6.4$，代入计算可得检验统计量的观察值

$$\chi^2 = \frac{(n-1)s^2}{\sigma_0^2} = \frac{9 \times 6.4^2}{5^2} = 14.746 < 16.919$$

即检验统计量的样本观察值不在拒绝域，接受假设 $H_0$，故可认为包装机包装的每袋食盐重量的标准差没有显著变化。

2. $\mu$ 已知，方差 $\sigma^2$ 的检验（$\chi^2$ 检验）

设总体 $X$ 服从正态分布 $N(\mu, \sigma^2)$，若其中$\mu$已知，$\sigma^2$未知，我们来讨论显著性水平为 $\alpha$ 的检验问题

$$H_0: \sigma^2 = \sigma_0^2, \quad H_1: \sigma^2 \neq \sigma_0^2$$

设 $X_1, X_2, \cdots, X_n$为取自总体 $X$ 的样本。其中$\mu$已知，$\sigma_0^2$是已知常数，要检验$\sigma^2 = \sigma_0^2$，我们注意到由第 4 章 4.2.2 $\chi^2$分布的性质可得，当 $H_0$为真时，有

$$\sum_{i=1}^{n} \frac{(X_i - \mu)^2}{\sigma_0^2} \sim \chi^2(n)$$

故我们可以采用统计量

$$\chi^2 = \sum_{i=1}^{n} \frac{(X_i - \mu)^2}{\sigma_0^2}$$

作为检验统计量，这样我们可得

$$P\{\text{当} H_0 \text{为真拒绝} H_0\} = P\left\{\left|\sum_{i=1}^{n} \frac{(X_i - \mu)^2}{\sigma_0^2}\right| \geqslant k\right\} = \alpha$$

由当 $H_0$ 为真时，$\chi^2=\sum_{i=1}^{n}\frac{(X_i-\mu)^2}{\sigma_0^2}\sim\chi^2(n)$，故根据$\chi^2$分布分位数的定义知

$$P\left\{\left(\sum_{i=1}^{n}\frac{(X_i-\mu)^2}{\sigma_0^2}\leqslant\chi^2_{1-\frac{\alpha}{2}}(n)\right)\cup\left(\sum_{i=1}^{n}\frac{(X_i-\mu)^2}{\sigma_0^2}\geqslant\chi^2_{\frac{\alpha}{2}}(n)\right)\right\}=\alpha$$

所以可得拒绝域 $W=\{(0,\ \chi^2_{1-\frac{\alpha}{2}}(n)]\cup[\chi^2_{\frac{\alpha}{2}}(n),\ +\infty)\}$。

实际上，当 $\mu$ 已知，而方差 $\sigma^2$ 未知的情况很少出现，因此用到 $\chi^2=\sum_{i=1}^{n}\frac{(X_i-\mu)^2}{\sigma_0^2}$ 作为检验统计量的情况很少，这里就不再举例详述。

### 6.2.3　两个正态总体均值的检验

设 $X_1$，$X_2$，…，$X_n$ 为取自总体 $N(\mu_1,\ \sigma_1^2)$ 的样本，$Y_1$，$Y_2$，…，$Y_n$ 为取自总体 $N(\mu_2,\ \sigma_2^2)$ 的样本，$X$ 与 $Y$ 相互独立，显著性水平为 $\alpha$。下面我们分别检验两个正态总体的均值和方差的相关假设问题。

1. $\sigma_1^2$，$\sigma_2^2$ 已知，两样本均值的检验（$u$ 检验）

此时要求的显著性水平为 $\alpha$ 的检验问题为

$$H_0:\ \mu_1=\mu_2,\ H_1:\ \mu_1\neq\mu_2$$

已知 $X\sim N(\mu_1,\ \sigma_1^2)$，$Y\sim N(\mu_2,\ \sigma_2^2)$，且 $\sigma_1^2$，$\sigma_2^2$ 已知，$\bar{X}$ 和 $\bar{Y}$ 分别是它们的样本均值，由正态分布的性质有统计量

$$U=\frac{(\bar{X}-\bar{Y})-(\mu_1-\mu_2)}{\sqrt{\frac{\sigma_1^2}{n_1}+\frac{\sigma_2^2}{n_2}}}\sim N(0,\ 1)$$

因此，当 $H_0$ 为真时，可以将统计量

$$U=\frac{\bar{X}-\bar{Y}}{\sqrt{\frac{\sigma_1^2}{n_1}+\frac{\sigma_2^2}{n_2}}}$$

作为检验统计量。故我们可得

$$P\{\text{当}H_0\text{为真拒绝}H_0\}=P\left\{\left|\frac{\bar{X}-\bar{Y}}{\sqrt{\frac{\sigma_1^2}{n_1}+\frac{\sigma_2^2}{n_2}}}\right|\geqslant k\right\}=\alpha$$

由标准正态分布分位数的定义知

$$P\left\{\left|\frac{\bar{X}-\bar{Y}}{\sqrt{\frac{\sigma_1^2}{n_1}+\frac{\sigma_2^2}{n_2}}}\right| \geqslant u_{\frac{\alpha}{2}}\right\}=\alpha$$

所以可得拒绝域为

$$|u|=\left|\frac{\bar{X}-\bar{Y}}{\sqrt{\frac{\sigma_1^2}{n_1}+\frac{\sigma_2^2}{n_2}}}\right| \geqslant u_{\frac{\alpha}{2}}$$

即 $W=\{(-\infty, -u_{\frac{\alpha}{2}}]\cup[u_{\frac{\alpha}{2}}, +\infty)\}$。

**例 6.2.7** 为检验两河口水样中挥发性有机物的浓度是否有差别，分别从这两个河口段随机采集水样进行检测，测得挥发性有机物的含量（单位：μg/g）为：

河口 $A$：24，27，26，21，24；河口 $B$：27，28，23，31，26

设挥发性有机物含量服从正态分布，且河口 $A$ 的方差为5，河口 $B$ 的方差为8。试问两河口水样中挥发性有机物的含量是否有明显差别（$\alpha=0.05$）。

**解**：依题意设河口 $A$ 和河口 $B$ 的挥发性有机物平均含量分别为 $\mu_1$ 和 $\mu_2$，则待检验假设问题为

$$H_0: \mu_1=\mu_2, \ H_1: \mu_1\neq\mu_2$$

已知河口 $A$ 中挥发性有机物的浓度 $X\sim N(\mu_1, 5)$，河口 $B$ 中挥发性有机物的浓度 $Y\sim N(\mu_2, 8)$，$\bar{X}$ 和 $\bar{Y}$ 分别是它们的样本均值，则当 $H_0$ 为真时，可用检验统计量为

$$U=\frac{\bar{X}-\bar{Y}}{\sqrt{\frac{\sigma_1^2}{n_1}+\frac{\sigma_2^2}{n_2}}}$$

相应的检验的拒绝域 $W=\{(-\infty, -u_{\frac{\alpha}{2}}]\cup[u_{\frac{\alpha}{2}}, +\infty)\}$，查标准正态分布表得 $u_{\frac{\alpha}{2}}=u_{0.025}=1.96$，得拒绝域为 $\{(-\infty, -1.96]\cup[1.96, +\infty)\}$。由观测值计算得 $\bar{x}=24.4$，$\bar{y}=27$，代入，可得检验统计量的观察值

$$|u|=\left|\frac{\bar{x}-\bar{y}}{\sqrt{\frac{\sigma_1^2}{n_1}+\frac{\sigma_2^2}{n_2}}}\right|=\left|\frac{24.4-27}{\sqrt{\frac{5}{5}+\frac{8}{5}}}\right|=1.61<1.96$$

即检验统计量的样本观察值不在拒绝域中，接受假设 $H_0$，故认为两河口水样中挥发性有机物的含量没有显著性差别。

对于两个正态总体的检验，除了上述的双侧检验外，关于 $\mu_1$ 和 $\mu_2$ 的单侧检验的 $u$ 检验法与上述步骤类似，可分别得出 $\mu_1-\mu_2$ 的左侧检验的拒绝域 $W=\{(-\infty,\ -u_\alpha]\}$ 和右侧检验的拒绝域 $W=\{[u_\alpha,\ +\infty)\}$。

2. $\sigma_1^2$，$\sigma_2^2$ 未知，两样本均值的检验（$t$ 检验）

此时要求的显著性水平为 $\alpha$ 的双侧检验问题为

$$H_0:\ \mu_1=\mu_2,\ H_1:\ \mu_1\neq\mu_2$$

已知 $X\sim N(\mu_1,\ \sigma_1^2)$，$Y\sim N(\mu_2,\ \sigma_2^2)$，且 $\sigma_1^2$，$\sigma_2^2$ 未知，$\bar{X}$ 和 $\bar{Y}$ 分别是它们的样本均值，$S_1^2$ 和 $S_2^2$ 分别是它们的样本方差，由第 4 章 4.2.3 的 $t$ 分布的性质有统计量

$$T=\frac{(\bar{X}-\bar{Y})-(\mu_1-\mu_2)}{\sqrt{\dfrac{S_1^2}{n_1}+\dfrac{S_2^2}{n_2}}}\sim t(\nu),\ \nu=\frac{\left(\dfrac{S_1^2}{n_1}+\dfrac{S_2^2}{n_2}\right)^2}{\dfrac{\left(\dfrac{S_1^2}{n_1}\right)^2}{n_1-1}+\dfrac{\left(\dfrac{S_2^2}{n_2}\right)^2}{n_2-1}}$$

因此，当 $H_0$ 为真时，可以将统计量

$$T=\frac{\bar{X}-\bar{Y}}{\sqrt{\dfrac{S_1^2}{n_1}+\dfrac{S_2^2}{n_2}}}$$

作为检验统计量。这样我们可得

$$P\{\text{当}H_0\text{为真拒绝}H_0\}=P\left\{\left|\frac{\bar{X}-\bar{Y}}{\sqrt{\dfrac{S_1^2}{n_1}+\dfrac{S_2^2}{n_2}}}\right|\geqslant k\right\}=\alpha$$

由标准正态分布分位数的定义知

$$P\left\{\left|\frac{\bar{X}-\bar{Y}}{\sqrt{\dfrac{S_1^2}{n_1}+\dfrac{S_2^2}{n_2}}}\right|\geqslant t_{\frac{\alpha}{2}}(\nu)\right\}=\alpha$$

所以可得拒绝域 $W=\{(-\infty,\ -t_{\frac{\alpha}{2}}(\nu)]\cup[t_{\frac{\alpha}{2}}(\nu),\ +\infty)\}$，其中

$$\nu=\frac{\left(\frac{S_1^2}{n_1}+\frac{S_2^2}{n_2}\right)^2}{\frac{\left(\frac{S_1^2}{n_1}\right)^2}{n_1-1}+\frac{\left(\frac{S_2^2}{n_2}\right)^2}{n_2-1}}。$$

而实际中，若样本量 $n_1$ 和 $n_2$ 比较大，则 $\frac{(\bar{X}-\bar{Y})-(\mu_1-\mu_2)}{\sqrt{\frac{S_1^2}{n_1}+\frac{S_2^2}{n_2}}}\sim N(0,1)$，此时可以用 $u$ 检验法，会极大地降低计算的复杂性。这也是大样本假设检验问题中常见的处理方法之一。

3. $\sigma_1^2$，$\sigma_2^2$ 未知，但 $\sigma_1^2=\sigma_2^2=\sigma^2$，两样本均值的检验（$t$ 检验）

此时要求的显著性水平为 $\alpha$ 的双侧检验问题为

$$H_0: \mu_1=\mu_2, \ H_1: \mu_1\neq\mu_2$$

已知 $X\sim N(\mu_1,\sigma_1^2)$，$Y\sim N(\mu_2,\sigma_2^2)$，$\sigma_1^2$，$\sigma_2^2$ 未知，且 $\sigma_1^2=\sigma_2^2=\sigma^2$，$\bar{X}$ 和 $\bar{Y}$ 分别是它们的样本均值，$S_1^2$ 和 $S_2^2$ 分别是它们的样本方差，由 $t$ 分布的性质有统计量

$$T=\frac{(\bar{X}-\bar{Y})-(\mu_1-\mu_2)}{S_W\sqrt{\frac{1}{n_1}+\frac{1}{n_2}}}\sim t(n_1+n_2-2), \ S_W^2=\frac{(n_1-1)S_1^2+(n_2-1)S_2^2}{n_1+n_2-2}$$

因此，当 $H_0$ 为真时，可以将统计量

$$T=\frac{\bar{X}-\bar{Y}}{S_W\sqrt{\frac{1}{n_1}+\frac{1}{n_2}}}$$

作为检验统计量。这样我们可得

$$P\{当H_0为真拒绝H_0\}=P\left\{\left|\frac{\bar{X}-\bar{Y}}{S_W\sqrt{\frac{1}{n_1}+\frac{1}{n_2}}}\right|\geqslant k\right\}=\alpha$$

因 $T\sim t(n_1+n_2-2)$，故可根据 $t$ 分布分位数的定义知

$$P\left\{\left|\frac{\bar{X}-\bar{Y}}{S_W\sqrt{\frac{1}{n_1}+\frac{1}{n_2}}}\right|\geqslant t_{\frac{\alpha}{2}}(n_1+n_2-2)\right\}=\alpha$$

所以可得拒绝域 $W=\{(-\infty,\ -t_{\frac{\alpha}{2}}(n_1+n_2-2)]\cup[t_{\frac{\alpha}{2}}(n_1+n_2-2),\ +\infty)\}$。

对于两个正态总体，$\sigma_1^2$，$\sigma_2^2$ 未知，总体均值之差的检验问题，除了上述的双侧检验外，关于 $\mu_1$ 和 $\mu_2$ 的单边检验的 $t$ 检验法与上述步骤类似，可分别得出 $\mu_1-\mu_2$ 的左侧检验拒绝域 $W=\{(-\infty,\ -t_\alpha(n_1+n_2-2)]\}$ 和右侧检验的拒绝域 $W=\{[t_\alpha(n_1+n_2-2),\ +\infty)\}$。实际中，若样本量 $n_1$ 和 $n_2$ 比较大，则 $\dfrac{(\bar{X}-\bar{Y})-(\mu_1-\mu_2)}{\sqrt{\dfrac{S_1^2}{n_1}+\dfrac{S_2^2}{n_2}}}\sim N(0,\ 1)$，此时同样也可以用 $u$ 检验法，会极大地降低计算的复杂性。

**例 6.2.8**　某水厂对天然水技术处理前后的水体分别取样，分析其所含杂质的含量（单位：mg/L）为：

处理前：0.19，0.18，0.21，0.30，0.66，0.42，0.08，0.12，0.30，0.27

处理后：0.15，0，0.13，0.07，0.24，0.24，0.19，0.04，0.08，0.20，0.12

设技术处理前后水中杂质的含量均近似服从正态分布，且方差相等。试问：(1) 技术处理前后水中杂质的含量有无显著变化；(2) 技术处理后水中所含杂质的含量是否有明显降低（$\alpha=0.05$）。

**解：**(1) 依题意设技术处理前后水中杂质的含量分别为 $\mu_1$ 和 $\mu_2$，待检验假设为

$$H_0:\ \mu_1=\mu_2,\ H_1:\ \mu_1\neq\mu_2$$

已知技术处理前水中杂质的含量 $X\sim N(\mu_1,\ \sigma^2)$，处理后水中杂质的含量 $Y\sim N(\mu_2,\ \sigma^2)$，$\bar{X}$ 和 $\bar{Y}$ 分别是它们的样本均值，$S_1^2$ 和 $S_2^2$ 分别是它们的样本方差，则当 $H_0$ 为真时，可用检验统计量为

$$T=\frac{\bar{X}-\bar{Y}}{S_W\sqrt{\dfrac{1}{n_1}+\dfrac{1}{n_2}}},\quad S_W^2=\frac{(n_1-1)S_1^2+(n_2-1)S_2^2}{n_1+n_2-2}$$

相应的检验的拒绝域 $W=\{(-\infty,\ -t_{\frac{\alpha}{2}}(n_1+n_2-2)]\cup[t_{\frac{\alpha}{2}}(n_1+n_2-2),\ +\infty)\}$，查 $t$ 分布表得 $t_{\frac{\alpha}{2}}(n_1+n_2-2)=t_{0.025}(19)=2.093$，得拒绝域为 $\{(-\infty,\ -2.093]\cup[2.093,\ +\infty)\}$。由题可计算得 $\bar{x}=0.273$，$\bar{y}=0.133$，$s_1^2=0.0281$，$s_2^2=0.0064$，$s_W^2=0.0167$，可得检验统计量的观察值

$$|t|=\left|\frac{\bar{x}-\bar{y}}{s_W\sqrt{\dfrac{1}{n_1}+\dfrac{1}{n_2}}}\right|=\left|\frac{0.273-0.133}{0.129\times\sqrt{\dfrac{1}{10}+\dfrac{1}{11}}}\right|=2.483>2.093$$

即检验统计量的样本观察值落在拒绝域中，拒绝假设 $H_0$，故认为技术处理前后水中杂

质的含量有显著变化。

(2) 技术处理的初衷是希望降低水中的杂质，可能否成为现实尚未确定。依据检验假设的原则，认为技术处理没有改变水中杂质含量的倾向，则待检验假设应为

$$H_0: \mu_1 \leqslant \mu_2,\ H_1: \mu_1 > \mu_2$$

此时，当 $H_0$ 为真时，仍用检验统计量

$$T = \frac{\bar{X} - \bar{Y}}{S_W\sqrt{\frac{1}{n_1} + \frac{1}{n_2}}},\quad S_W^2 = \frac{(n_1 - 1)S_1^2 + (n_2 - 1)S_2^2}{n_1 + n_2 - 2}$$

相应的检验的拒绝域 $W = \{[t_\alpha(n_1 + n_2 - 2),\ +\infty)\}$，查 $t$ 分布表得 $t_\alpha(n_1 + n_2 - 2) = t_{0.05}(19) = 1.729$，得拒绝域为 $\{[1.729,\ +\infty)\}$。

由题给数据计算得检验统计量的观察值 $t = 2.483 > 1.729$，即检验统计量的样本观察值落在拒绝域中，拒绝假设 $H_0$，故认为技术处理后水中杂质的含量有明显的降低。

### 6.2.4 两个正态总体方差的检验

设 $X_1, X_2, \cdots, X_n$ 为取自总体 $N(\mu_1, \sigma_1^2)$ 的样本，$Y_1, Y_2, \cdots, Y_n$ 为取自总体 $N(\mu_2, \sigma_2^2)$ 的样本，$X$ 与 $Y$ 相互独立，显著性水平为 $\alpha$。

1. $\mu_1$ 和 $\mu_2$ 未知，两样本方差的检验（$F$ 检验）

此时要求的显著性水平为 $\alpha$ 的检验问题为

$$H_0: \sigma_1^2 = \sigma_2^2,\ H_1: \sigma_1^2 \neq \sigma_2^2$$

$\mu_1$ 和 $\mu_2$ 未知，$S_1^2$，$S_2^2$ 分别是 $X$ 与 $Y$ 的样本方差。我们注意到 $S_1^2$ 是 $\sigma_1^2$ 的无偏估计量，$S_2^2$ 是 $\sigma_2^2$ 的无偏估计量，由第 4 章 4.2.4 $F$ 分布的性质有统计量

$$F = \frac{s_1^2/\sigma_1^2}{s_2^2/\sigma_2^2} \sim F(n_1 - 1,\ n_2 - 1)$$

因此，当 $H_0$ 为真时，$s_1^2/s_2^2$ 的取值应在 1 附近摆动，且这个比值不能太大也不能太小，这时我们可以将统计量

$$F = \frac{s_1^2}{s_2^2}$$

作为检验统计量。这样我们可得

$$P\{\text{当}H_0\text{为真拒绝}H_0\}=P\left\{\left|\frac{s_1^2}{s_2^2}\right|\geqslant k\right\}=\alpha$$

故由 $F$ 正态分布分位数的定义知

$$P\left\{\left(\frac{s_1^2}{s_2^2}<F_{1-\frac{\alpha}{2}}(n_1-1,\ n_2-1)\right)\cup\left(\frac{s_1^2}{s_2^2}>F_{\frac{\alpha}{2}}(n_1-1,\ n_2-1)\right)\right\}=\alpha$$

所以可得拒绝域 $W=\{(0,\ F_{1-\frac{\alpha}{2}}(n_1-1,\ n_2-1)]\cup[F_{\frac{\alpha}{2}}(n_1-1,\ n_2-1),\ +\infty)\}$

对于 $\mu_1$ 和 $\mu_2$ 未知，两样本方差的单侧检验，其方法与双侧检验类似，可得它们的左侧检验的拒绝域 $W=\{(0,\ F_{1-\alpha}(n_1-1,\ n_2-1)]\}$ 和右侧检验的拒绝域 $W=\{[F_{\alpha}(n_1-1,\ n_2-1),\ +\infty)\}$。

**例 6.2.9**　如例 6.2.8，某水厂在对天然水技术处理前后的水体分别取样，分析其所含杂质的含量（单位：mg/L），设处理前后水中杂质的含量服从正态分布。试问技术处理前后水中杂质含量的方差是否有明显变化（$\alpha=0.05$）？

**解**：已知技术处理前水中杂质的含量 $X\sim N(\mu_1,\ \sigma_1^2)$，技术处理后水中杂质的含量 $Y\sim N(\mu_2,\ \sigma_2^2)$，待检验假设的问题为

$$H_0:\ \sigma_1^2=\sigma_2^2,\ H_1:\ \sigma_1^2\neq\sigma_2^2$$

设 $\bar{X}$ 和 $\bar{Y}$ 分别是它们的样本均值，$S_1^2$ 和 $S_2^2$ 分别是它们的样本方差，则当 $H_0$ 为真时，可用检验统计量为

$$F=\frac{s_1^2}{s_2^2}$$

相应的检验的拒绝域 $W=\{(0,\ F_{1-\frac{\alpha}{2}}(n_1-1,\ n_2-1)]\cup[F_{\frac{\alpha}{2}}(n_1-1,\ n_2-1),\ +\infty)\}$，在给定的 $\alpha=0.05$ 下，查 $F$ 分布表得 $F_{\frac{\alpha}{2}}(n_1-1,\ n_2-1)=F_{0.025}(9,\ 10)=3.78$，$F_{1-\frac{\alpha}{2}}(n_1-1,\ n_2-1)=\dfrac{1}{F_{\frac{\alpha}{2}}(n_2-1,\ n_1-1)}=\dfrac{1}{F_{0.025}(10,\ 9)}=0.253$，得拒绝域为 $\{(0,\ 0.253]\cup[3.78,\ +\infty)\}$。由题计算得 $\bar{x}=0.273$，$\bar{y}=0.133$，$s_1^2=0.0281$，$s_2^2=0.0064$，故可得检验统计量的观察值

$$F=\frac{s_1^2}{s_2^2}=\frac{0.0281}{0.0064}=4.39>3.78$$

检验统计量的样本观察值落在拒绝域中，拒绝假设 $H_0$，故可认为技术处理前后水中杂质含量的方差有显著不同。

2. $\mu_1$和$\mu_2$已知，两样本方差的检验

此时要检验的显著性水平为 $\alpha$ 的假设问题为

$$H_0:\ \sigma_1^2=\sigma_2^2,\ H_1:\ \sigma_1^2\neq\sigma_2^2$$

注意到 $\sum_{i=1}^{n_1}\frac{(X_i-\mu_1)^2}{\sigma_1^2}\sim\chi^2(n_1)$，$\sum_{j=1}^{n_2}\frac{(Y_j-\mu_2)^2}{\sigma_2^2}\sim\chi^2(n_2)$，故由第4 章4. 2. 4 $F$ 分布的定义有

$$F=\frac{\sum_{i=1}^{n_1}(X_i-\mu_1)^2/\sigma_1^2n_1}{\sum_{j=1}^{n_2}(Y_j-\mu_2)^2/\sigma_2^2n_2}\sim F(n_1,n_2)$$

因此，当 $H_0$ 为真时，我们可以将统计量

$$F=\frac{\sum_{i=1}^{n_1}(X_i-\mu_1)^2/n_1}{\sum_{j=1}^{n_2}(Y_j-\mu_2)^2/n_2}$$

作为检验统计量。这样我们可得

$$P\{\text{当}H_0\text{ 为真拒绝}H_0\}=P\left\{\left|\frac{\sum_{i=1}^{n_1}(X_i-\mu_1)^2/n_1}{\sum_{j=1}^{n_2}(Y_j-\mu_2)^2/n_2}\right|\geqslant k\right\}=\alpha$$

由 $F$ 分布分位数的定义得

$$P\left\{\left(\frac{\sum_{i=1}^{n_1}(X_i-\mu_1)^2/n_1}{\sum_{j=1}^{n_2}(Y_j-\mu_2)^2/n_2}<F_{1-\frac{\alpha}{2}}(n_1,n_2)\right)\cup\left(\frac{\sum_{i=1}^{n_1}(X_i-\mu_1)^2/n_1}{\sum_{j=1}^{n_2}(Y_j-\mu_2)^2/n_2}>F_{\frac{\alpha}{2}}(n_1,n_2)\right)\right\}=\alpha$$

可得拒绝域 $W=\{(0,\ F_{1-\frac{\alpha}{2}}(n_1,\ n_2)]\cup[F_{\frac{\alpha}{2}}(n_1,\ n_2),\ +\infty)\}$。

对于$\mu_1$和$\mu_2$已知，两样本方差的单侧检验，可通过以上相似步骤，得它们的左侧检验的拒绝域 $W=\{(0,\ F_{1-\alpha}(n_1,\ n_2)]\}$ 和右侧检验的拒绝域 $W=\{[F_{\alpha}(n_1,\ n_2),\ +\infty)\}$。

在实际中，$\mu_1$和$\mu_2$已知，检验两个样本方差的情况很少，因此只作为了解的内容。另外，在实际中，在检验两个总体的均值问题时，常会涉及需先检验总体方差的情况，如下例：

**例 6.2.10**　某检测小组分别对珠江两河口水体中某有机化合物进行取样分析，其中河口 $A$ 连续取样 21 个，测定该有机化合物含量均值 2.6μg/L，样本标准差 0.81μg/L，河口 $B$ 连续取样 16 个，测定该有机化合物含量均值 2.7μg/L，样本标准差 1.05μg/L。设水体中该有机化合物的浓度近似服从正态分布，试比较两个河口水体中该有机化合物的含量有无明显差别（$\alpha=0.05$）。

**解：**设河口 $A$ 水体中某有机化合物的含量 $X\sim N(\mu_1,\ \sigma_1^2)$，河口 $B$ 水体中该有机化合物的含量 $Y\sim N(\mu_2,\ \sigma_2^2)$，依据题意，需检验的问题是$\mu_1$和$\mu_2$是否有差异，但方差未知，可使用 $t$ 检验法。但在 $t$ 检验法中常涉及方差是否相等的问题，因此，在此我们首先检验方差$\sigma_1^2$与$\sigma_2^2$的大小，即

（1）检验假设

$$H_0:\ \sigma_1^2=\sigma_2^2,\ H_1:\ \sigma_1^2\neq\sigma_2^2$$

设 $\bar{X}$ 和 $\bar{Y}$ 分别是它们的样本均值，$S_1^2$和$S_2^2$分别是它们的样本方差，则当 $H_0$为真时，可用检验统计量为

$$F=\frac{s_1^2}{s_2^2}$$

相应的检验的拒绝域 $W=\{(0,\ F_{1-\frac{\alpha}{2}}(n_1-1,\ n_2-1)]\cup[F_{\frac{\alpha}{2}}(n_1-1,\ n_2-1),\ +\infty)\}$，在给定的 $\alpha=0.05$ 下，查 $F$ 分布表得$F_{\frac{\alpha}{2}}(n_1-1,\ n_2-1)=F_{0.025}(20,\ 15)=2.76$，$F_{1-\frac{\alpha}{2}}(n_1-1,\ n_2-1)=\dfrac{1}{F_{\frac{\alpha}{2}}(n_2-1,\ n_1-1)}=\dfrac{1}{F_{0.025}(15,\ 20)}=0.389$，得拒绝域为 $\{(0,\ 0.389)\cup(2.76,\ +\infty)\}$。由题知 $\bar{x}=2.6$，$\bar{y}=2.7$，$s_1^2=0.656$，$s_2^2=1.102$，可得检验统计量的观察值

$$F=\frac{s_1^2}{s_2^2}=\frac{0.656}{1.102}=0.595$$

即检验统计量的样本观察值未在拒绝域中，故接受假设 $H_0$，可认为两个河口水中该有机化合物含量的方差无显著差异。

（2）检验两个河口水体中该有机化合物的含量$\mu_1$和$\mu_2$，即

$$H_0:\ \mu_1=\mu_2,\ H_1:\ \mu_1\neq\mu_2$$

由（1）知$\sigma_1^2=\sigma_2^2=\sigma^2$，$\bar{X}$ 和 $\bar{Y}$ 分别是它们的样本均值，$S_1^2$和$S_2^2$分别是它们的样本方差，则当 $H_0$为真时，可用检验统计量为

$$T=\frac{\bar{X}-\bar{Y}}{S_W\sqrt{\frac{1}{n_1}+\frac{1}{n_2}}},\ S_W^2=\frac{(n_1-1)S_1^2+(n_2-1)S_2^2}{n_1+n_2-2}$$

相应的检验的拒绝域 $W=\{(-\infty,\ -t_{\frac{\alpha}{2}}(n_1+n_2-2)]\cup[t_{\frac{\alpha}{2}}(n_1+n_2-2),\ +\infty)\}$，查 $t$ 分布表得$t_{\frac{\alpha}{2}}(n_1+n_2-2)=t_{0.025}(35)=2.0301$，得拒绝域为 $\{(-\infty,\ -2.0301]\cup[2.0301,\ +\infty)\}$。由题知 $\bar{x}=2.6$，$\bar{y}=2.7$，$s_1^2=0.656$，$s_2^2=1.102$，$s_W^2=0.846$，可得检验统计量的观察值

$$|t|=\left|\frac{\bar{x}-\bar{y}}{s_W\sqrt{\frac{1}{n_1}+\frac{1}{n_2}}}\right|=\left|\frac{2.6-2.7}{0.92\times\sqrt{\frac{1}{21}+\frac{1}{16}}}\right|=0.3276<2.0301$$

即检验统计量的样本观察值未在拒绝域中，故接受假设 $H_0$，可认为两个河口水体中该有机化合物的含量无显著差别。

## 6.3 其他分布参数的假设检验

### 6.3.1 成对数据的检验

有一类数据叫作成对数据：$(X_1,\ Y_1)$，$(X_2,\ Y_2)$，…，$(X_n,\ Y_n)$，比如一个患者在用药前后测得的指标分别为 $X$，$Y$，则 $X$ 与 $Y$ 总是一起出现的，且它们是同一个体的指标，所以具有很大的相关性，不相互独立，这与两个样本正态总体有本质区别。另外，两样本检验问题要求样本 $X_1$，$X_2$，…，$X_n$和样本 $Y_1$，$Y_2$，…，$Y_n$是同分布的，而成对数据则无此要求，只要求 $X_1-Y_1$，$X_2-Y_2$，…，$X_n-Y_n$满足某个分布，如患者可以是来自不同性别、种族、年龄层的人，要检验用药前后的指标有无显著差别，可以构造一个新的总体 $D=X-Y$ 及样本 $D_1=X_1-Y_1$，$D_2=X_2-Y_2$，…，$D_n=X_n-Y_n$，这样就构造成为一个样本的假设检验。具体的检验方法，我们来看以下例子。

**例 6.3.1** 为研究某减肥药的效果，检测人员对 10 人进行了临床试验。测量服药之前和服用一个疗程之后的体重（单位：kg）记录如下：

| 人员 | 1 | 2 | 3 | 4 | 5 | 6 | 7 | 8 | 9 | 10 |
|---|---|---|---|---|---|---|---|---|---|---|
| 服药前 | 80 | 84 | 68 | 56 | 69 | 83 | 78 | 74 | 70 | 63 |
| 服药后 | 75 | 72 | 65 | 56 | 63 | 80 | 72 | 70 | 65 | 59 |
| 服药前后的差 | 5 | 12 | 3 | 0 | 6 | 3 | 6 | 4 | 5 | 4 |

设服药前后的体重差服从正态分布，试判断该减肥药是否有效（$\alpha=0.05$）。

**解：** 设服药前体重为 $X$，服药后体重为 $Y$，服药前后体重的差 $D=X-Y\sim N(\mu,\sigma^2)$，依据题意，需检验的问题是 $\mu_D$ 是否大于 0，但方差未知，可使用 $t$ 检验。依据假设检验的原则，认为减肥药可能没有效果，则检验假设的问题为

$$H_0:\ \mu_D\leqslant 0,\ H_1:\ \mu_D>0$$

设 $\bar{D}$ 是它们的样本均值，$S_D^2$ 是它们的样本方差，对于单个正态总体 $D$，则有

$$T=\frac{\bar{D}-\mu_D}{S_D/\sqrt{n}}\sim T(n-1)$$

故当 $H_0$ 为真时，可用单个正态总体的统计量

$$T=\frac{\bar{D}}{S_D/\sqrt{n}}$$

作为检验统计量。这样我们可得

$$P\{\text{当}H_0\text{为真拒绝}H_0\}=P\left\{\frac{\bar{D}}{S_D/\sqrt{n}}\geqslant k\right\}=\alpha$$

因 $T\sim t(n-1)$，故可根据 $t$ 分布分位数的定义知

$$P\left\{\frac{\bar{D}}{S_D/\sqrt{n}}\geqslant t_\alpha(n-1)\right\}=\alpha$$

所以可得拒绝域 $W=\{[t_\alpha(n-1),\ +\infty)\}$。因此，对于本例题，查 $t$ 分布表得 $t_\alpha(n-1)=t_{0.05}(9)=1.833$，即拒绝域为 $\{[1.833,\ +\infty)\}$。由题知 $\bar{d}=4.8$，$s_d^2=9.51$，可得检验统计量的观察值

$$t=\frac{\bar{d}}{s_d/\sqrt{n}}=\frac{4.8}{3.08/\sqrt{10}}=4.928>1.833$$

即检验统计量的样本观察值落在拒绝域中，故拒绝假设 $H_0$，认为服药后体重有显著减轻。

### 6.3.2　大样本的二项分布的检验

设随机变量 $X_1$，$X_2$，…，$X_n$ 是参数为 $n$，$p(0<p<1)$ 的二项分布的一个样本，由

二项分布的性质知 $E(X)=np$，$D(X)=np(1-p)$。再由棣莫弗—拉普拉斯中心极限定理我们知道，当 $n$ 充分大时，有

$$U=\frac{\frac{1}{n}\sum_{i=1}^{n}X_i-p}{\sqrt{p(1-p)/n}}\sim N(0,1)$$

因此，对大样本的二项分布检验，当样本量足够大时，我们可以用统计量

$$U=\frac{\bar{X}-p_0}{\sqrt{\frac{p_0(1-p_0)}{n}}}$$

作为检验统计量，其中 $p_0$ 为假设检验的二项分布参数。这样对于二项分布的大样本检验问题

$$H_0:\ p=p_0,\ H_1:\ p\neq p_0$$

我们可利用上述检验统计量得

$$P\{当H_0为真拒绝H_0\}=P\left\{\left|\frac{\bar{X}-p_0}{\sqrt{\frac{p_0(1-p_0)}{n}}}\right|\geqslant k\right\}=\alpha$$

当 $H_0$ 为真时，$U=\frac{\bar{X}-p_0}{\sqrt{\frac{p_0(1-p_0)}{n}}}\sim N(0,\ 1)$。因此，由标准正态分布分位数的定义知

$$P\left\{\left|\frac{\bar{X}-p_0}{\sqrt{\frac{p_0(1-p_0)}{n}}}\right|>u_{\frac{\alpha}{2}}\right\}=\alpha$$

故可得检验的拒绝域 $W=\{(-\infty,\ -u_{\frac{\alpha}{2}}]\cup[u_{\frac{\alpha}{2}},\ +\infty)\}$。对于其单侧检验，方法步骤与上述类似，可得相应的拒绝域分别为：左侧检验的拒绝域 $W=\{(-\infty,\ -u_\alpha]\}$，右侧检验的拒绝域 $W=\{[u_\alpha,\ +\infty)\}$。

**例 6.3.2** 某药厂在广告上声称其生产的某种抗肝炎药品对肝炎的治愈率达 80%。一家医院对这种药品临床使用 120 例，治愈 85 人。试问该药厂的广告是否真实（$\alpha=0.02$）。

**解**：由题知 $n=120$ 为大样本抽样，对于药品对疾病的作用可设随机变量 $X$ 为

$$X=\begin{cases}1，服用该药的患者肝炎被治愈\\0，服用该药的患者肝炎未被治愈\end{cases}$$

这样 $X$ 服从二项分布，待检验的假设问题为

$$H_0: p=p_0=80\%, \quad H_1: p\neq p_0=80\%$$

设 $\bar{X}$ 为样本均值，则当 $H_0$ 为真时，可用检验统计量为

$$U=\frac{\bar{X}-p_0}{\sqrt{\frac{p_0(1-p_0)}{n}}}$$

相应的检验的拒绝域 $W=\{(-\infty, -u_{\frac{\alpha}{2}}]\cup[u_{\frac{\alpha}{2}}, +\infty)\}$，在给定的 $\alpha=0.02$ 下，查标准正态分布表得 $u_{\frac{\alpha}{2}}=u_{0.01}=2.33$，得拒绝域为 $\{(-\infty, -2.33]\cup[2.33, +\infty)\}$。由题计算得 $\bar{x}=0.708$，可得检验统计量的观察值

$$u=\frac{\bar{x}-p_0}{\sqrt{\frac{p_0(1-p_0)}{n}}}=\frac{0.708-0.80}{\sqrt{\frac{0.80(1-0.80)}{120}}}=-2.52<-2.33$$

即检验统计量的样本观察值落在拒绝域中，拒绝假设 $H_0$，可认为该药品的广告不真实。

实际上，对于满足 $X_1$，$X_2$，…，$X_n$ 相互独立，服从同一分布，且具有相同的数学期望和方差：$E(X_i)=\mu_0$，$D(X_i)=\sigma_0^2>0$（$i=1, 2, \cdots, n$）的随机样本，由列维—林德伯格中心极限定理，我们都可以利用统计量

$$U=\frac{\bar{X}-\mu_0}{\sigma_0/\sqrt{n}}$$

作为大样本假设的检验统计量，对于 $H_0: \mu=\mu_0$，$H_1: \mu\neq\mu_0$ 的检验问题，相应的拒绝域 $W=\{(-\infty, -u_{\frac{\alpha}{2}}]\cup[u_{\frac{\alpha}{2}}, +\infty)\}$。

**例 6.3.3**　计算机进行加法计算时，把每个加数取最接近于它的整数来计算，设所有取整误差 $X_i$ 是相互独立的随机变量，并服从均匀分布，$D(X_i)=\frac{1}{12}$。现抽样某计算机，发现当 1200 个数相加时，其误差总和的绝对值约为 10，试问该计算机在进行加法计算时，其所有取整误差是否服从在区间（$-0.5$，$0.5$）上的均匀分布（$\alpha=0.05$）。

**解**：设 $X_i(i=1,2,\cdots,1200)$ 表示第 $i$ 个数的取整误差，$D(X_i)=\frac{1}{12}$。如果$X_i\sim U(-0.5,0.5)$，则 $E(X_i)=0$，且

$$Y_n=\frac{\sum_{i=1}^{n}X_i-E(\sum_{i=1}^{n}X_i)}{\sqrt{D(\sum_{i=1}^{n}X_i)}}\sim N(0,1)$$

设 $E(X_i)=\mu_0=0$，$D(X_i)=\sigma_0^2=\frac{1}{12}$，由题意，待检验假设的问题为

$$H_0:\ \mu=\mu_0=0,\ H_1:\ \mu\neq\mu_0=0$$

设 $\bar{X}$ 为样本均值，则当 $H_0$为真时，有

$$U=\frac{\sum_{i=1}^{n}X_i-E(\sum_{i=1}^{n}X_i)}{\sqrt{D(\sum_{i=1}^{n}X_i)}}=\frac{\sum_{i=1}^{n}X_i-n\mu_0}{\sqrt{n}\sigma_0}=\frac{\bar{X}-\mu_0}{\sigma_0/\sqrt{n}}\sim N(0,1)$$

故可用统计量

$$U=\frac{\bar{X}-\mu_0}{\sigma_0/\sqrt{n}}$$

作为检验统计量，则相应的检验拒绝域为 $W=\{(-\infty,-u_{\frac{\alpha}{2}}]\cup[u_{\frac{\alpha}{2}},+\infty)\}$，在给定的 $\alpha=0.05$ 下，查标准正态分布表得$u_{\frac{\alpha}{2}}=u_{0.025}=1.96$，得拒绝域为 $\{(-\infty,-1.96]\cup[1.96,+\infty)\}$。由题计算得 $\bar{x}=\frac{10}{1200}=0.00833$，可得检验统计量的观察值

$$u=\frac{\bar{x}-\mu_0}{\sigma_0/\sqrt{n}}=\frac{0.00833-0}{0.2887/\sqrt{1200}}=1<1.96$$

即检验统计量的样本观察值不在拒绝域中，接受假设 $H_0$，可认为取整误差服从区间为 $(-0.5,0.5)$ 的均匀分布。

## 6.4　几种常用的非参数检验

前面介绍的各种参数检验方法都是在总体分布函数类型已知或假定总体服从某分布函数类型的前提条件下进行的。但在实际问题中，有许多资料我们并不知道或不能确定其总体分布函数的类型，不能用参数统计的方法进行检验，而只能利用样本来检验有关总体的统计特征。这种假设检验的方法称为**非参数假设检验**。

与参数假设检验相比，非参数假设检验对总体分布函数的要求更少，避免了由于增加过多的约束而引入有关误差；对于小样本的处理也能够给出合理的检验结果，避免了其他统计方法由于实际样本资料的不足而无法使用或误差大的缺陷。但由于非参数假设检验在信息利用上不足或总体的信息丧失，非参数假设检验的检验效率相对较低。常用的非参数假设检验方法主要用于检验总体分布函数的拟合优度，以及总体之间的独立性和相关性的问题。

### 6.4.1　符号检验

**符号检验**是最简单、最常用的一种非参数检验方法，它是以每一对数据之差的正负符号的数目进行检验的。检验思想为：如果两样本没有显著性差异，则两样本中每对数据之差所得的正号与负号的数目应大致相当。具体检验方法，我们来看下例：

**例 6.4.1**　为研究某减肥药的效果，检测人员对 10 人进行了临床试验。测量服药之前和服用一个疗程之后的体重（单位：kg）记录如下：

| 人员 | 1 | 2 | 3 | 4 | 5 | 6 | 7 | 8 | 9 | 10 |
|---|---|---|---|---|---|---|---|---|---|---|
| 服药前 | 80 | 84 | 68 | 56 | 69 | 83 | 78 | 74 | 70 | 63 |
| 服药后 | 78 | 86 | 70 | 56 | 63 | 85 | 72 | 75 | 65 | 66 |
| 差值的符号 | + | − | − | 0 | + | − | + | − | + | − |

试判断减肥药是否有效（$\alpha=0.05$）。

**解**：由已知条件确定假设问题分别为

$H_0$：服用减肥药前后体重无显著差异，$H_1$：服用减肥药前后体重有显著差异

上表中给出了被抽样人员服用减肥药前后体重的差值符号。其中差值为正的个数 $n_+=4$，差值为负的个数 $n_-=5$，差值为 0 的个数为 $n_0=1$。符号的总数 $n=n_++n_-=9$，检验统计量 $r=\min(n_+,\ n_-)=4$。在给定的显著性水平 $\alpha=0.05$ 下，查符号检验临界值表（附表 8），得 $r_{n,\alpha}=r_{9,0.05}=1$。根据符号检验统计决断规则，知 $r>r_{9,0.05}$，不拒绝原假设，可认为服用减肥药前后体重无显著差异。

**表 6.4.1　单侧符号检验统计决断规则**

| $r$ 与临界值比较 | $P$ 值 | 显著性 | 检验结果 |
|---|---|---|---|
| $r > r_{0.05}$ | $P > 0.05$ | 不显著 | 在 0.05 显著性水平保留 $H_0$，拒绝 $H_1$ |
| $r_{0.01} < r \leqslant r_{0.05}$ | $0.01 < P \leqslant 0.05$ | 显著* | 在 0.05 显著性水平拒绝 $H_0$，接受 $H_1$ |
| $r \leqslant r_{0.01}$ | $P < 0.01$ | 极其显著** | 在 0.01 显著性水平拒绝 $H_0$，接受 $H_1$ |

值得注意的是，在某一显著性水平 $\alpha$ 下，实得的 $r$ 值大于符号检验临界值表中临界值 $r_{n,\alpha}$ 时，表示差异不显著，这一点与参数检验时的统计量和临界值的判断结果不同。在实际应用中，遇到无法用数字描述的问题，符号检验是一种简单而有效的检验方法。

对于差值的正负号差异的检验本属于二项分布的问题。虽然在符号临界值检验表中的数据可满足 $n$ 为 1 ～ 99 的情况，但在实际应用中，当 $n > 25$ 时，常使用正态分布近似法。即 $\mu = np = \frac{n}{2}$（假设 $p = 0.5$），$\sigma^2 = npq = \frac{n}{4}$，检验统计量为

$$u = \frac{r - \mu}{\sigma} = \frac{r - np}{\sqrt{npq}} = \frac{r - \frac{n}{2}}{\frac{\sqrt{n}}{2}}$$

实际中，为了使计算结果更接近正态分布，有时用校正公式

$$u = \frac{(r \pm 0.5) - \frac{n}{2}}{\frac{\sqrt{n}}{2}}$$

其中，当 $r > \frac{n}{2}$ 时，采用校正公式 $u = \frac{(r - 0.5) - \frac{n}{2}}{\frac{\sqrt{n}}{2}}$；当 $r < \frac{n}{2}$ 时，采用校正公式 $u = \frac{(r + 0.5) - \frac{n}{2}}{\frac{\sqrt{n}}{2}}$。

**例 6.4.2**　为测定某种中草药中的有效成分，采用两种不同的测定方法，各重复测定 30 次，得到测定结果如下：

| 序号 | 1 | 2 | 3 | 4 | 5 | 6 | 7 | 8 | 9 | 10 |
| --- | --- | --- | --- | --- | --- | --- | --- | --- | --- | --- |
| 方法 $A$ | 48 | 33 | 38 | 48 | 43 | 10 | 42 | 36 | 11 | 22 |
| 方法 $B$ | 37 | 41 | 23 | 17 | 32 | 40 | 31 | 36 | 6 | 12 |
| 差值的符号 | + | − | + | + | + | − | + | 0 | + | + |

| 序号 | 11 | 12 | 13 | 14 | 15 | 16 | 17 | 18 | 19 | 20 |
| --- | --- | --- | --- | --- | --- | --- | --- | --- | --- | --- |
| 方法 $A$ | 36 | 27 | 14 | 32 | 52 | 38 | 17 | 20 | 21 | 46 |
| 方法 $B$ | 21 | 6 | 27 | 21 | 45 | 28 | 23 | 20 | 11 | 22 |
| 差值的符号 | + | + | − | + | + | + | − | 0 | + | + |

| 序号 | 21 | 22 | 23 | 24 | 25 | 26 | 27 | 28 | 29 | 30 |
| --- | --- | --- | --- | --- | --- | --- | --- | --- | --- | --- |
| 方法 $A$ | 30 | 40 | 28 | 19 | 31 | 34 | 29 | 32 | 35 | 38 |
| 方法 $B$ | 32 | 38 | 30 | 18 | 30 | 36 | 35 | 41 | 38 | 32 |
| 差值的符号 | − | + | − | + | + | − | − | − | − | + |

试问这两种测定是否有明显差异（$\alpha=0.05$）。

**解：** 由已知条件确定检验假设问题分别为

$$H_0：两种测定无显著差异，H_1：两种测定有显著差异$$

上表中给出了方法 $A$ 与方法 $B$ 测定值的差值符号。其中差值为正的个数 $n_+=18$，差值为负的个数 $n_-=10$，则 $n=n_++n_-=28$，检验统计量 $r=\min(n_+,\ n_-)=10$，故可得检验统计量

$$u=\frac{r-\mu}{\sigma}=\frac{r-\frac{n}{2}}{\frac{\sqrt{n}}{2}}=\frac{10-14}{\frac{\sqrt{28}}{2}}=-1.512$$

校正检验统计量

$$u=\frac{(r+0.5)-\frac{n}{2}}{\frac{\sqrt{n}}{2}}=\frac{(10+0.5)-\frac{28}{2}}{\frac{\sqrt{28}}{2}}=-1.323$$

查标准正态分布表得 $u_{\frac{\alpha}{2}}=u_{0.025}=1.96$，因此，知 $-1.96<u<1.96$，不拒绝原假设，可认为两种测定无明显差异。

### 6.4.2 秩和检验

符号检验是一种简单有效的非参数检验方法，但在检验中有人指出它只利用了观测值之差的正负号，而没有考虑到这些差的绝对值大小，如果把两者结合起来，检验效果可能更好。下面我们简单介绍有关**秩和检验**的内容。

设 $X_1$，$X_2$，…，$X_n$是取自总体 $X$ 的一个样本，$Y_1$，$Y_2$，…，$Y_m$是取自总体 $Y$ 的一个样本，$X$ 与 $Y$ 相互独立，且 $n \leqslant m$。若把两个样本的观测值合在一起并按从小到大的次序排列，用1，2，…，$n+m$ 统一编号，规定每个观测值在排列中所对应的编号称为该观测值的**秩**。对于相同的观测值，都用它们编号的平均值作为秩。把容量较小样本的各观测值的秩之和 $T$ 作为检验统计量。具体检验方法和步骤我们来看下例：

**例 6.4.3** 从某班随机抽取 5 名走读生和 6 名住校生，测得他们的英语口语成绩如下：

| 走读生 | 42 | 38 | 35 | 41 | 32 | |
|---|---|---|---|---|---|---|
| 住校生 | 56 | 19 | 60 | 43 | 38 | 55 |

问走读生与住校生英语口语成绩是否有显著差异（$\alpha=0.05$）。

**解**：由题意设

$H_0$：英语口语成绩无显著差异，$H_1$：英语口语成绩有显著差异

将两个样本数据混在一起，按照由小到大的顺序排列，每个观测值和相应的秩如下：

| 走读生 | | 32 | 35 | 38 | 41 | 42 | | | | |
|---|---|---|---|---|---|---|---|---|---|---|
| 住校生 | 19 | | | 38 | | | 43 | 55 | 56 | 60 |
| 秩 | 1 | 2 | 3 | 4.5 | 6 | 7 | 8 | 9 | 10 | 11 |

由于走读生的样本容量 $n=5$ 小于住校生的样本容量 $m=6$，因此，$T=2+3+4.5+6+7=22.5$，即走读生的秩之和为 22.5。当显著性水平 $\alpha=0.05$ 时，查秩和检验临界值表（附表9），得到下限临界值 $T_1=20$，上限临界值 $T_2=42$。因为 $T_1<T<T_2$，故不拒绝原假设 $H_0$，认为走读生与住校生英语口语成绩无显著差异。

对比上例我们知道，通过样本计算检验统计量秩和 $T$，当样本容量 $n$ 和 $m$ 都小于10时，查询秩和检验临界值表，得到统计量 $T$ 的临界值 $T_1$和 $T_2$，满足 $P(T_1<T<T_2)=1-\alpha$。当检验统计量的观测值 $T$ 落在区间（$T_1$，$T_2$）中，则不拒绝原假设，认为两个总体无显著差异；否则，拒绝原假设，认为两个总体存在显著差异。

和符号检验类似，当样本容量 $n$ 和 $m$ 都大于10时，秩和的分布（二项分布）近似服从正态分布，其中均值和方差分别近似为

$$\mu_T = \frac{n(n+m+1)}{2}$$

$$\sigma_T^2 = \frac{nm(n+m+1)}{12}$$

检验统计量为

$$U = \frac{T-\mu_T}{\sigma_T} = \frac{T-n(n+m+1)/2}{\sqrt{nm(n+m+1)/12}}$$

从而利用标准正态分布临界值判断两个总体的显著差异性。

### 6.4.3　符号等级（秩和）检验

**符号等级检验**是结合了符号检验和秩和检验的特性的一种非参数检验，有时也称**符号秩和检验**，它在观察“+”“-”号个数的基础上也考虑差值的大小，通过对差值编秩求和进行检验。其在检验的精确度上比符号检验要高一些。具体如下例：

**例 6.4.4**　将由三岁幼儿配对而成的实验组施以五种颜色命名的教学，而对照组不施以教学，后期测验得分如下：

| 序号 | 1 | 2 | 3 | 4 | 5 | 6 | 7 | 8 | 9 | 10 | 11 | 12 |
|---|---|---|---|---|---|---|---|---|---|---|---|---|
| 实验组 $X$ | 18 | 20 | 26 | 14 | 25 | 25 | 21 | 12 | 14 | 17 | 20 | 19 |
| 实验组 $Y$ | 13 | 20 | 24 | 10 | 27 | 17 | 21 | 8 | 15 | 11 | 6 | 22 |

问进行教学与不进行教学，幼儿对颜色命名的成绩是否有显著差异（$\alpha=0.05$）。

**解：**由题意设

$H_0$：幼儿对颜色命名的成绩无显著差异，$H_1$：幼儿对颜色命名的成绩有显著差异

将两个样本数据相比较，列出差值的绝对值，赋秩次（赋予每一对数据差值的绝对值等级数），再列出对应符号（给每一对数据差值的等级添符号），详见下表：

| 序号 | 1 | 2 | 3 | 4 | 5 | 6 | 7 | 8 | 9 | 10 | 11 | 12 |
|---|---|---|---|---|---|---|---|---|---|---|---|---|
| 实验组 $X$ | 18 | 20 | 26 | 14 | 25 | 25 | 21 | 12 | 14 | 17 | 20 | 19 |
| 实验组 $Y$ | 13 | 20 | 24 | 10 | 27 | 17 | 21 | 8 | 15 | 11 | 6 | 22 |
| 差值 | 5 | 0 | 2 | 4 | 2 | 8 | 0 | 4 | 1 | 6 | 14 | 3 |
| 等级 | 7 |  | 2.5 | 5.5 | 2.5 | 9 |  | 5.5 | 1 | 8 | 10 | 4 |
| 符号 | + |  | + | + | - | + |  | + | - | + | + | - |

求出等级和 $T_+ = 47.5$，$T_- = 7.5$，其中取正负等级和较小的记为 $T$，故 $T = 7.5$。查符号等级检验临界值表（附表 10），其中 $n = n_+ + n_- = 10$（差值为 0 的不计），得 $T_{n,\alpha} = T_{10,0.05} = 8$，根据符号等级检验统计决断规则，拒绝原假设 $H_0$，认为幼儿对颜色命名的成绩有显著差异。

**表 6.4.2　符号等级检验统计决断规则**

| $T$ 与临界值比较 | $P$ 值 | 显著性 | 检验结果 |
| --- | --- | --- | --- |
| $T > T_{0.05}$ | $P > 0.05$ | 不显著 | 在 0.05 显著性水平保留 $H_0$，拒绝 $H_1$ |
| $T_{0.01} < T \leqslant T_{0.05}$ | $0.01 < P \leqslant 0.05$ | 显著* | 在 0.05 显著性水平拒绝 $H_0$，接受 $H_1$ |
| $T \leqslant T_{0.01}$ | $P < 0.01$ | 极其显著** | 在 0.01 显著性水平拒绝 $H_0$，接受 $H_1$ |

对于大样本的符号等级检验，若 $n = n_+ + n_- > 25$，符号等级近似服从正态分布，此时可用正态分布统计量检验，其中均值和方差分别为

$$\mu_T = \frac{n(n+1)}{4}$$

$$\sigma_T^2 = \frac{n(n+1)(2n+1)}{24}$$

检验统计量为

$$U = \frac{T - \mu_T}{\sigma_T} = \frac{T - n(n+1)/4}{\sqrt{n(n+1)(2n+1)/24}}$$

从而利用标准正态分布临界值判断两个总体的显著差异性。

值得注意的是，符号检验法和符号等级检验法针对的是相关样本的检验，而秩和检验法针对的是两个独立样本的检验。对于两个相关样本，如果样本的数据不能满足参数检验中 $t$ 检验的要求，可以利用符号检验和符号等级检验这两种方法进行差异检验；对于两个独立样本，如果样本的数据不能满足参数检验中 $t$ 检验的要求，则可以利用秩和检验法进行差异检验。但与参数检验相比，它们的检验精度都要差些。

非参数检验有一系列相应的检验方法，除了以上几种非参数检验法外，常用的还有中位数检验法、等级方差分析法等。下面我们再介绍一个非常重要的非参数检验方法：卡方（$\chi^2$）拟合优度检验法。其他方法在这里不再一一详述，请读者自行查阅相关资料。

### 6.4.4　卡方拟合优度检验法

在前文讲述的对总体参数检验问题中，我们讨论的都是在总体分布类型已知的前

提下对分布的参数进行假设检验。但在实际问题中，有时不能事先知道总体分布函数的类型，需要根据样本对总体分布的类型进行粗略推断，并假设检验推断的总体分布，这种方法称为**卡方（$\chi^2$）拟合优度检验法**或**$\chi^2$检验法**，它是由英国统计学家皮尔逊（K. Pearson）在 1900 年发表的一篇论文中引入的，被视为近代统计学的开端。

设 $X_1$，$X_2$，…，$X_n$是取自总体 $X$ 的一个样本，总体 $X$ 的分布未知，对其分布进行拟合优度检验的基本原理和步骤如下：

（1）设定假设

$H_0$：总体 $X$ 的分布函数为 $F(x)$，$H_1$：总体 $X$ 的分布函数不为 $F(x)$

其中 $F(x)$ 是某个已知的分布函数。具体来说，若 $X$ 为离散型，则假设 $H_0$：总体 $X$ 的分布律为 $P(X=x_i)=p_i(i=1, 2, \cdots, n)$；若 $X$ 为连续型，则假设 $H_0$：总体 $X$ 的概率密度函数为$f(x)$。一般是先根据样本观察值，用直方图和经验分布函数来推断总体可能服从的分布 $F(x)$，其中 $F(x)$可以包含未知参数。如若 $F(x)$是正态分布的分布函数，则包含$\mu$ 和 $\sigma$ 两个参数，当$\mu$ 和 $\sigma$ 未知时，需要先用极大似然估计法估计参数的值，并且常将分布函数的未知参数写入函数表达式中，如正态分布常表示为 $F(x, \mu, \sigma)$。

（2）将总体 $X$ 的取值范围分成 $k$ 个互不相交的小区间，记作 $A_1$，$A_2$，…，$A_k$，把落入第 $i$ 个小区间 $A_i$的样本值的个数记作$f_i(i=1, 2, \cdots, k)$，称为**实测频数**。所有实测频数之和$f_1+f_2+\cdots+f_k$等于样本容量 $n$。

（3）根据所假设的理论分布，即 $H_0$为真时，可以算出总体 $X$ 的值落入每个 $A_i$的概率 $p_i=P(A_i)$，于是 $np_i$就是落入 $A_i$的样本值的理论频数。由大数定律知，当样本容量 $n$ 足够大（$n\geqslant 50$）时，在 $H_0$成立的条件下 $(f_i-np_i)^2$的差值不应该太大。基于此，皮尔逊引进如下统计量表示经验分布与理论分布之间的差异：

$$\chi^2=\sum_{i=1}^{k}\frac{(f_i-np_i)^2}{np_i}$$

若 $H_0$为真，那么当 $n$ 充分大（$n\geqslant 50$）时，统计量$\chi^2=\sum_{i=1}^{k}\frac{(f_i-np_i)^2}{np_i}$的分布近似服从自由度为 $k-r-1$ 的卡方分布。即

$$\chi^2=\sum_{i=1}^{k}\frac{(f_i-np_i)^2}{np_i}\sim\chi^2(k-r-1)$$

其中 $r$ 是理论分布 $F(x)$ 中未知参数的个数。

（4）根据上面的定理，对于给定的显著性水平 $\alpha$，可查卡方分布表得临界值 $\chi^2_\alpha(k-r-1)$，使得

$$P(\chi^2\geqslant\chi^2_\alpha(k-r-1))=\alpha$$

得拒绝域 $W=\{[\chi_{\alpha}^{2}(k-r-1),\ +\infty)\}$。

若根据所给样本值计算出统计量$\chi^2$的实测值落入拒绝域中，则拒绝 $H_0$，否则就认为差异不显著而接受 $H_0$。

皮尔逊的定理是在 $n$ 无限大时推导出来的，因而在使用时要注意保证 $n$ 足够大，以及 $np_i$ 不太小这两个条件。根据计算实践，要求 $n$ 不小于50，以及 $np_i$ 不小于5。否则应适当合并区间，使 $np_i$ 不小于5。

下面我们以遗传学上奥地利生物学家孟德尔的伟大发现为例，说明统计方法在研究自然界和人类社会的规律性时所起的积极、主动作用。

**例 6.4.5** 奥地利生物学家孟德尔在著名的豌豆杂交试验中，用橘黄色圆形种子与桔绿色皱形种子的纯种豌豆作为亲本进行杂交，在将子一代进行杂交得到的子二代共556 株豌豆中，发现其中有四种类型植株，具体如下：黄色圆形 315 株，黄色皱形 101 株，绿色圆形 108 株，绿色皱形 32 株，共计 556 株。试问这些植株是否符合孟德尔提出的9∶3∶3∶1 的理论比例（$\alpha=0.05$）。

**解：** 由题设定检验假设问题

$H_0$：这些植株符合孟德尔的 9∶3∶3∶1 的理论比例，$H_1$：这些植株不符合 9∶3∶3∶1 的理论比例

由题知$f_1=315$，$f_2=101$，$f_3=108$，$f_4=32$；$k=4$。若 $H_0$为真，则由 9∶3∶3∶1 的理论比例可知 $p_1=\frac{9}{16}$，$p_2=\frac{3}{16}$，$p_3=\frac{3}{16}$，$p_4=\frac{1}{16}$。已知 $n=556$，故可得 $np_1=312.75$，$np_2=104.25$，$np_3=104.25$，$np_4=34.75$。$\alpha=0.05$，$r=0$，自由度 $k-r-1=3$，查卡方分布表得$\chi_{\alpha}^{2}(k-r-1)=\chi_{0.05}^{2}(3)=7.815$，即拒绝域 $W=\{[7.815,\ +\infty)\}$。

由样本计算可得统计量

$$\chi^{2}=\sum_{i=1}^{k}\frac{(f_i-np_i)^2}{np_i}=\sum_{i=1}^{4}\frac{(f_i-np_i)^2}{np_i}=0.47<\chi_{0.05}^{2}(3)=7.815$$

统计量$\chi^2$的实测值未落入拒绝域中，接受 $H_0$，即在显著性水平 $\alpha=0.05$ 下可认为这些植株符合孟德尔提出的 9∶3∶3∶1 的理论比例。

**例 6.4.6** 从某连续总体中抽取一个样本量为 100 的样本，发现样本均值和样本标准差分别为 $-0.225$ 和 1.282，落在不同区间的频数如下：

| 区间 | $(-\infty,\ -1)$ | $[-1,\ -0.5)$ | $[-0.5,\ 0)$ | $[0,\ 0.5)$ | $[0.5,\ 1)$ | $[1,\ 1.5)$ | $[1.5,\ 2)$ | $[2,\ +\infty)$ |
|---|---|---|---|---|---|---|---|---|
| 实测频数 | 25 | 10 | 18 | 23 | 10 | 7 | 4 | 3 |

试问该总体是否服从正态分布（$\alpha=0.05$）。

**解：** 由题假设

$H_0$：总体 $X$ 服从正态分布 $N(\mu,\ \sigma^2)$，$H_1$：总体 $X$ 不服从正态分布 $N(\mu,\ \sigma^2)$

其中 $\mu$ 和 $\sigma^2$ 分别为理论正态分布的均值和方差，且均未知，故用极大似然估计法估计，可得 $\hat{\mu}=\bar{x}=-0.225$，$\hat{\sigma}^2=s^2=1.282^2$。由题将总体 $X$ 的取值范围分成 8 个互不相交的小区间，记作 $A_1$，$A_2$，…，$A_8$，把落入第 $i$ 个小区间 $A_i$ 的样本值的个数记作 $f_i$（$i=1$，2，…，8）。

若 $H_0$ 为真，则 $X$ 近似服从正态分布 $N(-0.225,\ 1.282^2)$，查标准正态分布表，可计算出总体 $X$ 的值落入每个 $A_i$ 的概率 $p_i=P(A_i)$。例如 $p_1=P(A_1)=P(X<-1)=\Phi(\frac{-1+0.225}{1.282})=\Phi(-0.60)=1-\Phi(0.60)=0.2743$。详细结果如下表所示：

| $A_i$ | $(-\infty,-1)$ | $[-1,-0.5)$ | $[-0.5,0)$ | $[0,0.5)$ | $[0.5,1)$ | $[1,1.5)$ | $[1.5,2)$ | $[2,+\infty)$ |
|---|---|---|---|---|---|---|---|---|
| $f_i$ | 25 | 10 | 18 | 23 | 10 | 7 | 4 | 3 |
| $p_i$ | 0.2743 | 0.1407 | 0.1547 | 0.1445 | 0.1162 | 0.0805 | 0.0478 | 0.0413 |
| $np_i$ | 27.43 | 14.07 | 15.47 | 14.45 | 11.62 | 8.05 | 4.78 | 4.13 |
| $f_i-np_i$ | −2.43 | −4.07 | 2.53 | 8.55 | −1.62 | −1.05 | −1.97 | |
| $(f_i-np_i)^2/np_i$ | 0.22 | 1.18 | 0.41 | 5.06 | 0.23 | 0.14 | 0.41 | |

其中 $np_i$ 是落入 $A_i$ 的样本值的理论频数，$np_7$ 和 $np_8$ 都小于 5，合并两组，使 $np_i\geqslant 5$。因此，本题中 $k=7$，$r=2$。当 $\alpha=0.05$ 时，查卡方分布表得 $\chi^2_\alpha(k-r-1)=\chi^2_{0.05}(4)=9.488$。由样本计算得统计量

$$\chi^2=\sum_{i=1}^{k}\frac{(f_i-np_i)^2}{np_i}=\sum_{i=1}^{7}\frac{(f_i-np_i)^2}{np_i}=7.65<\chi^2_{0.05}(4)=9.488$$

即统计量 $\chi^2$ 的实测值未落入拒绝域中，接受 $H_0$，即在 $\alpha=0.05$ 下可认为总体 $X$ 服从正态分布 $N(-0.225,\ 1.282^2)$。

以上主要为有关正态分布参数 $\mu$，$\sigma^2$ 的假设检验，具体的信息在附表 3 中，以供读者查阅。

## 本章习题

1. 设 $X_1$，$X_2$，…，$X_n$ 是来自正态总体 $N(\mu,\ \sigma^2)$ 的简单随机样本，其中参数 $\mu$，$\sigma^2$ 未知，记

$\bar{x}=\frac{1}{n}\sum_{i=1}^{n}x_i$，$Q^2=\sum_{i=1}^{n}(x_i-\bar{x})^2$。求假设 $H_0: \mu=0$ 的 $t$ 检验使用统计量。

2. 已知某炼铁厂的铁水含碳量 $X$ 在正常情况下服从 $N(4.50,\ \sigma^2)$，现在测量了 10 炉铁水，其含碳量分别为

4.28，4.40，4.42，4.35，4.37，4.45，4.60，4.32，4.35，4.20

问在以下情况中，总体均值有无变化（$\alpha=0.05$）。

（1）若由以往经验知 $\sigma=0.108$；

（2）若 $\sigma$ 未知。

3. 某品牌手机推出一款新型号的手机，要求手机的待机时间不得低于135小时，今从这一批新款手机中随机抽取16件，测得其待机时间的平均值为132小时，已知这款手机的待机时间服从标准差为 $\sigma=6$ 小时的正态分布。试问在显著水平 $\alpha=0.05$ 下这款手机的待机时间是否确定合格。

4. 按规定每100g的鱼肉罐头中的某添加剂的含量不得高于21mg，现从某厂生产的一批罐头中抽取17个，测得添加剂的含量（单位：mg）如下：

16，22，21，20，23，21，19，16，13，23，17，20，29，18，22，16，25

已知添加剂的含量服从正态分布，试问在显著水平 $\alpha=0.05$ 下检验该批罐头的添加剂的含量是否合格。

5. 某电子元件要求其电阻的标准差不得超过0.05Ω。今在生产的一批元件中取样品16根，测得 $s=0.07\Omega$，设总体服从正态分布。问在显著水平 $\alpha=0.05$ 下能否认为这批元件的标准差显著偏大。

6. 测定某水体中化学需氧量的含量，由测定的10个测定值给出 $s=0.036$，设测定值总体服从正态分布，$\sigma^2$ 为总体方差。试在显著水平 $\alpha=0.05$ 下检验假设 $H_0$：$\sigma \geqslant 0.04$，$H_1$：$\sigma<0.04$。

7. 某香烟生产厂向化验室送去两批烟叶，检测其尼古丁的含量。各抽样测得尼古丁的含量（单位：mg/g）为

$A$：24，25，28，27，26，21；$B$：27，28，23，31，26，28

设化验数据服从正态分布，$A$ 批烟叶的方差为5，$B$ 批烟叶的方差为8。试问在显著水平 $\alpha=0.05$ 下检验两种烟叶的尼古丁均值含量是否有差异。

8. 某自来水厂的两个条件完全相同的化验室，每天从自来水的出水口取样测量水体中氯含量（单位：mg/g），结果如下：

$A$：1.15，1.86，0.78，1.80，1.14，1.65，1.87；

$B$：1.08，1.90，0.92，1.80，1.20，1.72，1.94

设化验数据近似服从正态分布。试问在显著水平 $\alpha=0.05$ 下两个化验室检测的结果是否有差异。

9. 设有甲、乙两位学生利用分光光度法分别测量了一组水体中某化合物的含量，数据如下：

甲：88，86，90，92，93；乙：89，89，90，84，88

问假定两位学生测量的数据近似服从正态分布，且方差相等，在显著性水平 $\alpha=0.05$ 下甲学生测量的均值是否高于乙学生的测量均值。

10. 从某锌矿的东西两支矿脉中，分别抽取样本容量为9和8的样本，分析后算得其样本含锌平均数及样本方差如下：

东支：均值0.23，样本方差0.133；西支：均值0.27，样本方差0.144

若东西矿脉的含锌量近似服从正态分布，问在显著水平 $\alpha=0.02$ 下，

（1）两支矿脉含锌量的方差是否有差异；

（2）两支矿脉含锌量的均值是否相同。

11. 某医院长期的观察数据显示，患某种病的人服用药品 $A$ 后痊愈的概率约为 0.78。现给 700 名患者服用新药 $B$，其中显示有 600 名痊愈。试问在显著性水平 $\alpha = 0.025$ 下，是否认为新药 $B$ 比原来的药品 $A$ 有更显著的效果。

12. 某球队 9 名运动员在刚进入运动队时和接受一个月训练后各进行一次体能测试，测试评分为：

| 运动员 $i$ | 1 | 2 | 3 | 4 | 5 | 6 | 7 | 8 | 9 |
|---|---|---|---|---|---|---|---|---|---|
| 入队时 | 76 | 71 | 57 | 49 | 70 | 69 | 26 | 65 | 59 |
| 训练后 | 81 | 85 | 52 | 52 | 70 | 63 | 33 | 83 | 64 |

设训练前后的分数差近似服从正态分布，试在显著水平 $\alpha = 0.05$ 下判断运动员体能训练效果是否显著。

13. 某印刷厂检查了一本书的 100 页，记录各页中印刷错误的个数，其结果为：

| 错误个数 $i$ | 0 | 1 | 2 | 3 | 4 | 5 | 6 | $\geq 7$ |
|---|---|---|---|---|---|---|---|---|
| 含 $i$ 个错误的页数 $f_i$ | 36 | 40 | 19 | 2 | 0 | 2 | 1 | 0 |

问能否认为一页的印刷错误个数服从泊松分布（取 $\alpha = 0.05$）。

14. 某厂检测产品质量时，每次抽取 10 个产品，共抽取 100 次，记录每 10 个产品中的次品数，得到结果如下：

| 次品数 | 0 | 1 | 2 | 3 | 4 | 5 | 6 | 7 | 8 | 9 | 10 |
|---|---|---|---|---|---|---|---|---|---|---|---|
| 频数 | 35 | 40 | 18 | 5 | 1 | 1 | 0 | 0 | 0 | 0 | 0 |

试问在显著性水平 $\alpha = 0.05$ 下次品数是否服从二项分布。

15. 某研究用甲乙两种方法对某地方性砷中毒地区水源中砷含量（单位：mg/L）进行测定，结果如下：

| 甲方法 | 0.010 | 0.060 | 0.320 | 0.150 | 0.005 | 0.700 | 0.011 | 0.240 | 1.010 | 0.330 |
|---|---|---|---|---|---|---|---|---|---|---|
| 乙方法 | 0.015 | 0.070 | 0.300 | 0.170 | 0.005 | 0.600 | 0.010 | 0.255 | 1.240 | 0.305 |

试问在显著性水平 $\alpha = 0.05$ 下两种方法检测的砷含量是否有差别。（请分别用符号检验法、秩和检验法和符号等级检验法检验）

# 第7章　方差分析与回归分析

在前面的章节我们讨论的都是一个总体或两个总体的统计分析问题，在实际工作中我们还会经常碰到多个总体的统计分析问题。处理这类问题的数理统计方法有方差分析、相关分析、回归分析等。其中方差分析和回归分析是数理统计中应用非常广泛的方法。在本章中我们将对它们的基本内容逐一介绍。

## 7.1　方差分析

### 7.1.1　方差分析的基本概念

**方差分析**（Analysis of Variance，简称ANOVA）又称**变异数分析**，是由英国统计学家费希尔（R. A. Fisher）提出并建立，用于两个及两个以上样本均值差异的显著性检验。

在社会生活、工农业生产和科学研究中，一个事件或数据往往要受到多种因素的影响。例如，农业生产中，分析几种不同的水稻优良品种的亩产量，要受到气候、水利、土地、肥料和管理等因素的影响；又如，科学研究中，测量某河流水体中溶解氧的浓度，要受到温度、试剂、设备及人员等因素的影响。在这众多的因素中，每一个因素的改变都可能影响最终得到的结果。但不同的是，有些因素对最终结果的影响较大，有些较小，故在实际问题中，我们就有必要找出对事件或数据的最终结果有显著影响的那些因素。方差分析就是从观测变量的方差入手，根据试验的结果进行分析，鉴别各个因素影响程度的一种有效方法。为了说明这个问题，这里我们先看下面的例子。

**例7.1.1**　某大学生科研创新小组为研究校园周边河流水体污染的状况，分别选取河流的上、中、下三个断面监测分析了相应水体中某有机污染物浓度（单位：mg/L），测量数据如下：

| 河流断面 | 1 | 2 | 3 | 4 | 5 | 6 | 7 | 8 |
|---|---|---|---|---|---|---|---|---|
| 上 | 19.4 | 32.6 | 27.0 | 32.1 | 33.0 | 28.8 | 17.3 | 19.4 |
| 中 | 17.7 | 24.8 | 27.9 | 25.2 | 24.3 | 23.9 | 17.0 | |
| 下 | 20.7 | 21.0 | 20.5 | 18.8 | 18.6 | 19.9 | 14.3 | 11.8 |

试问该有机污染物在这条河流的三个断面水体中的浓度有无显著差异？

本例中，河流水体中某有机污染物的浓度测量结果受多种因素影响，如温度、设备、人员、取样点等。但在这里我们要比较的是三个断面水体中该有机污染物的浓度是否有差异。为此，我们把断面称为影响该有机污染物浓度的**因素**，也称**因子**，记作 $A$，三个断面称为因素 $A$ 的三个水平，记作 $A_1$，$A_2$，$A_3$，将 $i$ 断面下测量的第 $j$ 个有机污染物的浓度数据记作 $x_{ij}$，$i=1, 2, \cdots, r$，$j=1, 2, \cdots, n_i$（本例中 $n_1=8$，$n_2=7$，$n_3=8$）。我们的目的是比较三个断面的河流水体中某有机污染物的平均浓度是否有差异，为此，我们需要做一些基本假设，把上述要研究的问题变为一个数理统计问题，然后用方差分析的方法进行分析判断。

需要说明的是：在例7.1.1中我们只考察了采样断面这一个因素的影响，统计学上称为**单因素（因子）试验**；试验结果（断面水体中某有机污染物的浓度）称为**试验指标**。如果将其他的影响试验指标的因素考虑进来，如温度、设备、人员等，则称为**多因素（因子）试验**，可分别用 $B$，$C$，$D$ 等表示，各自因素的水平则可分别用 $B_1$，$B_2$，$B_3$，…；$C_1$，$C_2$，$C_3$，…；$D_1$，$D_2$，$D_3$，…等表示。另外，在实际中，试验指标总会受到很多因素的影响，有些是可以控制的（如上述选取的断面，实验室的测量温度等），有些是人们无法控制的（如采样时水体有机污染物受潮汐的稀释，采样点上游污染源的汇入等）。方差分析主要是从试验指标的方差入手，研究诸多控制因素中，哪些因素对试验指标有显著影响或无显著影响。因此，为了考察某一个因素或某些因素对试验指标的影响，往往需要把影响试验指标的其他因素固定，把要考察的那个或那些因素严格控制在几个不同的状态或等级上进行试验。处理单因素（因子）试验的统计推断问题的方法称为**单因素（因子）方差分析**，处理多因素试验的称为**多因素（因子）方差分析**。本书主要介绍单因素方差分析。

### 7.1.2　单因素方差分析的统计模型

为了能够对例7.1.1的单因素试验进行方差分析，这里我们来做一些必要的基础假设，并进行推算。具体如下：设单因素 $A$ 具有 $r$ 个水平，分别记作 $A_1$，$A_2$，…，$A_r$，在每个水平 $A_i$（$i=1, 2, \cdots, r$）下要考察的指标可以看成一个总体，故有 $r$ 个水平。假定：

（1）每个总体均服从正态分布，记作 $N(\mu_i, \sigma_i^2)$，$i=1, 2, \cdots, r$；

（2）各个总体的方差相同，记作 $\sigma_1^2=\sigma_2^2=\cdots=\sigma_r^2=\sigma^2$；

（3）从每个总体抽取的样本相互独立，即所有的试验结果 $x_{ij}$（$i=1, 2, \cdots, r$；$j=1, 2, \cdots, n_i$）都相互独立。

要分析各水平下试验指标有无显著差异，即比较各水平下试验指标均值是否相同，也就是对如下的假设进行检验：

$$H_0: \mu_1=\mu_2=\cdots=\mu_r,\ H_1: \mu_1, \mu_2, \cdots\mu_r,\ \text{不全相等} \tag{7.1.1}$$

通常备择假设 $H_1$ 可以不写。

如果 $H_0$ 成立，因素 $A$ 的 $r$ 个水平的均值相同，称因素 $A$ 的 $r$ 个水平间没有显著差异，简称因素 $A$ 不显著；反之，$H_0$ 不成立，因素 $A$ 的 $r$ 个水平的均值不全相同，这时

称因素 $A$ 的 $r$ 个不同水平间有显著差异，简称因素 $A$ 显著。

为对假设（7.1.1）进行检验，我们需要从每个水平下的总体抽取样本，设从第 $i$ 个水平下的总体获得 $n_i$ 个试验结果，$x_{ij}$（$i=1, 2, \cdots, r, j=1, 2, \cdots, n_i$）为第 $i$ 个总体的第 $j$ 次重复试验结果。所得到的数据总个数为 $n=\sum_{i=1}^{r} n_i$。

由假设知 $x_{ij} \sim N(\mu_i, \sigma^2)$（$\mu_i$ 和 $\sigma^2$ 未知），则有 $x_{ij}-\mu_i \sim N(0, \sigma^2)$。在水平 $A_i$ 下的试验结果 $x_{ij}$ 与该水平下的指标均值 $\mu_i$ 一般总是会有差距的，我们记作 $\varepsilon_{ij}=x_{ij}-\mu_i$，$\varepsilon_{ij}$ 称为随机误差。这样，我们就可以根据假设写出单因素方差分析的统计模型为

$$\begin{cases} x_{ij}=\mu_i+\varepsilon_{ij}, \ i=1, 2, \cdots, r, \ j=1, 2, \cdots, n_i \\ \varepsilon_{ij} \sim N(0, \sigma^2), \text{各} \varepsilon_{ij} \text{相互独立} \end{cases} \tag{7.1.2}$$

为了更好地描述数据，这里我们把 $\mu_i$ 做形式上的变换，为

$$\mu = \frac{1}{n}\sum_{i=1}^{r} n_i\mu_i; \ \alpha_i = \mu_i - \mu, \ i = 1, 2, \cdots, r; \ n = \sum_{i=1}^{r} n_i$$

称 $\mu$ 为理论总均值或总均值，称 $\alpha_i$ 为因素 $A$ 的第 $i$ 个水平 $A_i$ 的效应。易见 $\mu_i$ 之间的差异与 $\alpha_i$ 之间的差异是等价的，效应间有如下关系式：

$$\sum_{i=1}^{r} n_i\alpha_i = \sum_{i=1}^{r} n_i(\mu_i - \mu) = 0$$

这样，模型（7.1.2）可以改写为

$$\begin{cases} x_{ij}=\mu+\alpha_i+\varepsilon_{ij}, \ i=1, 2, \cdots, r, \ j=1, 2, \cdots, n_i \\ \sum_{i=1}^{r} n_i\alpha_i = 0 \\ \varepsilon_{ij} \sim N(0, \sigma^2), \text{各} \varepsilon_{ij} \text{相互独立} \end{cases} \tag{7.1.3}$$

假设检验（7.1.1）也可改写为

$$H_0: \alpha_1=\alpha_2=\cdots=\alpha_r=0, \ H_1: \alpha_1, \alpha_2, \cdots, \alpha_r, \text{不全为零}$$

### 7.1.3　单因素方差分析的统计分析

下面我们来构造检验假设 $H_0: \alpha_1=\alpha_2=\cdots=\alpha_r=0$ 需要的统计量。首先我们分析各个 $x_{ij}$ 为什么不相等，即引起 $x_{ij}$ 差异的原因。这里有两个原因：第一，当假设 $H_0$ 成立时，

则 $r$ 个总体间无显著差异，也就是说因素 $A$ 对试验指标没有显著影响，所有的 $x_{ij}$ 可以认为来自同一个总体 $N(\mu, \sigma^2)$，各个 $x_{ij}$ 的差异完全由随机误差引起；第二，若假设 $H_0$ 不成立，$x_{ij} \sim N(\mu_i, \sigma^2)$，各个 $x_{ij}$ 的数学期望不同，其取值也不会一致。$x_{ij}$ 的总差异除了由随机误差引起外，还包括由因素 $A$ 不同水平的作用而产生的差异，如果后者比前者大得多，就可以认为因素 $A$ 对试验指标有显著影响，否则，认为无显著影响。为此，我们构造一些统计量来刻画各个 $x_{ij}$ 之间的差异程度，并且把引起 $x_{ij}$ 差异的两个不同原因区分开来，这也被称为方差分析的**总偏差平方和分解法**。这里我们令

$$x_i = \sum_{j=1}^{n_i} x_{ij},\ \bar{x}_i = \frac{1}{n_i}\sum_{j=1}^{n_i} x_{ij},\ i = 1,2,\cdots,r;\ j = 1,2,\cdots,n_i$$

$$\bar{x} = \frac{1}{n}\sum_{i=1}^{r}\sum_{j=1}^{n_i} x_{ij} = \frac{1}{n}\sum_{i=1}^{r} n_i \bar{x}_i$$

$$S_T = \sum_{i=1}^{r}\sum_{j=1}^{n_i}(x_{ij} - \bar{x})^2 = \sum_{i=1}^{r}\sum_{j=1}^{n_i} x_{ij}^2 - n\bar{x}^2$$

这里 $x_i$，$\bar{x}_i$，$\bar{x}$ 分别为水平 $A_i$ 下的样本和、样本均值及因素 $A$ 下所有样本的均值；$S_T$ 称为**总偏差平方和**（简称**总平方和**），其值反映了全部试验数据 $x_{ij}$ 之间的差异。这里再令

$$S_E = \sum_{i=1}^{r}\sum_{j=1}^{n_i}(x_{ij} - \bar{x}_i)^2$$

$$S_A = \sum_{i=1}^{r}\sum_{j=1}^{n_i}(\bar{x}_i - \bar{x})^2$$

这里 $S_E$ 称为**组内偏差平方和**（简称**组内平方和**）或**误差平方和**，反映了由于随机误差的作用而在数据 $x_{ij}$ 中引起的差异；$S_A$ 称为**组间偏差平方和**（简称**组间平方和**）或**因素 $A$ 的偏差平方和**，反映了由于因素 $A$ 对不同水平的作用而在数据 $x_{ij}$ 中引起的差异。

现在我们将 $S_T$ 的表达式展开为

$$\begin{aligned} S_T &= \sum_{i=1}^{r}\sum_{j=1}^{n_i}(x_{ij} - \bar{x})^2 = \sum_{i=1}^{r}\sum_{j=1}^{n_i}[(x_{ij} - \bar{x}_i) + (\bar{x}_i - \bar{x})]^2 \\ &= \sum_{i=1}^{r}\sum_{j=1}^{n_i}(x_{ij} - \bar{x}_i)^2 + 2\sum_{i=1}^{r}\sum_{j=1}^{n_i}(x_{ij} - \bar{x}_i)(\bar{x}_i - \bar{x}) + \sum_{i=1}^{r}\sum_{j=1}^{n_i}(\bar{x}_i - \bar{x})^2 \end{aligned}$$

而根据 $\bar{x}_i$，$\bar{x}$ 的定义知

$$\begin{aligned} 2\sum_{i=1}^{r}\sum_{j=1}^{n_i}(x_{ij} - \bar{x}_i)(\bar{x}_i - \bar{x}) &= 2\sum_{i=1}^{r}\left[(\bar{x}_i - \bar{x})\sum_{j=1}^{n_i}(x_{ij} - \bar{x}_i)\right] \\ &= 2\sum_{i=1}^{r}(\bar{x}_i - \bar{x})\left(\sum_{j=1}^{n_i} x_{ij} - n_i\bar{x}_i\right) = 0 \end{aligned}$$

所以我们可以得到

$$S_T = \sum_{i=1}^{r}\sum_{j=1}^{n_i}(x_{ij}-\bar{x}_i)^2 + \sum_{i=1}^{r}\sum_{j=1}^{n_i}(\bar{x}_i-\bar{x})^2 = S_E + S_A$$

表达式$S_T = S_E + S_A$被称为**平方和分解式**，其意义是将试验中的总偏差平方和分解为试验随机误差的平方和与因素 $A$ 的偏差平方和。

为进一步推导出假设检验的统计量，引入下面的定理：

**定理 7.1.1** 在单因素的方差分析模型中，如果假设 $H_0$ 成立，所有的 $x_{ij}$ 都服从正态分布 $N(\mu,\ \sigma^2)$，且相互独立，根据抽样分布的性质，则有

(1) $\dfrac{S_T}{\sigma^2} \sim \chi^2(n-1)$；

(2) $\dfrac{S_E}{\sigma^2} \sim \chi^2(n-r)$，且 $E(S_E)=(n-r)\sigma^2$，即$\dfrac{S_E}{n-r}$为 $\sigma^2$ 的无偏估计量；

(3) $\dfrac{S_A}{\sigma^2} \sim \chi^2(r-1)$，且 $E(S_A)=(r-1)\sigma^2$，即$\dfrac{S_A}{r-1}$为 $\sigma^2$ 的无偏估计量；

(4) $S_E$与 $S_A$相互独立。

**证明：**

(1) 当假设 $H_0$：$\alpha_1=\alpha_2=\cdots=\alpha_r=0$ 成立时，有$x_{ij} \sim N(\mu,\ \sigma^2)$，$i=1,\ 2,\cdots,\ r$；$j=1,\ 2,\cdots,\ n_i$，可得$\dfrac{(x_{ij}-\mu)}{\sigma} \sim N\ (0,\ 1)$。现将 $S_T$展开为

$$\begin{aligned} S_T &= \sum_{i=1}^{r}\sum_{j=1}^{n_i}(x_{ij}-\bar{x})^2 = \sum_{j=1}^{n_1}(x_{1j}-\bar{x})^2 + \sum_{j=1}^{n_2}(x_{2j}-\bar{x})^2 + \cdots + \sum_{j=1}^{n_r}(x_{rj}-\bar{x})^2 \\ &= [(x_{11}-\bar{x})^2 + (x_{12}-\bar{x})^2 + \cdots + (x_{1j}-\bar{x})^2] + [(x_{21}-\bar{x})^2 + (x_{22}-\bar{x})^2 + \cdots + \\ &\quad (x_{2j}-\bar{x})^2] + \cdots + [(x_{r1}-\bar{x})^2 + (x_{r2}-\bar{x})^2 + \cdots + (x_{rj}-\bar{x})^2] \\ &= (x_{11}-\bar{x})^2 + (x_{12}-\bar{x})^2 + \cdots + (x_{rj}-\bar{x})^2 = \sum_{i=1}^{r}\sum_{j=1}^{n_i}x_{ij}^2 - n\bar{x}^2 \end{aligned}$$

已知 $x_{ij}$相互独立，$n=\sum_{i=1}^{r}n_i$，$\bar{x}=\dfrac{1}{n}\sum_{i=1}^{r}\sum_{j=1}^{n_i}x_{ij}^2$，故由$\chi^2$分布的性质，我们可以看到上式为自由度为 $n-1$ 的$\chi^2$分布，即

$$\frac{S_T}{\sigma^2} = \sum_{i=1}^{r}\sum_{j=1}^{n_i}\left(\frac{x_{ij}}{\sigma}\right)^2 - n\left(\frac{\bar{x}}{\sigma}\right)^2 \sim \chi^2(n-1)$$

（2）当假设 $H_0$ 成立时，有 $x_{ij} \sim N(\mu, \sigma^2)$。

$$S_E = \sum_{i=1}^{r} \sum_{j=1}^{n_i} (x_{ij} - \bar{x}_i)^2 = \sum_{j=1}^{n_1} (x_{1j} - \bar{x}_1)^2 + \sum_{j=1}^{n_2} (x_{2j} - \bar{x}_2)^2 + \cdots + \sum_{j=1}^{n_r} (x_{rj} - \bar{x}_r)^2$$

注意到 $\sum_{j=1}^{n_i} (x_{ij} - \bar{x}_i)^2$ 是总体 $N(\mu_i, \sigma^2)$ 的样本方差的 $n_i - 1$ 倍，于是根据 $\chi^2$ 分布的性质，有

$$\frac{\sum_{j=1}^{n_i} (x_{ij} - \bar{x}_i)^2}{\sigma^2} \sim \chi^2(n_i - 1)$$

又由 $x_{ij}$ 相互独立，故 $\sum_{j=1}^{n_i} (x_{ij} - \bar{x}_i)^2$ 相互独立，根据 $\chi^2$ 分布的可加性，得

$$\frac{S_E}{\sigma^2} = \frac{1}{\sigma^2} \sum_{i=1}^{r} \sum_{j=1}^{n_i} (x_{ij} - \bar{x}_i)^2 \sim \chi^2\left( \sum_{i=1}^{r} (n_i - 1) \right) = \chi^2(n - r)$$

由 $x_{ij} \sim N(\mu, \sigma^2)$，知

$$\bar{x}_i \sim N\left(\mu, \frac{\sigma^2}{n_i}\right), \ i = 1, 2, \cdots, r$$

$$S_E = \sum_{i=1}^{r} \sum_{j=1}^{n_i} (x_{ij} - \bar{x}_i)^2 = \sum_{i=1}^{r} \sum_{j=1}^{n_i} (x_{ij}^2 - 2x_{ij}\bar{x}_i + \bar{x}_i^2) = \sum_{i=1}^{r} \sum_{j=1}^{n_i} x_{ij}^2 - \sum_{i=1}^{r} n_i \bar{x}_i^2$$

故

$$E(S_E) = E\left( \sum_{i=1}^{r} \sum_{j=1}^{n_i} x_{ij}^2 - \sum_{i=1}^{r} n_i \bar{x}_i^2 \right) = \sum_{i=1}^{r} \sum_{j=1}^{n_i} E(x_{ij}^2) - \sum_{i=1}^{r} E(n_i \bar{x}_i^2) = n\sigma^2 - r\sigma^2$$

即 $\frac{S_E}{n - r}$ 为 $\sigma^2$ 的无偏估计量。

类似于上面的两个证明，我们也可以证明定理 7.1.1 的（3）（4）。具体的过程这里不再详述。

在前述问题中，我们论述到引起 $x_{ij}$ 的总差异有随机误差和因素 $A$ 的不同水平的作用，也即组内差异和组间差异。如果组间差异比组内差异大得多，就可以认为因素 $A$ 的各水平间有显著影响，假设 $H_0$ 不成立。

此时，比值$\frac{S_A/(r-1)}{S_E/(n-r)}$有偏大的趋势。为此，根据定理 7.1.1 的性质和 $F$ 分布的定义，在 $H_0$为真时，我们可以构造检验统计量：

$$F = \frac{S_A/(r-1)}{S_E/(n-r)} = \frac{(n-r)S_A}{(r-1)S_E} \sim F(r-1, n-r)$$

对于给定的显著水平 $\alpha$，则有

$$P\left\{\frac{(n-r)S_A}{(r-1)S_E} \geqslant k\right\} = \alpha$$

根据 $F$ 分布分位数的定义，查$F_\alpha$（$r-1$，$n-r$）的值，得 $H_0$的拒绝域 $W = \{[F_\alpha(r-1, n-r), +\infty)\}$。即若由样本观察值计算所得的统计量值$F \geqslant F_\alpha(r-1, n-r)$，则拒绝 $H_0$，认为因素 $A$ 的各水平的改变对试验指标有显著影响；若$F < F_\alpha(r-1, n-r)$，则接受 $H_0$，认为因素 $A$ 的各水平的改变对试验指标无显著影响。我们可以将上面的分析结果以一个表格的形式表示，称为**单因素试验方差分析表**。

**表 7.1.1　单因素试验方差分析表**

| 方差来源 | 平方和 | 自由度 | 均方和 | $F$ 值 |
|---|---|---|---|---|
| 因素 $A$ | $S_A$ | $r-1$ | $\overline{S_A} = \frac{S_A}{r-1}$ | $F = \frac{\overline{S_A}}{\overline{S_E}}$ |
| 误差 | $S_E$ | $n-r$ | $\overline{S_E} = \frac{S_E}{n-r}$ | |
| 总和 | $S_T$ | $n-1$ | | |

表中$\overline{S_A} = S_A/(r-1)$，$\overline{S_E} = S_E/(n-r)$分别为 $S_A$，$S_E$的均方和。另外，在实际分析中，我们常按以下较简便的公式来计算 $S_T$，$S_A$和 $S_E$，记为

$$T_i = \sum_{j=1}^{n_i} x_{ij},\ T = \sum_{i=1}^{r}\sum_{j=1}^{n_i} x_{ij} = \sum_{i=1}^{r} T_i,\ i = 1, 2, \cdots, r;\ j = 1, 2, \cdots, n_i$$

$$S_T = \sum_{i=1}^{r}\sum_{j=1}^{n_i}(x_{ij} - \bar{x})^2 = \sum_{i=1}^{r}\sum_{j=1}^{n_i} x_{ij}^2 - n\bar{x}^2 = \sum_{i=1}^{r}\sum_{j=1}^{n_i} x_{ij}^2 - \frac{T^2}{n}$$

$$S_A = \sum_{i=1}^{r}\sum_{j=1}^{n_i}(\bar{x}_i - \bar{x})^2 = \sum_{i=1}^{r}\sum_{j=1}^{n_i}(\bar{x}_i^2 - 2\bar{x}_i\bar{x} + \bar{x}^2) = \sum_{i=1}^{r}\sum_{j=1}^{n_i}\bar{x}_i^2 - n\bar{x}^2 = \sum_{i=1}^{r}\frac{T_i^2}{n_i} - \frac{T^2}{n}$$

$$S_E = S_T - S_A$$

**例 7.1.2**　检验例 7.1.1 的假设（$\alpha=0.05$）

$$H_0: \mu_1=\mu_2=\cdots=\mu_r,\ H_1: \mu_1, \mu_2, \cdots, \mu_r\text{不全相等}$$

**解**：由题知，$r=3$，$n_1=n_3=8$，$n_2=7$，$n=23$，所以

$$T_1=209.6,\ T_2=160.8,\ T_3=145.6,\ T=\sum_{i=1}^{3}\sum_{j=1}^{n_i}x_{ij}=516$$

$$S_T=\sum_{i=1}^{r}\sum_{j=1}^{n_i}(x_{ij}-\bar{x})^2=\sum_{i=1}^{3}\sum_{j=1}^{n_i}x_{ij}^2-\frac{T^2}{23}=12314-\frac{516^2}{23}=738$$

$$S_A=\sum_{i=1}^{3}\frac{T_i^2}{n_i}-\frac{T^2}{n}=\frac{209.6^2}{8}+\frac{160.8^2}{7}+\frac{145.6^2}{8}-\frac{516^2}{23}=259$$

$$S_E=S_T-S_A=479$$

得方差分析表如下：

| 方差来源 | 平方和 | 自由度 | 均方和 | $F$ 值 |
|---|---|---|---|---|
| 因素 $A$ | 259 | 2 | 129.5 | 5.41 |
| 误差 | 479 | 20 | 23.95 | |
| 总和 | 738 | 22 | | |

查表得$F_\alpha(r-1, n-r)=F_{0.05}(2, 20)=3.49<5.41$，故在 0.05 的显著水平下拒绝 $H_0$，即认为某有机污染物在这条河流的三个断面水体中的浓度有显著差异。

## 7.2　一元线性回归

### 7.2.1　回归分析的基本概念

在初等数学、微积分等学习中，我们见过很多具有函数关系的表达式，如 $L=Vt$（距离等于速度乘时间），$y=ax^2$（抛物线），$I=CV$（物质的量等于浓度乘体积），$W=UIt$（电功等于电压乘电流乘时间）等。我们只要确定这些表达式中的一个或多个自变量就可以求得相应的因变量，这种关系我们称为**确定性关系**。

在现实问题中，处于同一个过程的一些变量往往是相互依赖、相互制约的，它们之间的关系除了一部分是确定性关系外，大部分是非确定性关系，也称相关关系。这种关系表现为变量之间有一定的依赖关系，但这种关系并不完全确认，也不能够精确地用函数表示出来。如父与子身高的遗传关系：高个子父辈有生高个子儿子的趋势，但这种关系我们很难精确地用函数表示出来。再比如，人的身高 $h$ 与体重 $w$ 两者之间

有相关关系，一般来讲，身高较高的人体重也较重，但是体重较重的人身高不一定较高。

变量间的相关关系虽然不能用完全确定的函数形式表达，但在平均意义下有一定的定量关系，可以用表达式表达出来。如，19 世纪英国统计学家高尔顿（F. Galton），根据大量的观察数据，总结出来儿子身高 $y$ 与父亲身高 $x$ 的定量关系表达式（单位：in，1 in = 2.54 cm）：$\hat{y} = 33.73 + 0.516x$。再如，医学上常用的身体质量指数（BMI），其表示式为 $BMI = w/h^2$，就是根据大量观察数据所得到的一个身高与体重的经验公式，常被用来判断一个人是否过于肥胖或瘦小。这样，这种相对的定量表达式我们可称为**回归函数**或**回归模型**，而通过对客观事物中变量的大量观测获得的数据的分析，寻找出隐藏在数据背后的相关关系，给出它们的表达形式（回归函数）的估计及预测等的统计方法称为**回归分析**。只有一个自变量的回归分析称为**一元回归分析**，多于一个自变量的回归分析称为**多元回归分析**。回归分析在现代工农业生产和科学研究各个领域中都有广泛的应用，目前回归分析所涉及的内容主要包括：①提供建立有相关关系的变量间的函数关系式（也称经验公式）的一般方法；②判别所建立的函数关系式是否有效，并判别哪些随机变量的影响是显著的，哪些是不显著的；③利用所得的函数关系式进行预测和控制等。本书主要介绍一元线性回归分析的基本思想和方法。

### 7.2.2 一元线性回归模型

我们知道，在物体做匀速运动试验中，物体到原点的距离 $L$ 与物体运动的时间 $x$ 之间有关系 $L = \beta_0 + \beta_1 x$，其中 $\beta_0$ 为物体在 $x = 0$ 时的初始距离，$\beta_1$ 是物体的运动速度。如果 $\beta_0$，$\beta_1$ 未知，我们则可以通过观测测量两个不同时间 $x_1$，$x_2$ 物体到原点的距离 $L_1$，$L_2$ 求出 $\beta_0$ 和 $\beta_1$ 的值，从而求出距离 $L$ 与时间 $x$ 之间的确定关系式。但在实际的试验中，物体到原点的距离不可能被精确地测量，而总是带有随机的测量误差，即我们所测量的距离是 $y = L + \varepsilon$，其中 $\varepsilon$ 是随机变量，测量误差。于是实际的表达式应是 $y = \beta_0 + \beta_1 x + \varepsilon$，其中 $x$ 是非随机变量，是可以精确测量的，$\varepsilon$ 是均值为 0 的随机变量，是不可以观测的。下面我们再看一下儿子身高 $y$ 与父亲身高 $x$ 的关系的例子。

**例 7.2.1** 为研究儿子身高 $y$ 与父亲的身高 $x$ 的关系，我们观测 10 对英国父子的身高，测得数据（单位：in）如下：

| $x$ | 60 | 62 | 64 | 65 | 66 | 67 | 68 | 70 | 72 | 74 |
|---|---|---|---|---|---|---|---|---|---|---|
| $y$ | 63.6 | 65.2 | 66 | 65.5 | 66.9 | 67.1 | 67.4 | 63.3 | 70.1 | 70 |

为了研究这些数据之间的规律性，我们以父亲身高 $x$ 作为横坐标，以儿子身高 $y$ 作为纵坐标，将这些数据点（$x_i$，$y_i$）在平面直角坐标系上标出，如下图 7.2.1 所示，这个图称为**散点图**。

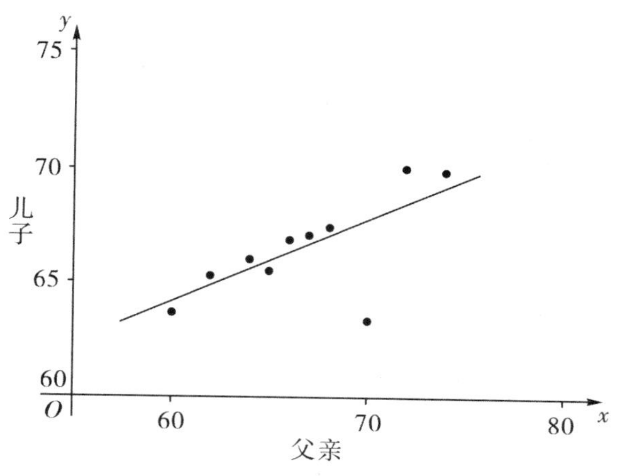


**图 7.2.1 父与子的身高关系散点图**

由图 7.2.1 我们看到，虽然这些点是散乱的，但仍大致落在一条直线附近，这说明父亲身高 $x$ 与儿子身高 $y$ 的关系大致可看作是直线关系，但又不都在一条直线上，$x$ 与 $y$ 之间应为不确定关系，儿子身高 $y$ 除了与父亲身高 $x$ 有关外，还受到许多其他因素的影响。因此，我们可以假设 $x$ 与 $y$ 之间有如下结构式：$y=\beta_0+\beta_1 x+\varepsilon$，$\varepsilon$ 为其他随机因素对 $y$ 的影响，反映了变量之间的不确定关系。

一般地，若随机变量 $y$ 与可控变量（也称普通变量）$x$ 之间有线性关系，可设

$$\begin{cases} y=\beta_0+\beta_1 x+\varepsilon \\ \varepsilon \sim N(0,\ \sigma^2) \end{cases} \tag{7.2.1}$$

其中 $\varepsilon$ 为随机变量，$\beta_0$，$\beta_1$，$\sigma^2$ 为未知参数，且都不依赖于 $x$。我们称上式（7.2.1）为**一元线性回归模型**。

在回归分析中，对线性模型 7.2.1 所要解决的问题主要是：

（1）通过样本观察值估计未知参数 $\beta_0$，$\beta_1$，$\sigma^2$ 的值 $\hat{\beta}_0$，$\hat{\beta}_1$，$\hat{\sigma}^2$，建立 $\hat{y}$ 与 $x$ 之间的数量关系式

$$\hat{y}=\hat{\beta}_0+\hat{\beta}_1 x \tag{7.2.2}$$

其中估计表达式 7.2.2 称为 $y$ 关于 $x$ 的**线性回归方程**或**经验公式**，其图形称为**回归直线**，$\hat{\beta}_0$、$\hat{\beta}_1$ 称为回归系数。

（2）对线性模型和 $\beta_1$ 的假设进行检验；

（3）对 $y$ 进行预测与控制。

### 7.2.3 未知参数的估计

1. $\beta_0$，$\beta_1$的最小二乘估计

最小二乘法是估计经验公式中未知参数的一种常用方法，这里我们用它来求一元线性回归模型 7.2.1 中的回归系数的估计值。

取 $x$ 的 $n$ 个不全相同的值$x_1$，$x_2$，…，$x_n$做独立试验，可以得到一组样本观察值（$x_1$，$y_1$），（$x_2$，$y_2$），…，（$x_n$，$y_n$），那么对于每一个$x_i$，$i=1$，2，…，$n$，由线性回归方程 7.2.2 式都能够得到一个回归值$\hat{y}_i=\hat{\beta}_0+\hat{\beta}_1x_i$，而其与实际观察值的差$y_i-\hat{y}_i=y_i-\hat{\beta}_0+\hat{\beta}_1x_i$称为$x_i$（$i=1$，2，…，$n$）处的残差，残差刻画了$y_i$与回归直线 $\hat{y}=\hat{\beta}_0+\hat{\beta}_1x$ 的偏离度（图 7.2.2）。因此，一个自然的想法就是：对所有$x_i$，$i=1$，2，…，$n$，若$y_i$与$\hat{y}_i$的偏离度越小，则认为直线与所有试验点（$x_i$，$y_i$）拟合得越好。

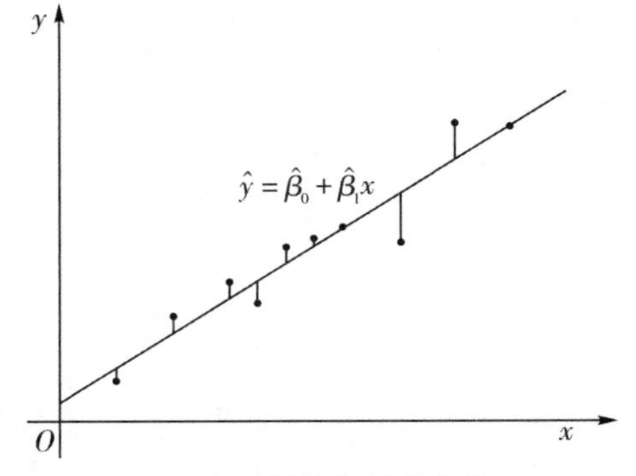

**图 7.2.2. 散点与回归直线**

令

$$Q(\beta_0,\beta_1)=\sum_{i=1}^{n}(y_i-\hat{y}_i)^2=\sum_{i=1}^{n}(y_i-\hat{\beta}_0-\hat{\beta}_1x_i)^2 \tag{7.2.3}$$

则上式可以描述所有观察值（$x_i$，$y_i$），（$i=1$，2，…，$n$）与直线$\hat{y}=\hat{\beta}_0+\hat{\beta}_1x$ 总体偏离程度，也是它们的偏差平方和，上式 7.2.3 也称为**残差平方和**。为计算方便，7.2.3 式常写为 $Q(\beta_0,\beta_1)=\sum_{i=1}^{n}(y_i-\beta_0-\beta_1x_i)^2$。

若存在$\hat{\beta}_0$，$\hat{\beta}_1$，使得 $Q(\hat{\beta}_0,\hat{\beta}_1)=\min Q(\beta_0,\beta_1)$，则认为直线$\hat{y}=\hat{\beta}_0+\hat{\beta}_1x$ 便是“总的看来最接近”（$x_i$，$y_i$）点的直线。这样问题就转化为：求二元函数 $Q$（$\beta_0$，$\beta_1$）取最小值的点（$\hat{\beta}_0$，$\hat{\beta}_1$）。由于 $Q(\beta_0,\beta_1)$ 为 $n$ 个平方和，所以“使 $Q(\beta_0,\beta_1)$ 达到最小”的原则称为**平方和最小原则**，也称为**最小二乘原则**。

根据微分的求极值方法，取 $Q(\beta_0,\beta_1)$ 分别关于$\beta_0$，$\beta_1$的偏导数，并令它们为零：

$$\begin{cases}\dfrac{\partial Q}{\partial\beta_0}=-2\sum\limits_{i=1}^{n}(y_i-\beta_0-\beta_1x_i)=0\\ \dfrac{\partial Q}{\partial\beta_1}=-2x_i\sum\limits_{i=1}^{n}(y_i-\beta_0-\beta_1x_i)=0\end{cases}$$

整理以上方程组，可得

$$
\begin{cases}
n\beta_0 + (\sum_{i=1}^{n} x_i)\beta_1 = \sum_{i=1}^{n} y_i \\
(\sum_{i=1}^{n} x_i)\beta_0 + (\sum_{i=1}^{n} x_i^2)\beta_1 = \sum_{i=1}^{n} x_i y_i
\end{cases}
$$

此式称为**正规方程组**。解该方程组得 $\beta_0$、$\beta_1$ 的最小二乘估计值 $\hat{\beta}_0$、$\hat{\beta}_1$ 如下

$$
\begin{cases}
\hat{\beta}_1 = \dfrac{n\sum_{i=1}^{n} x_i y_i - (\sum_{i=1}^{n} x_i)(\sum_{i=1}^{n} y_i)}{n\sum_{i=1}^{n} x_i^2 - (\sum_{i=1}^{n} x_i)^2} = \dfrac{\sum_{i=1}^{n} (x_i - \bar{x})(y_i - \bar{y})}{\sum_{i=1}^{n} (x_i - \bar{x})^2} \\
\hat{\beta}_0 = \dfrac{1}{n}\sum_{i=1}^{n} y_i - \dfrac{\hat{\beta}_1}{n}\sum_{i=1}^{n} x_i = \bar{y} - \bar{x}\hat{\beta}_1
\end{cases}
\tag{7.2.4}
$$

其中 $\bar{x} = \frac{1}{n}\sum_{i=1}^{n} x_i$，$\bar{y} = \frac{1}{n}\sum_{i=1}^{n} y_i$；由于 $x_i$ 不全相同，则 $n\sum_{i=1}^{n} x_i^2 - (\sum_{i=1}^{n} x_i)^2 \neq 0$。

为了计算上的方便，常记为

$$
S_{xx} = \sum_{i=1}^{n} (x_i - \bar{x})^2 = \sum_{i=1}^{n} x_i^2 - \frac{1}{n}(\sum_{i=1}^{n} x_i)^2
$$

$$
S_{yy} = \sum_{i=1}^{n} (y_i - \bar{y})^2 = \sum_{i=1}^{n} y_i^2 - \frac{1}{n}(\sum_{i=1}^{n} y_i)^2
$$

$$
S_{xy} = \sum_{i=1}^{n} (x_i - \bar{x})(y_i - \bar{y}) = \sum_{i=1}^{n} x_i y_i - \frac{1}{n}(\sum_{i=1}^{n} x_i)(\sum_{i=1}^{n} y_i)
$$

这样 $\beta_0$，$\beta_1$ 的估计值可写成

$$
\begin{cases}
\hat{\beta}_1 = \dfrac{S_{xy}}{S_{xx}} \\
\hat{\beta}_0 = \bar{y} - \bar{x}\hat{\beta}_1
\end{cases}
\tag{7.2.5}
$$

**例 7.2.2**　求例 7.2.1 中儿子身高 $y$ 与父亲身高 $x$ 的线性回归方程。

**解：** 为求线性回归方程，我们将有关的计算结果列表如下：

| $i$ | 1 | 2 | 3 | 4 | 5 | 6 | 7 | 8 | 9 | 10 | $\sum$ |
|---|---|---|---|---|---|---|---|---|---|---|---|
| $x_i$ | 60 | 62 | 64 | 65 | 66 | 67 | 68 | 70 | 72 | 74 | 668 |
| $y_i$ | 63.6 | 65.2 | 66 | 65.5 | 66.9 | 67.1 | 67.4 | 63.3 | 70.1 | 70 | 665.1 |
| $x_i^2$ | 3600 | 3844 | 4096 | 4225 | 4356 | 4489 | 4624 | 4900 | 5184 | 5476 | 44794 |
| $x_i y_i$ | 3816 | 4042.4 | 4224 | 4257.5 | 4415.4 | 4495.7 | 4583.2 | 4431 | 5047.2 | 5180 | 44492.4 |

所以

$$\bar{x} = \frac{1}{n}\sum_{i=1}^{n} x_i = \frac{1}{10} \times 668 = 66.8,\ \bar{y} = \frac{1}{n}\sum_{i=1}^{n} y_i = \frac{1}{10} \times 665.1 = 66.51$$

$$S_{xx} = \sum_{i=1}^{n} x_i^2 - \frac{1}{n}\left(\sum_{i=1}^{n} x_i\right)^2 = 44794 - \frac{1}{10} \times 668^2 = 171.6$$

$$S_{xy} = \sum_{i=1}^{n} x_i y_i - \frac{1}{n}\left(\sum_{i=1}^{n} x_i\right)\left(\sum_{i=1}^{n} y_i\right) = 44492.4 - \frac{1}{10} \times 668 \times 665.1 = 63.72$$

由式7.2.5，则$\beta_0$，$\beta_1$的估计值为

$$\hat{\beta}_1 = \frac{S_{xy}}{S_{xx}} = \frac{63.72}{171.6} = 0.3713$$

$$\hat{\beta}_0 = \bar{y} - \bar{x}\hat{\beta}_1 = 66.51 - 66.8 \times 0.3713 = 41.7$$

所以，求得儿子身高$y$与父亲身高$x$的线性回归方程为$\hat{y} = 41.7 + 0.3713x$。

2. $\sigma^2$的矩估计量和极大似然估计量

**矩估计法：**

已知$\varepsilon \sim N(0, \sigma^2)$，所以$\sigma^2 = D(\varepsilon) = E(\varepsilon^2)$，$\sigma^2$可以用$\frac{1}{n}\sum_{i=1}^{n} \varepsilon_i^2$做估计。而$\varepsilon = y_i - \beta_0 - \beta_1 x_i$，再用最小二乘法的$\beta_0$，$\beta_1$的估计值代入，可得

$$\hat{\sigma}^2 = \frac{1}{n}\sum_{i=1}^{n} (y_i - \hat{\beta}_0 - \hat{\beta}_1 x_i)^2 \tag{7.2.6}$$

这就是$\sigma^2$的矩估计量表达式。

**极大似然估计法：**

由式7.2.1知：$y_i = \beta_0 + \beta_1 x_i + \varepsilon_i$，$\varepsilon_i \sim N(0, \sigma^2)$，$\varepsilon_i$相互独立，所以$y_i \sim N(\beta_0 + \beta_1 x_i, \sigma^2)$，$i = 1, 2, \cdots, n$，各$y_i$相互独立。根据正态分布的密度函数定义，则$y_i$的似然函数为

$$L(\sigma^2)=L(y_i,\ \sigma^2)=\prod_{i=1}^{n}\frac{1}{\sqrt{2\pi}\sigma}\mathrm{e}^{-\frac{(y_i-\beta_0-\beta_1x_i)^2}{2\sigma^2}}=\left(\frac{1}{\sqrt{2\pi}\sigma}\right)^n\mathrm{e}^{-\frac{1}{2\sigma^2}\sum_{i=1}^{n}(y_i-\beta_0-\beta_1x_i)^2}$$

两端取对数，得

$$\ln L(\sigma^2)=-\frac{n}{2}\ln(2\pi\sigma^2)-\frac{1}{2\sigma^2}\sum_{i=1}^{n}(y_i-\beta_0-\beta_1x_i)^2$$

由上式我们可知：要使似然函数 $L(\sigma^2)$ 取最大值，必然使函数

$$Q(\beta_0,\ \beta_1)=\sum_{i=1}^{n}(y_i-\beta_0-\beta_1x_i)^2$$

取最小值，也即是前面我们求未知参数$\beta_0$，$\beta_1$时，所利用的最小二乘法的表达式。因此，当$\beta_0$，$\beta_1$的估计值$\hat{\beta}_0$，$\hat{\beta}_1$已经求得时，求$\sigma^2$的估计量就可以通过解似然方程

$$\frac{\mathrm{d}\ln L(\sigma^2)}{\mathrm{d}\sigma^2}=-\frac{n}{2\sigma^2}-\frac{1}{2\sigma^4}\sum_{i=1}^{n}(y_i-\hat{\beta}_0-\hat{\beta}_1x_i)^2=0$$

解得

$$\hat{\sigma}^2=\frac{1}{n}\sum_{i=1}^{n}(y_i-\hat{\beta}_0-\hat{\beta}_1x_i)^2$$

即$\sigma^2$的极大似然估计量。其结果也与矩估计的结果相同。

**例 7.2.3**　求例 7.2.1 中儿子身高 $y$ 与父亲身高 $x$ 的线性回归模型中$\sigma^2$的估计量。

**解：**根据例 7.2.2 的结果及式 7.2.6，我们将有关的计算结果列表如下：

| $i$ | 1 | 2 | 3 | 4 | 5 | 6 | 7 | 8 | 9 | 10 |
|---|---|---|---|---|---|---|---|---|---|---|
| $x_i$ | 60 | 62 | 64 | 65 | 66 | 67 | 68 | 70 | 72 | 74 |
| $y_i$ | 63.6 | 65.2 | 66 | 65.5 | 66.9 | 67.1 | 67.4 | 63.3 | 70.1 | 70 |
| $y_i-\hat{\beta}_0-\hat{\beta}_1x_i$ | −0.38 | 0.48 | 0.54 | −0.33 | 0.69 | 0.52 | 0.45 | −4.39 | 1.67 | 0.82 |

所以

$$\hat{\sigma}^2=\frac{1}{n}\sum_{i=1}^{n}(y_i-\hat{\beta}_0-\hat{\beta}_1x_i)^2=\frac{1}{10}\sum_{i=1}^{10}(y_i-\hat{\beta}_0-\hat{\beta}_1x_i)^2=2.45$$

3. 未知参数$\beta_0$，$\beta_1$，$\sigma^2$的几个特性

① $\hat{\beta}_1$是$\beta_1$的无偏估计量，且$\hat{\beta}_1 \sim N\left(\beta_1, \dfrac{\sigma^2}{S_{xx}}\right)$；

② $\hat{\beta}_0$是$\beta_0$的无偏估计量，且$\hat{\beta}_0 \sim N\left(\beta_0, \left(\dfrac{1}{n}+\dfrac{\bar{x}^2}{S_{xx}}\right)\sigma^2\right)$；

③ $\hat{y}=\hat{\beta}_0+\hat{\beta}_1 x \sim N\left(\beta_0+\beta_1 x, \left[\dfrac{1}{n}+\dfrac{(x-\bar{x})^2}{S_{xx}}\right]\sigma^2\right)$；

④ 令$\hat{\sigma}^{*2}=\dfrac{1}{n-2}\sum\limits_{i=1}^{n}(y_i-\hat{\beta}_0-\hat{\beta}_1 x_i)^2$，则$\hat{\sigma}^{*2}$是$\sigma^2$的无偏估计量，且$\dfrac{(n-2)\ \hat{\sigma}^{*2}}{\sigma^2} \sim \chi^2(n-2)$。

证明略。

**注意**：由上述特性④知$\hat{\sigma}^{*2}=\dfrac{n}{n-2}\hat{\sigma}^2$，$\hat{\sigma}^{*2}$是$\sigma^2$的无偏估计量，$\hat{\sigma}^2$则是$\sigma^2$的有偏估计量。当样本量$n$很大时二者近似相等。

### 7.2.4 回归方程的显著性检验

从前面求线性回归方程的过程可以看出，对任意给出的$n$对数据（$x_i$，$y_i$），我们都可以通过最小二乘法求得$y$对$x$的回归方程$\hat{y}=\hat{\beta}_0+\hat{\beta}_1 x$，但实际上，我们并不知道或不能断定它们之间确有线性关系，所求得的$\hat{y}=\hat{\beta}_0+\hat{\beta}_1 x$只是一种假象。因此，在求解$y$对$x$的回归方程之前，我们必须判断$y$对$x$的关系是否满足一元线性回归模型。从理论上来说，这需要检验以下三点：①在$x$取各个固定值时，$y$要都服从正态分布，而且方差相同；②对各个$x$的值，$E(y)$必须是$x$的线性函数；③在$x$取各个值时，相应的$y$的值是相互独立的。可见要严格地检验这三点不仅需要大量的试验，还需要大量的计算，实际上很难办到。在实际中，要判断$y$与$x$是否满足一元线性回归模型，我们除了根据有关专业知识和实践来判断外，还需要根据实际观察得到的数据运用假设检验的方法判断。这里我们来介绍根据试验数据（$x_i$，$y_i$）进行统计检验的一般做法。

由$y=\beta_0+\beta_1 x+\varepsilon$，$\varepsilon \sim N(0, \sigma^2)$可知，当$|\beta_1|$越大，$y$随$x$的变化而变化的趋势就越明显；当$|\beta_1|$越小，$y$随$x$的变化而变化的趋势就越不明显，特别是$\beta_1=0$时，可以认为$y$与$x$间不存在线性相关关系。这样，判断$y$与$x$是否满足线性回归模型的问题就转化为在显著水平$\alpha$下，检验假设：

$$H_0: \beta_1=0; \ H_1: \beta_1 \neq 0$$

是否成立。若拒绝$H_0$，则认为$y$与$x$之间存在线性关系，所求的线性回归方程有意义；若接受$H_0$，则认为$y$与$x$之间的关系不能用一元线性回归模型来表示，所求得的线性回归方程无意义。此时可能有以下几种原因：

（1）除了变量$x$外，还有其他不可忽略的因素（或变量）对$y$也有显著影响，从而削弱了$x$的影响，此时应该考虑用多元线性回归；

（2）$y$ 与 $x$ 之间不是线性关系，而是某种非线性联系，应该考虑非线性回归；

（3）$y$ 与 $x$ 之间不存在关系。

因此，在接受 $H_0$的同时，需要进一步查明原因，分别处理。但这绝非易事，此时对该问题的专业知识和实践往往起着重要的作用。

在一元线性回归的显著性检验问题中，常用三种等价的检验方法：$F$ 检验法、$t$ 检验法和相关系数检验法。进行假设检验时，任选其中之一即可。这里我们只将 $F$ 检验法和 $t$ 检验法的过程列出：

1. *F 检验法*

为了检验假设 $H_0$，先分析给定的试验观察值$y_1$，$y_2$，…，$y_n$的差异。而总数据的差异我们可以用总偏差平方和 $S_T$来度量：

$$S_T = \sum_{i=1}^{n} (y_i - \bar{y})^2 = S_{yy}$$

而引起各$y_i$不同的因素主要有两类：

①$H_0$可能不真，即$\beta_1 \neq 0$，$E(y) = \beta_0 + \beta_1 x$ 会随 $x$ 的变化而变化，在各个 $x$ 的观察值处的回归值$\hat{y}$不全相同，其差异可以用**回归平方和** $S_R$来度量：

$$S_R = \sum_{i=1}^{n} (\hat{y}_i - \bar{y})^2$$

②其他一切因素，包括随机误差、$x$ 对 $E(y)$ 的非线性影响等。在得到回归值$\hat{y}$以后，$y$ 的观察值与回归值之间还有差距，这可用**残差平方和**（**剩余平方和**）$S_e$来度量：

$$S_e = \sum_{i=1}^{n} (y_i - \hat{y}_i)^2 = Q(\beta_0, \beta_1)$$

下面我们来证明回归平方和、残差平方和与总偏差平方和之间的关系式。为此，首先注意到$\hat{\beta}_0$，$\hat{\beta}_1$满足正规方程组的两组表达式，因此有

$$\sum_{i=1}^{n} (y_i - \hat{y}_i) = \sum_{i=1}^{n} (y_i - \hat{\beta}_0 - \hat{\beta}_1 x_i) = 0$$
$$\sum_{i=1}^{n} (y_i - \hat{y}_i) x_i = \sum_{i=1}^{n} (y_i - \hat{\beta}_0 - \hat{\beta}_1 x_i) x_i = 0$$

这里将 $S_T$的表达式展开为

$$S_T = \sum_{i=1}^{n} (y_i - \bar{y})^2 = \sum_{i=1}^{n} [(y_i - \hat{y}_i) + (\hat{y}_i - \bar{y})]^2$$

$$= \sum_{i=1}^{n}(y_i - \hat{y}_i)^2 + \sum_{i=1}^{n}(\hat{y}_i - \bar{y})^2 + 2\sum_{i=1}^{n}(y_i - \hat{y}_i)(\hat{y}_i - \bar{y})$$

而

$$\sum_{i=1}^{n}(y_i - \hat{y}_i)(\hat{y}_i - \bar{y}) = \sum_{i=1}^{n}(y_i - \hat{\beta}_0 - \hat{\beta}_1 x_i)(\hat{\beta}_0 + \hat{\beta}_1 x_i - \bar{y})$$
$$= (\hat{\beta}_0 - \bar{y})\sum_{i=1}^{n}(y_i - \hat{\beta}_0 - \hat{\beta}_1 x_i) + \hat{\beta}_1 \sum_{i=1}^{n}(y_i - \hat{\beta}_0 - \hat{\beta}_1 x_i)x_i = 0$$

故可得

$$S_T = \sum_{i=1}^{n}(y_i - \hat{y}_i)^2 + \sum_{i=1}^{n}(\hat{y}_i - \bar{y})^2 = S_e + S_R \tag{7.2.7}$$

这就是一元线性回归模型中**平方和分解式**。

因此，总偏差平方和 $S_T$给定后，则回归平方和 $S_R$越大，残差平方和 $S_e$就越小，表示 $x$ 对 $y$ 的线性影响就越显著；$S_R$越小，$S_e$就越大，表示 $x$ 对 $y$ 的线性影响就越不显著。因此，$S_R/S_e$的比值反映了 $x$ 对 $y$ 的线性影响的显著性。关于 $S_R$，$S_e$则有以下几个性质：

设试验观察值$y_1$，$y_2$，…，$y_n$相互独立，且$y_i \sim N(\beta_0 + \beta_1 x_i, \sigma^2)$，$i=1$，2，…，$n$，则有

（1）$\frac{S_e}{\sigma^2} \sim \chi^2(n-2)$；

（2）若 $H_0$成立，则有$\frac{S_R}{\sigma^2} \sim \chi^2(1)$；

（3）$S_R$与 $S_e$，$\bar{y}$ 相互独立。

**证明：**

（1）由 $S_e$的表达式可得

$$S_e = \sum_{i=1}^{n}(y_i - \hat{y}_i)^2 = \sum_{i=1}^{n}(y_i - \hat{\beta}_0 - \hat{\beta}_1 x_i)^2 = (n-2)\hat{\sigma}^{*2}$$

由$\sigma^2$的参数性质知

$$\frac{(n-2)\hat{\sigma}^{*2}}{\sigma^2} \sim \chi^2(n-2)$$

故可得

$$\frac{S_e}{\sigma^2} \sim \chi^2(n-2)$$

（2）当 $H_0: \beta_1 = 0$ 为真时，由$\beta_1$参数特性可知 $\hat{\beta}_1 \sim N(0, \frac{\sigma^2}{S_{xx}})$，由此可得

$$\frac{\hat{\beta}_1 \sqrt{S_{xx}}}{\sigma} \sim N(0, 1)$$

根据卡方分布的定义，得

$$\frac{\hat{\beta}_1^2 S_{xx}}{\sigma^2} \sim \chi^2(1)$$

由$\hat{y} = \hat{\beta}_0 + \hat{\beta}_1 x$，我们可知$\hat{y}_i = \hat{\beta}_0 + \hat{\beta}_1 x_i$，且 $\bar{y} = \hat{\beta}_0 + \hat{\beta}_1 \bar{x}$，于是

$$\begin{aligned} S_R &= \sum_{i=1}^{n} (\hat{y}_i - \bar{y})^2 = \sum_{i=1}^{n} (\hat{\beta}_0 + \hat{\beta}_1 x_i - \bar{y})^2 = \sum_{i=1}^{n} (\bar{y} - \hat{\beta}_1 \bar{x} + \hat{\beta}_1 x_i - \bar{y})^2 \\ &= \sum_{i=1}^{n} (\hat{\beta}_1 x_i - \hat{\beta}_1 \bar{x})^2 = \hat{\beta}_1^2 \sum_{i=1}^{n} (x_i - \bar{x})^2 = \hat{\beta}_1^2 S_{xx} \end{aligned}$$

所以

$$\frac{\hat{\beta}_1^2 S_{xx}}{\sigma^2} = \frac{S_R}{\sigma^2} \sim \chi^2(1)$$

下面我们来构造假设检验的 $F$ 统计量：

在显著性水平 $\alpha$ 下，当$H_0: \beta_1 = 0$ 为真时，由 $S_R$，$S_e$的性质及 $F$ 分布的定义，得

$$F = \frac{S_R/\sigma^2}{S_e/(n-2)\sigma^2} = \frac{(n-2)S_R}{S_e} \sim F(1, n-2)$$

此时，我们可知，当$H_0: \beta_1 = 0$ 为真时，线性回归效果不显著，$(n-2)S_R/S_e$应该比较小。若 $(n-2)S_R/S_e$比较大，就应该拒绝假设 $H_0$。故由 $F$ 分布的分位数定义可得

$$P\left\{\frac{(n-2)S_R}{S_e} \geqslant F_\alpha(1, n-2)\right\} = \alpha$$

因此，对于给定的观察值 $(x_1, y_1), (x_2, y_2), \cdots, (x_n, y_n)$，根据给定的显著性水平 $\alpha$，查 $F_\alpha(1, n-2)$ 的值，可得 $H_0$ 的拒绝域 $W=\{[F_\alpha(1, n-r), +\infty)\}$。若由样本观察值计算所得的统计量值 $F \geqslant F_\alpha(1, n-2)$，则拒绝 $H_0$，认为线性回归效果显著，即 $x$ 与 $y$ 之间存在显著的线性相关关系；若 $F < F_\alpha(1, n-2)$，则接受 $H_0$，认为线性回归效果不显著，$x$ 与 $y$ 之间没有显著的线性相关关系。

为了方便计算检验统计量，常用以下表达式来计算 $S_T$，$S_R$ 和 $S_e$：

$$S_T = \sum_{i=1}^{n} (y_i - \bar{y})^2 = \sum_{i=1}^{n} y_i^2 - \frac{1}{n}\left(\sum_{i=1}^{n} y_i\right)^2 = S_{yy}$$

$$\begin{aligned} S_R &= \sum_{i=1}^{n} (\hat{y}_i - \bar{y})^2 = \sum_{i=1}^{n} (\hat{\beta}_0 + \hat{\beta}_1 x_i - \bar{y})(\hat{y}_i - \bar{y}) = \sum_{i=1}^{n} (\bar{y} - \hat{\beta}_1 \bar{x} + \hat{\beta}_1 x_i - \bar{y})(\hat{y}_i - \bar{y}) \\ &= \sum_{i=1}^{n} (\hat{\beta}_1 x_i - \hat{\beta}_1 \bar{x})(\hat{y}_i - \bar{y}) = \hat{\beta}_1 \sum_{i=1}^{n} (x_i - \bar{x})(\hat{y}_i - \bar{y}) = \hat{\beta}_1 S_{xy} = \hat{\beta}_1^2 S_{xx} = S_{xy}^2 / S_{xx} \end{aligned}$$

$$S_e = S_T - S_R = S_{yy} - S_R$$

**例 7.2.4** 在显著性水平 $\alpha=0.05$ 下，用 $F$ 检验法检验例 7.2.2 中儿子身高 $y$ 与父亲身高 $x$ 的线性回归效果是否显著。

**解：** 由例 7.2.2 的计算知

$$S_{xx}=171.6,\quad S_{xy}=63.72$$

而由例 7.2.2 的表格数据可以得

$$S_{yy} = \sum_{i=1}^{n} (y_i - \bar{y})^2 = \sum_{i=1}^{10} y_i^2 - \frac{1}{10}\left(\sum_{i=1}^{10} y_i\right)^2 = 48.1$$

因此，可得

$$S_T = S_{yy} = 48.1,\quad S_R = \frac{S_{xy}^2}{S_{xx}} = \frac{63.72^2}{171.6} = 23.67,\quad S_e = S_{yy} - S_R = 24.43$$

$$F = \frac{(n-2)S_R}{S_e} = \frac{(10-2)\times 23.67}{24.43} = 7.75$$

在显著性水平 $\alpha=0.05$ 下，查表得 $F_\alpha(1, n-2) = F_{0.05}(1, 8) = 5.32 < 7.75 = F$。故根据 $F$ 检验的法则，拒绝 $H_0$，认为例 7.2.2 的线性回归效果显著，即 $x$ 与 $y$ 之间存在显著的线性相关关系，求得的线性回归方程有意义。

2. *t* 检验法

由前面的参数性质知：$\hat{\beta}_1$ 是 $\beta_1$ 的无偏估计量，且 $\hat{\beta}_1 \sim N\left(\beta_1, \frac{\sigma^2}{S_{xx}}\right)$，可得

$$\frac{\hat{\beta}_1-\beta_1}{\sigma/\sqrt{S_{xx}}}\sim N(0,\ 1)$$

而

$$\frac{S_e}{\sigma^2}=\frac{(n-2)\hat{\sigma}^{*2}}{\sigma^2}\sim\chi^2(n-2)$$

已知$\hat{\beta}_1$，$\hat{\sigma}^{*2}$相互独立，因此，当$H_0:\beta_1=0$为真时，由 $t$ 分布的定义，得

$$T=\frac{\dfrac{\hat{\beta}_1-\beta_1}{\sigma/\sqrt{S_{xx}}}}{\sqrt{\dfrac{(n-2)\hat{\sigma}^{*2}}{\sigma^2(n-2)}}}=\frac{\hat{\beta}_1-\beta_1}{\hat{\sigma}^*/\sqrt{S_{xx}}}=\frac{\hat{\beta}_1}{\hat{\sigma}^*/\sqrt{S_{xx}}}\sim t(n-2)$$

这样，在显著性水平 $\alpha$ 下，由 $t$ 分布的分位数定义可得

$$P\left\{\frac{|\hat{\beta}_1|}{\hat{\sigma}^*/\sqrt{S_{xx}}}\geqslant t_{\frac{\alpha}{2}}(n-2)\right\}=\alpha$$

因此，对于给定的观察值（$x_1$，$y_1$），（$x_2$，$y_2$），…，（$x_n$，$y_n$），根据给定的显著性水平 $\alpha$，查表，可得 $H_0$的拒绝域 $W=\{(-\infty,\ -t_{\frac{\alpha}{2}}(n-2)]\cup[t_{\frac{\alpha}{2}}(n-2),\ +\infty)\}$。即：若由样本观察值计算所得的统计量值$|T|\geqslant t_{\frac{\alpha}{2}}(n-2)$，则拒绝 $H_0$，认为线性回归效果显著，$x$ 与 $y$ 之间存在显著的线性相关关系；若$|T|<t_{\frac{\alpha}{2}}(n-2)$，则接受 $H_0$，认为线性回归效果不显著，$x$ 与 $y$ 之间没有显著的线性相关关系。

**注意**：在计算时，为计算方便，检验统计量 $T=\dfrac{\hat{\beta}_1}{\hat{\sigma}^*/\sqrt{S_{xx}}}$常做以下变换：

由

$$\hat{\sigma}^{*2}=\frac{S_e}{(n-2)}=\frac{S_{yy}-S_R}{(n-2)}=\frac{S_{yy}S_{xx}-S_{xy}^2}{(n-2)S_{xx}},\ \hat{\beta}_1=S_{xy}/S_{xx}$$

可得

$$T=\frac{\hat{\beta}_1}{\hat{\sigma}^*/\sqrt{S_{xx}}}=\frac{S_{xy}/S_{xx}}{\sqrt{S_{yy}S_{xx}-S_{xy}^2}/S_{xx}\sqrt{(n-2)}}=\frac{\sqrt{(n-2)}S_{xy}}{\sqrt{S_{yy}S_{xx}-S_{xy}^2}}$$

**例 7.2.5** 在显著性水平 $\alpha=0.05$ 下，用 $t$ 检验法检验例 7.2.2 中儿子身高 $y$ 与父亲身高 $x$ 的线性回归效果是否显著。

**解：** 由例 7.2.2 及例 7.2.4 的计算知

$$S_{xx}=171.6,\ S_{yy}=48.1,\ S_{xy}=63.72$$

由此可得

$$T=\frac{\hat{\beta}_1}{\hat{\sigma}^*/\sqrt{S_{xx}}}=\frac{\sqrt{(n-2)}S_{xy}}{\sqrt{S_{yy}S_{xx}-S_{xy}^2}}=\frac{\sqrt{(10-2)}\times 63.72}{\sqrt{48.1\times 171.6-63.72^2}}=2.7831$$

在显著性水平 $\alpha=0.05$ 下，查表得 $t_{\frac{\alpha}{2}}(n-2)=t_{0.025}(8)=2.3060<2.7831=T$。故根据 $t$ 检验的法则，拒绝 $H_0$，认为例 7.2.2 的线性回归效果显著，$x$ 与 $y$ 之间存在显著的线性相关关系，求得的线性回归方程有意义。

### 7.2.5 利用回归方程进行预测

在实际工作及生活中，求回归方程的一个主要目的就是解决实践当中的预测与控制问题。所谓预测就是指当已知自变量的值时如何求相应的因变量的值及其取值范围。控制是预测的反问题，指要使因变量 $y$ 在某个范围内取值，应该控制 $x$ 在什么范围之内。这两个问题之间的关系非常密切，但控制问题比预测问题分析起来要复杂得多，下面我们只针对预测问题进行讲述，控制问题读者可以参考我们文献中列出的相关书籍进行学习。

1. 点预测

在回归问题中，若回归方程经检验效果显著，这时回归值与实际值拟合得比较好，我们可以利用它对随机变量 $y$ 进行点预测和区间预测。其中点预测的过程如下：

对于给定的观测值 $x_0$，由回归方程可得

$$\hat{y}_0=\hat{\beta}_0+\hat{\beta}_1 x_0$$

称 $\hat{y}_0$ 是 $y_0=\beta_0+\beta_1 x_0+\varepsilon_0$ 的**预测值**。即我们以 $y_0$ 的数学期望 $E(y_0)=\beta_0+\beta_1 x_0$ 的点估计 $\hat{y}_0=\hat{\beta}_0+\hat{\beta}_1 x_0$ 作为 $y_0$ 的点预测。而

$$E(\hat{y}_0)=E[\hat{\beta}_0+\hat{\beta}_1 x_0]=\beta_0+\beta_1 x_0=E(y_0)$$

我们称这个预测为无偏的，其中值 $x_0$ 是任意观测值。

例如，在例 7.2.2 中回归方程为

$$\hat{y}=41.7+0.3713x$$

对$x_0=68$，$y_0$的观测值为67.4，而预测值为

$$\hat{y}_0=41.7+0.3713\times 68=66.9$$

我们计算可知，观察值与预测值之间的相对误差仅为0.74%，误差很小，预测的效果比较好。

2. 区间预测

在实际问题中，对于给定的$x_0$及显著性水平$\alpha$，求$E(y_0)$的预测区间就是要寻找到一个正数$\delta(x_0)$，使得当$x=x_0$时，实际观测值$y_0$以$1-\alpha$的概率落入区间$[\hat{y}_0-\delta(x_0),\ \hat{y}_0+\delta(x_0)]$内，即

$$P\{|y_0-\hat{y}_0|\leqslant\delta(x_0)\}=1-\alpha$$

由回归方程参数的性质（3）知

$$\hat{y}_0=\hat{\beta}_0+\hat{\beta}_1x_0\sim N\left(\beta_0+\beta_1x_0,\ \left[\frac{1}{n}+\frac{(x_0-\bar{x})^2}{S_{xx}}\right]\sigma^2\right)$$

根据正态分布的性质，可得

$$y_0-\hat{y}_0=\beta_0+\beta_1x_0-\hat{\beta}_0-\hat{\beta}_1x_0\sim N\left(0,\ \left[1+\frac{1}{n}+\frac{(x_0-\bar{x})^2}{S_{xx}}\right]\sigma^2\right)$$

所以

$$(y_0-\hat{y}_0)/\sigma\sqrt{1+\frac{1}{n}+\frac{(x_0-\bar{x})^2}{S_{xx}}}\sim N(0,\ 1)$$

而由回归方程参数的性质（4）知

$$\frac{(n-2)\hat{\sigma}^{*2}}{\sigma^2}\sim\chi^2(n-2)$$

因此，根据$t$分布的定义，得

$$T=\frac{(y_0-\hat{y}_0)/\sigma\sqrt{1+\frac{1}{n}+\frac{(x_0-\bar{x})^2}{S_{xx}}}}{\sqrt{(n-2)\ \hat{\sigma}^{*2}/\sigma^2(n-2)}}=\frac{y_0-\hat{y}_0}{\hat{\sigma}^*\sqrt{1+\frac{1}{n}+\frac{(x_0-\bar{x})^2}{S_{xx}}}}\sim t(n-2)$$

这样，在显著性水平 $\alpha$ 下，根据 $t$ 分布分位数的定义，得

$$P\left\{\frac{|y_0-\hat{y}_0|}{\hat{\sigma}^*\sqrt{1+\frac{1}{n}+\frac{(x_0-\bar{x})^2}{S_{xx}}}}\leqslant t_{\frac{\alpha}{2}}(n-2)\right\}=1-\alpha$$

即

$$P\left\{\hat{y}_0-t_{\frac{\alpha}{2}}(n-2)\hat{\sigma}^*\sqrt{1+\frac{1}{n}+\frac{(x_0-\bar{x})^2}{S_{xx}}}\leqslant y_0\leqslant \hat{y}_0+t_{\frac{\alpha}{2}}(n-2)\hat{\sigma}^*\sqrt{1+\frac{1}{n}+\frac{(x_0-\bar{x})^2}{S_{xx}}}\right\}=1-\alpha$$

故对任意给定的$x_0$，它所对应的$y_0$的置信度为 $1-\alpha$ 的预测区间为

$$\left[\hat{y}_0-t_{\frac{\alpha}{2}}(n-2)\hat{\sigma}^*\sqrt{1+\frac{1}{n}+\frac{(x_0-\bar{x})^2}{S_{xx}}},\ \hat{y}_0+t_{\frac{\alpha}{2}}(n-2)\ \hat{\sigma}^*\sqrt{1+\frac{1}{n}+\frac{(x_0-\bar{x})^2}{S_{xx}}}\right]$$

对比前述所求的正数 $\delta(x_0)$，我们可得到

$$\delta(x_0)=t_{\frac{\alpha}{2}}(n-2)\hat{\sigma}^*\sqrt{1+\frac{1}{n}+\frac{(x_0-\bar{x})^2}{S_{xx}}}$$

这时，预测区间就可写为：$[\hat{y}_0-\delta(x_0),\ \hat{y}_0+\delta(x_0)]$。

预测区间的意义如图 7.2.3 所示，对任意的 $x$，根据样本可以作出两条曲线：

$$y_1=\hat{y}-\delta(x)=\hat{\beta}_0+\hat{\beta}_1x-\delta(x)$$
$$y_2=\hat{y}+\delta(x)=\hat{\beta}_0+\hat{\beta}_1x+\delta(x)$$

回归直线$\hat{y}=\hat{\beta}_0+\hat{\beta}_1x$ 在两条曲线正中间。

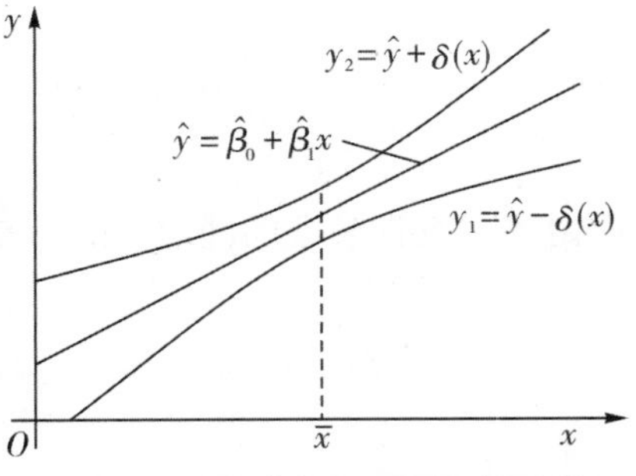

**图 7.2.3　回归直线及预测区间曲线**

由上面求得的预测区间，我们知道预测区间的长度为 $2\delta(x_0)$，在给定的显著水平 $\alpha$ 下，$x_0$越靠近样本均值 $\bar{x}$，$\delta(x_0)$越小，预测区间

长度越小，效果越好，当 $x=\bar{x}$ 时，区间最短。

特别是当 $n$ 很大且$x_0$在 $\bar{x}$ 附近取值时，有

$$\sqrt{1+\frac{1}{n}+\frac{(x_0-\bar{x})^2}{S_{xx}}}\approx 1,\ t_{\frac{\alpha}{2}}(n-2)\approx u_{\frac{\alpha}{2}}$$

预测区间近似为（$\hat{y}_0-\hat{\sigma}^* u_{\frac{\alpha}{2}}$，$\hat{y}_0+\hat{\sigma}^* u_{\frac{\alpha}{2}}$），$\delta(x_0)\approx\hat{\sigma}^* u_{\frac{\alpha}{2}}$，此时的预测带（预测曲线之间的部分）是平行于回归直线的两平行线之间的部分。

这种近似预测有时使得预测工作得到很大的简化，特别是在一些应用问题中，有时可以更简单地取舍：如当 $\alpha=0.05$ 时，$u_{\frac{\alpha}{2}}=u_{0.025}=1.96\approx 2$；当 $\alpha=0.01$ 时，$u_{\frac{\alpha}{2}}=u_{0.005}=2.58\approx 3$。即置信度为 95% 和 99% 的 $y$ 的预测区间分别可以近似地为（$\hat{y}_0-2\hat{\sigma}^*$，$\hat{y}_0+2\hat{\sigma}^*$）和（$\hat{y}_0-3\hat{\sigma}^*$，$\hat{y}_0+3\hat{\sigma}^*$）。

**例 7.2.6**　例 7.2.1 中，在显著性水平 $\alpha=0.05$ 下，取$x_0=68$，求$y_0$的预测区间。

**解：**当$x_0=68$，$y_0$的置信度为 $1-\alpha=0.95$ 的预测区间为

$$[\hat{y}_0-\delta(x_0),\ \hat{y}_0+\delta(x_0)]$$

其中

$$\delta(x_0)=t_{\frac{\alpha}{2}}(n-2)\hat{\sigma}^*\sqrt{1+\frac{1}{n}+\frac{(x_0-\bar{x})^2}{S_{xx}}}$$

在点预测中，我们求得 $y_0$的预测值 $\hat{y}_0=66.9$，在例 7.2.2 和例 7.2.3 中已计算得 $\bar{x}=66.8$，$S_{xx}=171.6$，$\hat{\sigma}^2=2.45$，而 $\hat{\sigma}^{*2}=\frac{n}{n-2}\hat{\sigma}^2=\frac{10}{10-2}\times 2.45=3.06$。查表得$t_{\frac{\alpha}{2}}(n-2)=t_{0.025}(10-2)=2.3060$，于是

$$\delta(x_0)=t_{\frac{\alpha}{2}}(n-2)\hat{\sigma}^*\sqrt{1+\frac{1}{n}+\frac{(x_0-\bar{x})^2}{S_{xx}}}=2.3060\times\sqrt{3.06}\times\sqrt{1+\frac{1}{10}+\frac{(68-66.8)^2}{171.6}}=4.2$$

所以求得置信度为 0.95 的$y_0$的预测区间为

$$[\hat{y}_0-\delta(x_0),\ \hat{y}_0+\delta(x_0)]=[66.9-4.2,\ 66.9+4.2]=[62.7,\ 71.1]$$

下面我们以一个完整的例子将一元线性回归分析的内容重新梳理一遍。

**例 7.2.7**　某实验室建立了一套用于大气中臭氧含量（单位：$\mu mol/m^3$）测定的新方法。现对该方法进行标定，得到以下数据：

| 臭氧浓度（$x$） | 0.01 | 0.02 | 0.03 | 0.04 | 0.05 | 0.06 |
|---|---|---|---|---|---|---|
| 检测器响应值（$y$） | 10 | 11 | 11 | 14 | 15 | 16 |

（1）建立线性回归方程；

（2）对线性回归方程做假设检验（$\alpha=0.05$）；

（3）若回归效果显著，给出$x_0=0.07$时，$y_0$的置信度为0.95的预测区间。

**解：**（1）假设臭氧浓度（$x$）与检测器响应值（$y$）符合一元线性回归模型 $y=\beta_0+\beta_1 x+\varepsilon$，$\varepsilon\sim N(0, \sigma^2)$，其中 $\varepsilon$ 为随机变量，$\beta_0$，$\beta_1$，$\sigma^2$为未知参数，其一元回归方程的表达式为 $\hat{y}=\hat{\beta}_0+\hat{\beta}_1 x$。为求回归方程，我们将各数据的计算结果列表如下：

| $i$ | 1 | 2 | 3 | 4 | 5 | 6 | $\sum$ |
|---|---|---|---|---|---|---|---|
| $x_i$ | 0.01 | 0.02 | 0.03 | 0.04 | 0.05 | 0.06 | 0.21 |
| $y_i$ | 10 | 11 | 11 | 14 | 15 | 16 | 77 |
| $x_i^2$ | 0.0001 | 0.0004 | 0.0009 | 0.0016 | 0.0025 | 0.0036 | 0.0091 |
| $y_i^2$ | 100 | 121 | 121 | 196 | 225 | 256 | 1019 |
| $x_i y_i$ | 0.1 | 0.22 | 0.33 | 0.56 | 0.75 | 0.96 | 2.92 |

由上表可得

$$\bar{x}=\frac{1}{n}\sum_{i=1}^{n}x_i=\frac{1}{6}\times 0.21=0.035,\ \bar{y}=\frac{1}{n}\sum_{i=1}^{n}y_i=\frac{1}{6}\times 77=12.8$$

$$S_{xx}=\sum_{i=1}^{n}x_i^2-\frac{1}{n}\left(\sum_{i=1}^{n}x_i\right)^2=0.0091-\frac{1}{6}\times 0.21^2=0.00175$$

$$S_{yy}=\sum_{i=1}^{n}y_i^2-\frac{1}{n}\left(\sum_{i=1}^{n}y_i\right)^2=1019-\frac{1}{6}\times 77^2=30.8$$

$$S_{xy}=\sum_{i=1}^{n}x_i y_i-\frac{1}{n}\left(\sum_{i=1}^{n}x_i\right)\left(\sum_{i=1}^{n}y_i\right)=2.92-\frac{1}{6}\times 0.21\times 77=0.225$$

由式（7.2.5），则 $\beta_0$，$\beta_1$的估计值为

$$\hat{\beta}_1=\frac{S_{xy}}{S_{xx}}=\frac{0.225}{0.00175}=128.6$$

$$\hat{\beta}_0=\bar{y}-\bar{x}\hat{\beta}_1=12.8-0.035\times 128.6=8.3$$

所以，求得检测器响应值（$y$）与臭氧浓度（$x$）的线性回归方程为：$\hat{y}=8.3+128.6x$。

（2）为检验线性回归方程的显著性，在显著水平 $\alpha=0.05$ 下，我们假设

$$H_0:\ \beta_1=0;\ H_1:\ \beta_1\neq 0$$

利用①$F$ 检验法，可以计算得

$$S_T=S_{yy}=30.8,\ S_R=\frac{S_{xy}^2}{S_{xx}}=\frac{0.225^2}{0.00175}=28.9,\ S_e=S_{yy}-S_R=1.9$$

$$F=\frac{(n-2)S_R}{S_e}=\frac{(6-2)\times 28.9}{1.9}=60.8$$

在显著性水平 $\alpha=0.05$ 下，查表得$F_{\alpha}(1,\ n-2)=F_{0.05}(1,\ 4)=7.71<60.8=F$。故根据 $F$ 检验的法则，拒绝 $H_0$，认为检测器响应值（$y$）与臭氧浓度（$x$）的线性回归效果显著，求得的线性回归方程有意义。

②$t$ 检验法，可得

$$T=\frac{\hat{\beta}_1}{\hat{\sigma}^*/\sqrt{S_{xx}}}=\frac{\sqrt{(n-2)}S_{xy}}{\sqrt{S_{yy}S_{xx}-S_{xy}^2}}=\frac{\sqrt{(6-2)}\times 0.225}{\sqrt{30.8\times 0.00175-0.225^2}}=7.8633$$

在显著性水平 $\alpha=0.05$ 下，查表得$t_{\frac{\alpha}{2}}(6-2)=t_{0.025}(4)=2.7764<7.8633=T$。故根据 $t$ 检验的法则，拒绝 $H_0$，认为检测器响应值（$y$）与臭氧浓度（$x$）的线性回归效果显著，求得的线性回归方程有意义。

（3）当给定的臭氧浓度$x_0=0.07$ 时，由求得的回归方程，可得到对应的检测器响应值 $y_0$的估计值为

$$\hat{y}_0=8.3+128.6\,x_0=8.3+128.6\times 0.07=17.3$$

又

$$\hat{\sigma}^{*2}=\frac{S_e}{(n-2)}=\frac{1.9}{(6-2)}=0.475$$

当置信度 $1-\alpha$ 为 0.95 时，$t_{\frac{\alpha}{2}}(n-2)=t_{0.025}(6-2)=2.7764$，$y_0$的预测区间为

$$[\hat{y}_0-\delta(x_0),\ \hat{y}_0+\delta(x_0)]$$

其中

$$\delta(x_0)=t_{\frac{\alpha}{2}}(n-2)\hat{\sigma}^*\sqrt{1+\frac{1}{n}+\frac{(x_0-\bar{x})^2}{S_{xx}}}$$

$$=2.7764\times\sqrt{0.475}\times\sqrt{1+\frac{1}{6}+\frac{(0.07-0.035)^2}{0.00175}}=2.6$$

所以求得置信度为 0.95 的$y_0$的预测区间为

$$[\hat{y}_0-\delta(x_0),\ \hat{y}_0+\delta(x_0)]=[17.3-2.6,\ 17.3+2.6]=[14.7,\ 19.9]$$

## 7.3 非线性回归

前面讨论了一元线性回归分析的问题，但在实际工作中，我们遇到的很多问题都不能简单地用直线回归来表示因变量与自变量之间的函数关系，这时采用适当的曲线方程往往更符合总体之间的实际关系，这就是所谓**非线性回归**，也称为**曲线回归**。那么如何来确定非线性回归的方程？下面我们以一个例子来说明相关的分析步骤。

**例 7.3.1** 某实验室对活性炭吸附材料进行了一些性质的改良，为研究其改良后活性炭的吸附能力，试验测量了在室温条件下，10g 活性炭材料对水体中某有机污染物的去除效果，得到以下数据：

| 时间 $x$（分钟） | 10 | 20 | 30 | 40 | 50 | 60 | 70 | 80 | 90 | 100 |
|---|---|---|---|---|---|---|---|---|---|---|
| 去除率 $y$（%） | 26 | 44 | 60 | 70 | 80 | 84 | 88 | 90 | 92 | 94 |

求时间 $x$ 与去除率 $y$ 的回归方程。

**解：** 要确定时间 $x$ 与去除率 $y$ 的回归方程，我们现在来对数据进行处理，绘出数据的散点图，判断两个变量之间可能的函数关系，具体散点图如下图 7.3.1。

从散点图我们可以看到，去除率的升高速度开始很快，然后逐渐变慢，变化趋势并不是接近直线的，而是曲线的。那么如何选择正确的曲线方程？首先，可以根据已知的理论或专业知识确定回归方程，这是最理想的选择。

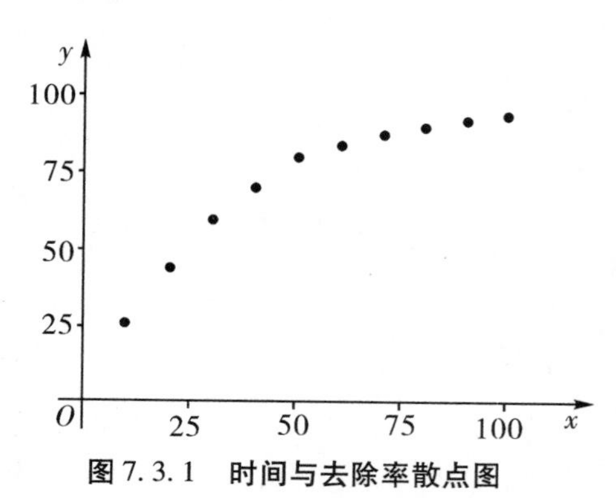

**图 7.3.1 时间与去除率散点图**

例如，已知某种有机污染物的降解过程属于一级反应，其反应速度与物质浓度成正比，这样我们很容易推断出该有机污染物的浓度（$C$）随时间（$t$）变化的动力学方程为典型的负指数曲线：

$$C = C_0 e^{-kt}$$

式中 $C_0$ 和 $k$ 分别为污染物的起始浓度和一级反应速率常数。如果不能够凭借理论和专业知识，或只能部分利用理论和专业知识，则只能凭经验（关于不同函数曲线形式的经验）和实际观测结果（散点图中数据点的分布形式）与一些常见的函数形式进行对照，选择几个可能的函数方程，再利用统计方法进行比较，确定合适的曲线回归方程。根据我们已学习的知识，最常用到的曲线方程有

（1）幂函数：$y = \beta_0 x^{\beta_1}$；

（2）指数函数：$y = \beta_0 e^{\beta_1 x}$；

（3）对数函数：$y = \beta_0 + \beta_1 \ln x$；

（4）双曲线函数：$y = \beta_0 + \dfrac{\beta_1}{x}$，$\dfrac{1}{y} = \beta_0 + \dfrac{\beta_1}{x}$；

（5）$S$ 函数：$y = \dfrac{1}{\beta_0 + \beta_1 e^{-x}}$。

方程中 $x$ 为自变量，$y$ 为因变量，$\beta_0$，$\beta_1$ 分别为回归参数。一些更复杂的曲线方程往往可以根据上面所列方程略做修改或稍加组合得到。

根据我们的经验和图 7.3.1 散点图的趋势，可供选择的函数关系表达式有

（1）$y = \beta_0 + \beta_1 \ln x$，$\beta_1 > 0$；

（2）$y = \beta_0 + \beta_1 \sqrt{x}$；

（3）$y - 100 = \beta_0 e^{-\beta_1 x}$；

（4）$\dfrac{1}{y} = \beta_0 + \dfrac{\beta_1}{x}$，$\beta_0 > 0$，$\beta_1 > 0$。

下面我们来论述如何估计方程中的参数和评价所选各方程的优劣。

### 7.3.1　参数估计

对非线性回归函数，参数估计最常用的方法就是“线性化”，即通过变量变换，将曲线方程化为一元线性方程的形式。以方程 $y = \beta_0 + \beta_1 \ln x$ 为例，我们可做如下变换：令

$$v = y,\quad u = \ln x$$

则对数函数就转换为直线函数：$v = \beta_0 + \beta_1 u$，这样就可以用一元线性回归的方法估计出参数 $\beta_0$，$\beta_1$ 等。根据变换后的数据，我们绘出 $u$ 和 $v$ 的散点图，并将计算和估计过程列表如下：

| $i$ | 1 | 2 | 3 | 4 | 5 | 6 | 7 | 8 | 9 | 10 | $\sum$ |
|---|---|---|---|---|---|---|---|---|---|---|---|
| $x_i$ | 10 | 20 | 30 | 40 | 50 | 60 | 70 | 80 | 90 | 100 | 550 |
| $y_i$ | 26 | 44 | 60 | 70 | 80 | 84 | 88 | 90 | 92 | 94 | 728 |
| $u_i$ | 2.30 | 3.00 | 3.40 | 3.69 | 3.91 | 4.09 | 4.25 | 4.38 | 4.50 | 4.61 | 38.1 |
| $v_i$ | 26 | 44 | 60 | 70 | 80 | 84 | 88 | 90 | 92 | 94 | 728 |
| $u_i^2$ | 5.30 | 8.97 | 11.57 | 13.61 | 15.30 | 16.76 | 18.05 | 19.20 | 20.25 | 21.21 | 150.2 |
| $v_i^2$ | 676 | 1936 | 3600 | 4900 | 6400 | 7056 | 7744 | 8100 | 8464 | 8836 | 57712 |
| $u_i v_i$ | 59.9 | 131.8 | 204.1 | 258.2 | 313.0 | 343.9 | 373.9 | 394.4 | 414.0 | 432.9 | 2926 |

由上表计算可得

$$\bar{u} = \frac{1}{n}\sum_{i=1}^{n} u_i = \frac{1}{10} \times 38.1 = 3.81,\ \bar{v} = \frac{1}{n}\sum_{i=1}^{n} v_i = \frac{1}{10} \times 728 = 72.8$$

$$S_{uu} = \sum_{i=1}^{n} u_i^2 - \frac{1}{n}\left(\sum_{i=1}^{n} u_i\right)^2 = 150.2 - \frac{1}{10} \times 38.1^2 = 5.04$$

$$S_{vv} = \sum_{i=1}^{n} v_i^2 - \frac{1}{n}\left(\sum_{i=1}^{n} v_i\right)^2 = 57712 - \frac{1}{10} \times 728^2 = 4714$$

$$S_{uv} = \sum_{i=1}^{n} u_i v_i - \frac{1}{n}\left(\sum_{i=1}^{n} u_i\right)\left(\sum_{i=1}^{n} v_i\right) = 2926 - \frac{1}{10} \times 38.1 \times 728 = 152.3$$

由式（7.2.5），则 $\beta_0$，$\beta_1$的估计值为

$$\hat{\beta}_1 = \frac{S_{uv}}{S_{uu}} = \frac{152.3}{5.04} = 30.2$$

$$\hat{\beta}_0 = \bar{v} - \bar{u}\hat{\beta}_1 = 72.8 - 3.81 \times 30.2 = -42.3$$

所以，求得的回归直线方程为$\hat{v} = 30.2u - 42.3$（图7.3.2），而时间 $x$ 与去除率 $y$ 的曲线回归方程为：

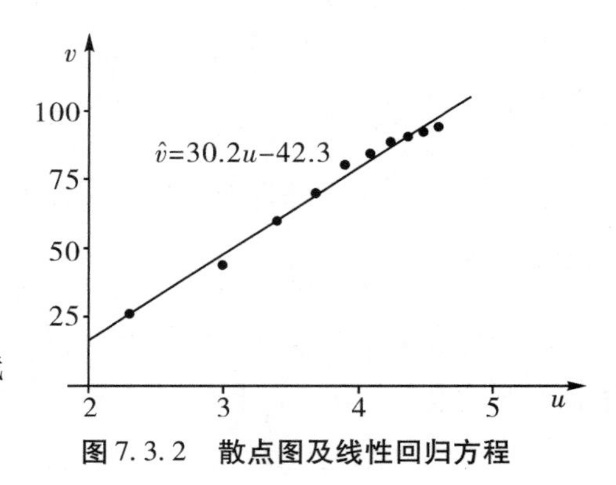

图 7.3.2　散点图及线性回归方程

$$\hat{y} = 30.2\ln x - 42.3$$

用类似的方法可以求得其他三个曲线回归方程

（2）$\hat{y} = 2.85 + 9.85\sqrt{x}$；

（3）$\hat{y} - 100 = -90\,e^{-0.0276x}$；

（4） $\frac{1}{\hat{y}}=0.00676+\frac{0.315}{x}$。

### 7.3.2　曲线回归方程的比较

上面我们通过计算得到四个曲线回归方程，其中哪个更优？通常可采用两个指标进行比较选择。

（1）**决定系数 $R^2$**。类似于一元线性回归方程中相关系数，决定系数定义为

$$R^2=1-\frac{\sum_{i=1}^{n}(y_i-\hat{y}_i)^2}{\sum_{i=1}^{n}(\hat{y}_i-\bar{y})^2} \tag{7.3.1}$$

$R^2$越大，说明残差越小，回归曲线拟合越好。$R^2$从总体上给出一个拟合好坏程度的度量。

（2）**剩余标准差**。类似一元线性回归中标准差的估计公式，此剩余标准差可用残差平方和来得到，为

$$S=\sqrt{\frac{\sum_{i=1}^{n}(y_i-\hat{y}_i)^2}{n-2}} \tag{7.3.2}$$

$S$ 为各观测值$y_i$与曲线的拟合值$\hat{y}_i$之间的平均偏离程度的度量，$S$ 越小，曲线拟合程度越好。

在观测数据给定后，各曲线的选择不会影响 $\sum_{i=1}^{n}(\hat{y}_i-\bar{y})^2$ 的值，但会影响残差平方和 $\sum_{i=1}^{n}(y_i-\hat{y}_i)^2$ 的值。因此，对曲线来说，决定系数和剩余标准差的值都取决于残差平方和，也就是说，两种考核指标是一致的，只是从不同的侧面做评价。下面我们给出了例 7.3.1 曲线回归方程 $\hat{y}=30.2\ln x-42.3$ 的决定系数和剩余标准差的计算过程，列表如下：

| $i$ | 1 | 2 | 3 | 4 | 5 | 6 | 7 | 8 | 9 | 10 | $\sum$ |
|---|---|---|---|---|---|---|---|---|---|---|---|
| $y_i$ | 26 | 44 | 60 | 70 | 80 | 84 | 88 | 90 | 92 | 94 | |
| $\hat{y}_i$ | 27.2 | 48.2 | 60.4 | 69.1 | 75.8 | 81.3 | 86.0 | 90.0 | 93.6 | 96.8 | |
| $y_i-\hat{y}_i$ | −1.24 | −4.17 | −0.416 | 0.896 | 4.16 | 2.65 | 1.99 | −0.037 | −1.59 | −2.78 | |
| $\hat{y}_i-\bar{y}$ | −45.6 | −24.6 | −12.4 | −3.70 | 3.04 | 8.55 | 13.2 | 17.2 | 20.8 | 24.0 | |

（续上表）

| $i$ | 1 | 2 | 3 | 4 | 5 | 6 | 7 | 8 | 9 | 10 | $\sum$ |
|---|---|---|---|---|---|---|---|---|---|---|---|
| $(y_i-\hat{y}_i)^2$ | 1.53 | 17.4 | 0.173 | 0.803 | 17.3 | 7.03 | 3.98 | 0.0014 | 2.54 | 7.71 | 58.4 |
| $(\hat{y}_i-\bar{y})^2$ | 2076 | 606 | 153 | 13.7 | 9.26 | 73.1 | 174 | 297 | 432 | 575 | 4410 |

由上表的各项值，可计算得到

$$R^2 = 1 - \frac{\sum_{i=1}^{n}(y_i-\hat{y}_i)^2}{\sum_{i=1}^{n}(\hat{y}_i-\bar{y})^2} = 1 - \frac{58.4}{4410} = 0.9868$$

$$S = \sqrt{\frac{\sum_{i=1}^{n}(y_i-\hat{y}_i)^2}{n-2}} = \sqrt{\frac{58.4}{10-2}} = 2.702$$

其他三个方程的决定系数和剩余标准差可同样计算得到，我们将它们列入下面的表中进行比较：

| 曲线 | 1 | 2 | 3 | 4 |
|---|---|---|---|---|
| $R^2$ | 0.9868 | 0.9391 | 0.785 | 0.9798 |
| $S$ | 2.702 | 5.77 | 16.87 | 3.707 |

从上表中可以看到，以决定系数和剩余标准差来判断，都是第一个曲线回归方程拟合得最好。因此，对于例 7.3.1 的活性炭吸附有机污染物的试验，有机污染物去除率随时间的关系拟合得比较好的定量关系式就是

$$\hat{y} = 30.2\ln x - 42.3$$

## 本章习题

1. 一元线性回归与一次函数有什么区别和联系？

2. 为了研究光照条件对某种有机污染物降解速度的影响，在人为控制的六种不同光的强度条件下，测定了这种有机物 24 小时内的降解速率，结果以降解率（损失率）形式表示如下：

| 光照强度 | 降解率（%） | | | | | |
|---|---|---|---|---|---|---|
| 1 | 19.4 | 32.6 | 27.0 | 32.1 | 33.0 | 28.8 |
| 2 | 17.7 | 24.8 | 27.9 | 25.2 | 24.3 | 23.9 |
| 3 | 20.7 | 21.0 | 20.5 | 18.8 | 18.6 | 19.9 |
| 4 | 17.3 | 19.4 | 19.1 | 16.9 | 20.8 | 18.7 |
| 5 | 17.0 | 19.2 | 9.1 | 11.9 | 15.0 | 14.5 |
| 6 | 14.3 | 14.5 | 11.8 | 11.2 | 14.0 | 13.1 |

设各总体均服从正态分布，且方差相等。试在显著性水平 0.05 下判断光照强度是否对有机污染物的降解率产生显著的影响。

3. 现随机从三个班级学生的数理统计考试成绩中抽取一些学生的成绩，记录结果如下：

| 班级 | 成绩 | | | | | | | | | | | |
|---|---|---|---|---|---|---|---|---|---|---|---|---|
| 1 | 72 | 68 | 86 | 60 | 80 | 48 | 49 | 90 | 87 | 37 | 72 | 78 |
| 2 | 87 | 78 | 79 | 31 | 48 | 78 | 92 | 62 | 50 | 75 | 84 | 97 |
| 3 | 68 | 42 | 76 | 58 | 54 | 66 | 94 | 53 | 71 | 78 | 72 | 28 |

设各总体均服从正态分布，且方差相等。试在显著性水平 0.05 下检验各班的平均分数是否有显著差异。

4. 在考察硝酸钠的可溶性程度时，实验人员测量了一系列温度条件下 100ml 的水中溶解硝酸钠的量（单位：g），获得观测结果如下：

| 温度（$x$） | 0 | 4 | 10 | 15 | 21 | 29 | 36 | 51 | 68 |
|---|---|---|---|---|---|---|---|---|---|
| 溶解量（$y$） | 66.7 | 71.0 | 76.3 | 80.6 | 85.7 | 91.9 | 99.4 | 113.6 | 125.1 |

由经验和理论知温度 $x$ 与溶解量 $y$ 之间符合一元线性回归模型。试用最小二乘法估计参数 $\beta_0$ 和 $\beta_1$，用矩估计法估计 $\sigma^2$ 的值，并求出 $\sigma^2$ 的无偏估计量。

5. 某学生用测汞仪测量尿液中汞的含量，得到尿汞的含量（单位：mg/L）与消光系数读数结果如下：

| 尿汞含量（$x$） | 0 | 2 | 4 | 6 | 8 | 10 |
|---|---|---|---|---|---|---|
| 消光系数（$y$） | 5 | 64 | 138 | 205 | 285 | 360 |

已知尿汞含量 $x$ 与消光系数 $y$ 符合一元线性回归模型的关系式，试求参数 $\beta_0$ 和 $\beta_1$ 的估计值，并在显著水平 0.05 下检验回归方程是否成立。

6. 某环境试验小组测量水体中两种不同化学物质的浓度（单位：μg/L），测量的 10 对数据列表如下：

| 物质 $A$（$x$） | 0.5 | 0.8 | 0.9 | 2.8 | 6.5 | 2.3 | 1.6 | 5.1 | 1.9 | 1.5 |
|---|---|---|---|---|---|---|---|---|---|---|
| 物质 $B$（$y$） | 0.3 | 1.2 | 1.1 | 3.5 | 4.6 | 1.8 | 0.5 | 3.8 | 2.8 | 0.5 |

试应用一元线性回归模型，分析两种化学物质在水体中的关系。要求：

（1）建立线性回归方程；

（2）对线性回归方程做假设检验（$\alpha=0.05$）；

（3）若回归效果显著，给出 $x_0=2.0$ 时，$y_0$ 的置信度为 0.95 的预测区间。

7. 将下列函数线性化：

（1）幂函数：$y=\beta_0 x^{\beta_1}$；

（2）指数函数：$y=\beta_0 e^{\beta_1 x}$；

（3）对数函数：$y=\beta_0+\beta_1 \ln x$；

（4）双曲线函数：$y=\beta_0+\dfrac{\beta_1}{x}$，$\dfrac{1}{y}=\beta_0+\dfrac{\beta_1}{x}$；

（5）$S$ 函数：$y=\dfrac{1}{\beta_0+\beta_1 e^{-x}}$。

8. 为了检验 X 射线的杀菌作用，用 200kV 的 X 射线照射杀菌，每次照射 5 分钟。试验记录了照射次数和剩余细菌数，列表如下：

| 照射次数（$x$） | 1 | 2 | 3 | 4 | 5 | 6 | 7 | 8 | 9 | 10 |
|---|---|---|---|---|---|---|---|---|---|---|
| 剩余细菌数（$y$） | 780 | 620 | 510 | 430 | 380 | 287 | 250 | 180 | 151 | 130 |
| 照射次数（$x$） | 11 | 12 | 13 | 14 | 15 | 16 | 17 | 18 | 19 | 20 |
| 剩余细菌数（$y$） | 102 | 75 | 51 | 42 | 31 | 27 | 21 | 15 | 11 | 8 |

根据经验，照射次数 $x$ 与剩余细菌数 $y$ 符合一定的曲线回归关系，试求出具体的回归方程，并根据决定系数和剩余标准差选择出比较近似的回归方程。

# 第8章　Excel在数理统计中的应用

Excel是美国微软开发的Office系统重要办公软件之一，也是一个功能强大的数据处理与分析工具。与专业的统计软件SAS（Statistical Analysis Software）、SPSS（Statistical Product and Service Solutions）等相比，Excel更易学、易用，使用方便，而且Excel的数据处理和分析能力足以满足人们在日常生活、学习和工作中的需要，包括本书前面所讲述的概率和数理统计章节的数据处理和分析的需要。随着Excel版本的提高，其统计分析功能也日渐强大，使用者除了可通过图、表处理和分析数据外，还可通过Excel软件提供的统计函数和数据分析工具库处理和分析一些复杂的数据关系。下面我们就本书中一些重要的数理统计问题，结合相关章节中的例题，讲述其在最新的版本Excel 2016上的应用。其他版本的Excel的应用可参考本书，相关分析过程类似。在论述应用前，我们先介绍Excel中的统计函数和分析工具库。

1. 统计函数

统计函数是用于对数据区域进行统计分析的函数，Excel提供的统计函数可分为一般统计函数和比较专业的数理统计函数。一般统计函数包括算术平均数函数［AVERAGE（number1，number2，…）］、平均误差函数［AVEDEV（number1，number2，…）］、计数函数［COUNT（value1，value2，…）］等，高级些的统计函数有正态分布函数［NORMDIST（x，mean，standard_dev，cumulative）］、t分布函数［TDIST（x，degrees_freedom，tails）］、回归分析函数［LINEST（known_y's，known_x's，const，stats）］等。使用者在需要时可以通过Excel的公式选项，选择相应的统计函数进行编辑和数据输入，也可在Excel表格中直接手动输入相应函数的命令进行编辑和数据处理。

2. 分析工具库

Excel提供了一组数据分析工具，称为“分析工具库”，包括了一些与统计有关的统计或工程宏函数。我们只需提供必要的数据和参数，所选择的工具就能够通过适当的统计或工程宏函数做出复杂的统计或分析工作，有些工具甚至可提供图表功能。要使用分析工具库，我们需要安装完整版的Excel，并从加载宏中加载、安装。具体操作步骤如下：

（1）从Excel 2016菜单栏左上角的“文件”菜单中选择“Excel选项”，在弹出的“Excel选项”对话框中选择“加载项”，再在下方“管理”下拉列表中选择“Excel加载项”，单击“转到”按钮；

（2）在弹出的“加载宏”对话框中，勾选“分析工具库”，点击“确定”按钮，系统会自动安装分析工具库。加载分析工具库之后，Excel的“数据”选项卡的“分析”组中，我们将会看到“数据分析”命令项，进行数据分析时，点击该命令项，就可以选择我们需要开展的分析工作，详见以下内容。

# 8.1 描述统计

Excel 提供的描述统计工具可以根据数据组快速计算出常用的数据统计量，如平均数、标准误差、中位数、众数、标准差、方差等，具体分析我们来看下面的例子。

**例 8.1.1** 某大学生科研创新小组监测分析珠江某支流水体中多环芳烃的浓度（单位：ng/L），测量数据如下：

1.97，1.27，1.13，4.30，10.5，18.8，8.70，5.35，

2.44，2.69，1.36，1.57，3.32，4.30，1.99，1.33

请用 Excel 的描述统计分析工具进行基本的统计分析。

**解**：用描述统计分析工具进行基本的统计分析的步骤为：①单击“数据”选项卡上“分析”组的“数据分析”，在弹出的“数据分析”对话框中选择“描述统计”，然后单击“确定”（图 8.1.1A）；②在弹出的“描述统计”对话框中依次设置输入和输出区域，根据需要勾选“汇总统计”“平均数置信度”等，然后单击“确定”（图 8.1.1B）。在 Excel 表中将输出描述统计分析的各统计量结果（表 8.1.1）。

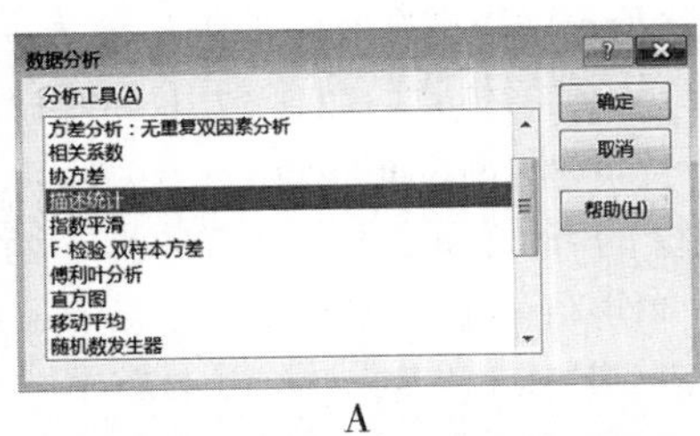


A

B

**图 8.1.1 数据分析（A）和描述统计（B）及其选项**

**表 8.1.1 描述统计结果**

| 统计量 | 多环芳烃浓度（ng/L） |
|---|---|
| 平均 | 4.44 |
| 标准误差 | 1.17 |
| 中位数 | 2.56 |
| 众数 | 4.30 |
| 标准差 | 4.69 |
| 方差 | 22.0 |
| 峰度 | 5.49 |
| 偏度 | 2.26 |
| 区域 | 17.7 |
| 最小值 | 1.13 |
| 最大值 | 18.8 |
| 求和 | 71.0 |
| 观测数 | 16 |
| 最大（1） | 18.8 |
| 最小（1） | 1.13 |
| 置信度（95.0%） | 2.50 |

**说明**：“描述统计”对话框各选项中，“标志位于第一行”：如果“输入区域”的

第一行中包含标志项（标题），则选中该复选项，否则，则不选，Excel 将在输出表格中生成适宜的数据标志，如本例中的标志项“多环芳烃浓度（ng/L）”；“汇总统计”：如果需要 Excel 在输出表中生成统计结果，则选此项，结果将包括平均数、标准误差、中位数、众数、标准差、方差等统计量。

另外，数据分析中的分析工具，如“方差分析”“*F* 检验”“*t* 检验”“回归”等将在下面的内容中讲述，而它们的选择过程和对话框中的各选项与如图 8.1.1“描述统计”所示相似，在以下内容中将不再赘述。

## 8.2　集中趋势和分散程度分析

集中趋势是指一组数据向其中心值靠拢的倾向。在 Excel 的“统计函数”类别中用于测定集中趋势的函数有 7 种，常用的有均值函数［AVERAGE（number1，number2，…）］、众数函数［MODE（number1，number2，…）］和中位数函数［MEDIAN（number1，number2，…）］；分散程度是指各变量值远离中心的程度，也称离中趋势，常用的测定离散趋势的函数有极差［MAX（number1，number2，…）－MIN（number1，number2，…）］、四分位数［QUARTILE（number1，number2，…；n）］、平均差［AVEDEV（number1，number2，…）］、样本方差［VAR（number1，number2，…）］等，详细的步骤和结果我们以例 8.1.1 的数据表示，详见表 8.2.1.

**表 8.2.1　统计函数及结果**

| 统计量 | 函数公式 | 输出结果 |
|---|---|---|
| 均值 | AVERAGE（B2：B17） | 4.44 |
| 众数 | MODE（B2：B17） | 4.30 |
| 中位数 | MEDIAN（B2：B17） | 2.56 |
| 极差 | MAX（B2：B17）－MIN（B2：B17） | 17.67 |
| 第一个四分位数 | QUARTILE（B2：B17，1） | 1.52 |
| 第二个四分位数 | QUARTILE（B2：B17，2） | 2.56 |
| 第三个四分位数 | QUARTILE（B2：B17，3） | 4.56 |
| 第四个四分位数 | QUARTILE（B2：B17，4） | 18.8 |
| 平均差 | AVEDEV（B2：B17） | 3.20 |
| 样本方差 | VAR（B2：B17） | 22.0 |

**说明：** 四分位数经常以箱线图的形式表示出来，在本书的第 4 章例 4.1.6 中有详细的讲述，其中“第一个四分位数”即位于总体第 25% 位置的数值；“第二个四分位数”

即位于总体第50%位置的数值，也是中位数；“第三个四分位数”即位于总体第75%位置的数值；“第四个四分位数”即最大值。

## 8.3 抽样分析

当需要统计分析的原始数据量太大时，为了提高工作效率，常常是从总体中按一定方法抽取一定数量的样本来代替整体，通过对样本的分析来推断整体的统计规律。常用的抽样方法有随机法和周期法，具体情况需要按实际问题来定，若总体数据呈随机分布，则抽样时也要尽量保证取样的随机性；若总体数据按一定周期分布，则要保证按照与总体相同的周期抽样。例如，整体数据是按照季度销售量来分布的，则应以4为周期进行取样，从而在输出区域中生成与数据区域中相同季度的数值。Excel中提供的“抽样”工具能够满足以上两种要求。详细的步骤，我们还以例8.1.1的数据为例：

选中“数据分析”中“抽样”，单击确定后，在弹出的“抽样”对话框中，依次输入各参数（图8.3.1），单击“确认”后会输出抽样的结果（图8.3.1）。

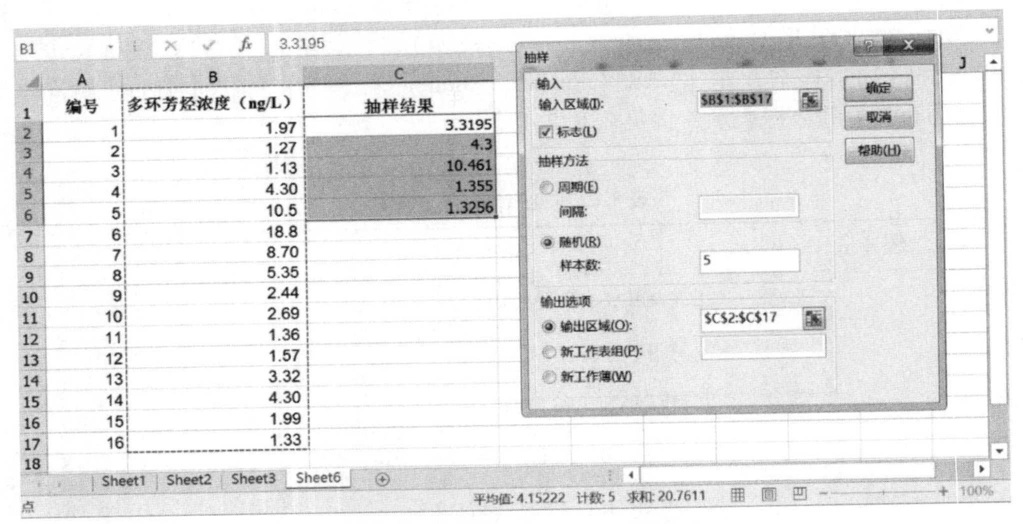


图8.3.1 抽样分析工具及抽样结果

## 8.4 假设检验分析

Excel的分析工具库为假设检验提供的工具主要是针对两个样本的均值或方差的检验，有

（1）双样本均值差的$u$检验（又称$z$检验）；

（2）双样本等方差的$t$检验；

（3）双样本异方差的$t$检验；

（4）双样本方差的 $F$ 检验；

（5）成对观测值的 $t$ 检验。

下面我们就以 Excel 的数据分析工具，解第6章中各假设检验相应的例题。

### 8.4.1　双样本均值差的 $u$ 检验（又称 $z$ 检验）

在第6章的6.2.3中我们讲述了"$\sigma_1^2$，$\sigma_2^2$已知，两样本均值的检验（$u$ 检验）"，这里我们再利用 Excel 的"双样本均值差的 $z$ 检验"来分析例6.2.7。

**例8.4.1**　（原例6.2.7）为检验两河口水样中挥发性有机物的浓度是否有差别，分别从这两个河口段随机采集水样进行检测，测得挥发性有机物的含量（单位：μg/g）为

河口 $A$：24，27，26，21，24；河口 $B$：27，28，23，31，26

设挥发性有机物含量服从正态分布，且河口 $A$ 的方差为5，河口 $B$ 的方差为8。试问两河口水样中挥发性有机物的含量是否有明显差别（$\alpha=0.05$）？

**解**：利用 Excel 2016 处理的具体步骤为：①选中"数据分析"中"$z$ 检验：双样本平均差检验"，单击"确定"后，在弹出的对话框中，依次输入各参数，再单击"确认"，则输出的分析结果如表8.4.1所示。

**表8.4.1　$z$ 检验：双样本均值分析**

| | 河口 $A$ | 河口 $B$ |
|---|---|---|
| 平均 | 24.4 | 27 |
| 已知协方差 | 5 | 8 |
| 观测值 | 5 | 5 |
| 假设平均差 | 0 | |
| $z$ | −1.61 | |
| $P(Z\leqslant z)$ 单尾 | 0.0534 | |
| $z$ 单尾临界 | 1.64 | |
| $P(Z\leqslant z)$ 双尾 | 0.1069 | |
| $z$ 双尾临界 | 1.96 | |

其中需要说明的是：①本例中原假设两河口水体中挥发性有机物的含量相等，故在"假设平均差"中输入"0"；②由于在变量1和变量2的输入区域中包含"标志"行，故要选定"标志"复选框。

从表8.4.1的分析结果来看，样本检验统计量 $z$ 的统计值为 −1.61，其绝对值1.61小于 $z$ 在显著水平 $\alpha=0.05$ 下的双侧检验临界值 $z_{0.025}=1.96$，因此，不能拒绝原假设，故可认为两河口 $A$ 和 $B$ 水样中挥发性有机物的含量没有显著性差别。

### 8.4.2 双样本等方差的 $t$ 检验

即 $\sigma_1^2$，$\sigma_2^2$ 未知，但 $\sigma_1^2=\sigma_2^2=\sigma^2$，两样本均值的检验（$t$ 检验），在第6章的6.2.3"两个正态总体均值的检验"部分我们已经做了详细的论述，这里我们再利用 Excel 的"$t$ 检验：双样本等方差假设"工具来分析例6.2.8。

**例 8.4.2** （原例6.2.8）某水厂对天然水技术处理前后的水体分别取样，分析其所含杂质的含量（单位：mg/L）为

处理前：0.19，0.18，0.21，0.30，0.66，0.42，0.08，0.12，0.30，0.27

处理后：0.15，0.13，0.07，0.24，0.24，0.19，0.04，0.08，0.20，0.12

设技术处理前后水中杂质的含量均近似服从正态分布，且方差相等。试问技术处理前后水中的杂质的含量有无显著变化?

**解**：利用 Excel 2016 处理本例中问题的具体步骤为：①选中"数据分析"中"$t$ 检验：双样本等方差假设"，单击"确定"后，在弹出的对话框中，依次输入各参数，再单击"确认"，其输出的分析结果如表8.4.2所示。

**表 8.4.2　$t$ 检验：双样本等方差假设**

| | 处理前 | 处理后 |
|---|---|---|
| 平均 | 0.273 | 0.133 |
| 方差 | 0.0281 | 0.0064 |
| 观测值 | 10 | 11 |
| 合并方差 | 0.0167 | |
| 假设平均差 | 0 | |
| $df$ | 19 | |
| $t$ Stat | 2.483 | |
| $P$（$T\leqslant t$）单尾 | 0.0113 | |
| $t$ 单尾临界 | 1.729 | |
| $P$（$T\leqslant t$）双尾 | 0.0225 | |
| $t$ 双尾临界 | 2.093 | |

其中需要说明的是：①"平均"和"方差"是指两样本的样本均值和样本方差；②$df$ 是假设检验的自由度，等于两个样本容量之和减2，即（$n_1+n_2-2$）；③$t$ Stat 为检验统计量。

从表8.4.2所示的分析结果来看，样本检验统计量（$t$ Stat）的统计值为2.483，其绝对值2.483大于 $t$ 在显著水平 $\alpha=0.05$ 下的双侧检验临界值 $t_{0.025}(19)=2.093$，因此，拒绝原假设，故可认为技术处理前后水中杂质的含量有显著变化。

### 8.4.3 双样本异方差的 $t$ 检验

即$\sigma_1^2$，$\sigma_2^2$未知，但$\sigma_1^2 \neq \sigma_2^2$，小样本的两样本均值的检验（$t$ 检验），在第 6 章的 6.2.3“两个正态总体均值的检验”部分我们做了详细的论述。这里我们再利用 Excel 的“$t$ 检验：双样本异方差假设”工具来分析下面的例题。

**例 8.4.3** “多吃谷物，将有助于减肥。”为了验证这个假设，随机抽取了 32 人，询问他们早餐和午餐通常的食谱，并根据他们的食谱，将其分为两类，一类为经常食用谷类者（总体 1），一类为非经常食用谷类者（总体 2）。然后测度每人午餐的大卡摄取量。经过一段时间的试验，得到如下结果：

| 总体 1 | 568，496，589，681，540，646，636，539，596，607，529，617，555，562，584 |
|---|---|
| 总体 2 | 650，637，563，723，569，628，580，651，622，706，711，569，630，617，480，709，596 |

设大卡摄取量服从正态分布。试问多吃谷物是否有助于减肥（$\alpha=0.05$）？

**解：** 利用 Excel 2016 处理本例的具体步骤为：选中“数据分析”中“$t$ 检验：双样本异方差假设”，单击“确定”，在弹出的对话框中，依次输入各参数，再单击“确认”，其输出的分析结果如表 8.4.3 所示。

**表 8.4.3 $t$ 检验：双样本异方差假设**

| | 总体 1 | 总体 2 |
|---|---|---|
| 平均 | 583 | 626 |
| 方差 | 2431 | 4135 |
| 观测值 | 15 | 17 |
| 假设平均差 | 0 | |
| $df$ | 29 | |
| $t$ Stat | -2.133 | |
| $P$（$T \leqslant t$）单尾 | 0.02076 | |
| $t$ 单尾临界 | 1.699 | |
| $P$（$T \leqslant t$）双尾 | 0.04152 | |
| $t$ 双尾临界 | 2.045 | |

在本例题中需要检验的问题为常吃谷物的人每餐摄取的大卡量是否明显少于不常吃谷物的人摄取的量？根据检验假设原则，可设为：$H_0: \mu_1 \geqslant \mu_2$。根据 Excel 的分析结果，样本检验统计量（$t$ Stat）的统计值为 -2.133，而在显著水平 $\alpha=0.05$ 下，$t$ 的单侧检验临界值 $-t_{0.05}(29)=-1.699$，大于检验统计值 -2.133，因此，拒绝原假设，故

可认为常吃谷物的人每餐摄取的大卡量明显少于不常吃谷物的人摄取的量，即多吃谷物有助于减肥。

### 8.4.4 双样本方差的 $F$ 检验

在第6章6.2.4“两个正态总体方差的检验”部分，我们讲述了两个样本总体均值已知和均值未知两种情况的方差假设检验，而Excel所提供的“$F$检验：双样本方差”分析工具只是针对两个样本总体均值未知的情况下的方差假设检验。下面我们就利用Excel这个分析工具，来分析检验本书中例6.2.9的方差假设。

**例8.4.4** 若例6.2.8中，天然水技术处理前后水体中杂质含量（单位：mg/L）均服从正态分布。试问技术处理前后水中杂质含量的方差是否有明显变化（$\alpha=0.05$）？

**解**：利用Excel 2016分析的具体步骤为：选中“数据分析”中“$F$检验：双样本方差”，单击“确定”，在弹出的对话框中，依次输入各参数，再单击“确认”，其输出的分析结果如表8.4.4所示。

表8.4.4 $F$ 检验：双样本方差分析

| | 处理前 | 处理后 |
|---|---|---|
| 平均 | 0.273 | 0.1323 |
| 方差 | 0.0281 | 0.0064 |
| 观测值 | 10 | 11 |
| $df$ | 9 | 10 |
| $F$ | 4.378 | |
| $P$（$F\leqslant f$）单尾 | 0.01530 | |
| $F$ 单尾临界 | 3.0204 | |

$F$检验分为双边检验（$\sigma_1^2=\sigma_2^2$）和单边检验（$\sigma_1^2\geqslant\sigma_2^2$或$\sigma_1^2\leqslant\sigma_2^2$），而Excel的“$F$检验：双样本方差”工具只对原假设为$\sigma_1^2\leqslant\sigma_2^2$的单边检验进行分析，其检验判断的拒绝域 $W=\{[F_\alpha(n_1-1,\ n_2-1),\ +\infty)\}$。

在本例题中，根据Excel的分析结果，样本检验统计量$F$的统计值为4.378，而在显著水平$\alpha=0.05$下，$F$的临界值$F_{0.05}(9,\ 10)=3.0204<4.378$，因此，拒绝原假设，认为技术处理后水中杂质含量的方差有明显变小。

### 8.4.5 成对观测值的 $t$ 检验

在第6章6.3.1“成对数据的检验”部分，我们讲述了成对数据的相关概念，这里我们以例6.3.1的数据为例，利用Excel的“$t$检验：平均值的成对二样本分析”工具再次进行分析，其结果可以与我们前面章节讲述的结果相比照。

**例 8.4.5**　（原例 6.3.1）为研究某减肥药的效果，检测人员对 10 人进行了临床试验。测量服药之前和服用一个疗程之后的体重（单位：kg）记录如下：

| 人员 | 1 | 2 | 3 | 4 | 5 | 6 | 7 | 8 | 9 | 10 |
|---|---|---|---|---|---|---|---|---|---|---|
| 服药前 | 80 | 84 | 68 | 56 | 69 | 83 | 78 | 74 | 70 | 63 |
| 服药后 | 75 | 72 | 65 | 56 | 63 | 80 | 72 | 70 | 65 | 59 |
| 服药前后的差 | 5 | 12 | 3 | 0 | 6 | 3 | 6 | 4 | 5 | 4 |

设服药前后的体重之差服从正态分布，试判断该减肥药是否有效（$\alpha=0.05$）。

**解：** 将数据导入 Excel 表，其分析的具体步骤为：选中“数据分析”中“$t$ 检验：平均值的成对二样本分析”，单击“确定”，在弹出的对话框中，依次输入各参数，再单击“确认”，其输出的分析结果如表 8.4.5 所示。

**表 8.4.5　$t$ 检验：成对双样本均值分析**

| | 服药前体重 | 服药后体重 |
|---|---|---|
| 平均 | 72.5 | 67.7 |
| 方差 | 81.4 | 55.1 |
| 观测值 | 10 | 10 |
| 泊松相关系数 | 0.948 | |
| 假设平均差 | 0 | |
| *df* | 9 | |
| $t$ Stat | 4.922 | |
| $P$（$T\leqslant t$）单尾 | 0.000411 | |
| $t$ 单尾临界 | 1.833 | |
| $P$（$T\leqslant t$）双尾 | 0.000823 | |
| $t$ 双尾临界 | 2.262 | |

如表 8.4.5 所示，在 Excel 的分析结果中“泊松相关系数”是为了衡量两组数据的相关程度，这里为 0.948，说明两组数据非常相关。本例是要判断减肥药的效果，原假设为 $H_0$：服药前后的体重差 $\mu_D\leqslant 0$，为单边检验，其检验判断的拒绝域为 $W=\{t_\alpha(n-1),\ +\infty\}$。根据 Excel 的分析结果，得检验统计量（$t$ Stat）的值为 4.922，而检验临界值 $t_\alpha(n-1)=t_{0.05}(9)=1.833<4.922$，因此，拒绝原假设，认为服药后体重有显著减轻。

以上为利用 Excel 分析工具库所进行的参数假设检验。而在 Excel 中，除了可以进行参数假设检验外，我们还可以通过 Excel 的函数命令进行非参数的假设检验等，包括本书讲述的符号检验、秩和检验等，这里我们不再一一详述，有兴趣的同学可以参考我们文献中提供的相关书籍。

## 8.5 方差分析

Excel 的分析工具库为方差分析提供 3 类分析工具，有单因素方差分析、可重复双因素方差分析和无重复双因素方差分析。根据学习的难易程度，我们在这里选择讲解最基础的单因素方差分析，下面我们拿本书例 7. 1. 1 的数据来帮助讲述 Excel 的这个分析工具。

**例 8. 5. 1** （原例 7. 1. 1）某大学生科研创新小组为研究校园周边河流水体污染的状况，分别选取河流的上、中、下三个断面监测分析了相应水体中某有机污染物浓度（单位：mg/L），测量数据如下：

| 河流断面 | 1 | 2 | 3 | 4 | 5 | 6 | 7 | 8 |
|---|---|---|---|---|---|---|---|---|
| 上 | 19. 4 | 32. 6 | 27. 0 | 32. 1 | 33. 0 | 28. 8 | 17. 3 | 19. 4 |
| 中 | 17. 7 | 24. 8 | 27. 9 | 25. 2 | 24. 3 | 23. 9 | 17. 0 | |
| 下 | 20. 7 | 21. 0 | 20. 5 | 18. 8 | 18. 6 | 19. 9 | 14. 3 | 11. 8 |

试问该有机污染物在这条河流的三个断面水体中的浓度有无显著差异？

**解**：将数据导入 Excel 中，其分析的具体步骤为：选中“数据分析”中“方差分析：单因素方差分析”，单击“确定”，在弹出的对话框中，依次输入“输入区域：A1：C9”“$\alpha=0.05$”“输出区域：D1”等，再单击“确认”，其输出的分析结果如表 8. 5. 1 所示。

**表 8. 5. 1 方差分析：单因素方差分析**

| 单因素方差分析 1：SUMMARY | | | | |
|---|---|---|---|---|
| 组 | 观测数 | 求和 | 平均 | 方差 |
| 上 | 8 | 209. 6 | 26. 2 | 43. 0 |
| 中 | 7 | 160. 8 | 23. 0 | 16. 44 |
| 下 | 8 | 145. 6 | 18. 2 | 11. 23 |

（续上表）

单因素方差分析 2：方差分析

| 差异源 | *SS* | *df* | *MS* | *F* | *P*－value | *F* crit |
|---|---|---|---|---|---|---|
| 组间 | 259 | 2 | 129.4 | 5.408 | 0.01323 | 3.49 |
| 组内 | 479 | 20 | 23.9 | | | |
| 总计 | 738 | 22 | | | | |

在表 8.5.1 的分析结果中 *SS* 为平方和，*df* 为自由度，*MS* 为均方和。通过 Excel 的分析工具，得到检验统计量 $F$ 的统计值为 5.408，该值大于检验的临界值$F_{\alpha}(r-1, n-r)=F_{0.05}(2, 20)=3.49$，故在 $\alpha=0.05$ 的显著水平下拒绝 $H_0$，认为该有机污染物在这条河流的三个断面水体中的浓度有显著差异。

## 8.6　一元线性回归分析

在 Excel 中提供了三个主要的线性回归分析途径，分别是：散点图和趋势线；函数；分析工具库中的“回归”工具。其中

（1）使用 *XY* 散点图和趋势线进行简单回归分析是很多同学有所了解和熟悉的部分。在使用时，我们首先选取要分析的样本数据，插入散点图；再点击散点图，根据需要选择添加趋势线、回归方程、相关系数 $R^2$ 等，编辑散点图和趋势线，并可进行点预测等。值得注意的是散点图和趋势线除了可以进行一元线性回归分析外，还可以进行指数函数、对数函数、幂函数等非线性函数的回归分析和点预测。但散点图和趋势线不能够进行线性回归方程的假设检验。

（2）使用 Excel 系统提供的函数实现简单回归分析。在 Excel 软件中可用于线性回归分析的函数有回归分析函数 LINEST、斜率函数 SLOPE、截距函数 INTERCEPT、测定系数函数 RSQ 等，其中回归分析函数 LINEST（known_y's，known_x's，const，stats）是利用最小二乘法对已知数据进行最佳线性拟合，返回该直线公式的斜率和截距值。回归分析函数 LINEST 不仅可以进行一元线性回归分析，而且可以进行多元线性回归分析，从而找出因变量与多组自变量之间的线性关系。测定系数函数 RSQ（known_y's，known_x's）也即两组数据的相关系数。需要说明的是，在 Excel 中，除了线性回归函数 LINEST 外，还有指数回归函数 LOGEST 等，可以进行非线性回归分析。

（3）数据分析工具中的“回归”分析工具也是通过最小二乘法进行直线拟合，从而分析一个或多个自变量对单个因变量的影响方向和影响程度。所以 Excel 中的回归分析工具既可以用于一元线性回归分析，也可以用于多元回归分析，此外，它还可以进行回归方程的假设检验等。下面我们就以在本书第 7 章讲述过的例 7.2.7 的数据和回归问题，利用 Excel 的回归分析工具进行解答。

**例 8.6.1** （原例 7.2.7）某实验室建立了一套用于大气中臭氧含量（单位：μmol/m³）测定的新方法。现对该方法进行标定，得到以下数据：

| 臭氧浓度（$x$） | 0.01 | 0.02 | 0.03 | 0.04 | 0.05 | 0.06 |
|---|---|---|---|---|---|---|
| 检测器响应值（$y$） | 10 | 11 | 11 | 14 | 15 | 16 |

（1）建立线性回归方程；

（2）对线性回归方程做假设检验（$\alpha=0.05$）。

**解**：将数据导入 Excel，在“数据分析”的分析工具中选择“回归”，单击“确定”，在弹出的对话框中，依次输入“$Y$ 值输入区域：B1：B7”“$X$ 值输入区域：A1：A7”“置信度 $1-\alpha=95\%$”“输出区域：C1”等，再单击“确认”，其输出的分析结果如表 8.6.1 所示。

**表 8.6.1　回归分析结果**

| **回归统计** | | | | | | |
|---|---|---|---|---|---|---|
| Multiple $R$ | 0.969 | | | | | |
| $R$ Square | 0.9389 | | | | | |
| Adjusted $R$ Square | 0.9223 | | | | | |
| 标准误差 | 0.690 | | | | | |
| 观测值 | 6 | | | | | |
| **方差分析** | | | | | | |
| | $df$ | $SS$ | $MS$ | $F$ | **Significance $F$** | |
| 回归分析 | 1 | 28.9 | 28.9 | 60.75 | 0.001462 | |
| 残差 | 4 | 1.90 | 0.476 | | | |
| 总计 | 5 | 30.83 | | | | |
| **回归参数** | | | | | | |
| | Coefficients | 标准误差 | $t$ Stat | $P$ - value | 下限 95.0% | 上限 95.0% |
| Intercept | 8.33 | 0.6424 | 12.97 | 0.000204 | 6.55 | 10.12 |
| Slope | 128.6 | 16.5 | 7.79 | 0.001462 | 82.8 | 174.4 |

在“回归”对话框中“常数为零”表示强制回归线过原点；勾选“线性拟合图”，则输出的结果将会包含拟合的散点图和拟合直线，分析者还可以在输出的拟合图上进行编辑，如添加回归公式、$R^2$、图标等，在这里我们不再赘述，其他选项，分析者可根据需要进行勾选。

在回归分析结果表 8.6.1 中，各项说明如下：

（1）回归统计。Multiple $R$ 为 $R^2$ 的平方根，又称相关系数；$R$ Square 即 $R^2$；

Adjusted $R$ Square 仅用于多元分析。

（2）方差分析。主要是通过 $F$ 检验来判断回归模型的回归效果。其中回归分析实际指组间偏差；残差实际指组内偏差；其他几项与方差分析的指标意义一样，但 Significance $F$ 实际上为方差分析的 $P$ - value，而不是 $F$ 的临界值 $F_{\alpha}(1, n-2)$。这可能是 Excel 软件在回归分析工具编写中的一个失误。所以这里只能用 $p$ 值法，即 $p=0.00146<0.05=\alpha$ 来判断检验结果。结果为拒绝原假设，认为检测器响应值 $y$ 与臭氧浓度 $x$ 的线性回归效果显著。

（3）回归参数。主要是回归方程的描述和参数的推断。Intercept 为截距，即回归方程的参数 $\hat{\beta}_0$；Slope 为斜率，即参数 $\hat{\beta}_1$。Coefficients 为求得的 $\hat{\beta}_0$ 和 $\hat{\beta}_1$ 值；$t$ Stat 为分别用于原假设 $H_0: \beta_0=0$ 和 $H_0: \beta_1=0$ 的检验统计量 $T$ 的值；$P$ - value 为分别用于原假设的 $p$ 值。同样地，Excel 没有提供 $t$ 检验的临界值 $t_{\frac{\alpha}{2}}(n-2)$，只能通过 $p$ 值法检验，结果与 $F$ 检验的一致。最后是参数 $\hat{\beta}_0$ 和 $\hat{\beta}_1$ 的置信度为 95% 的置信区间的上下限，即 $\hat{\beta}_0$ 的置信区间为（6.55，10.12）和 $\hat{\beta}_1$ 的置信区间为（82.8，174.4）。

根据给出的数据可以写出具有回归效果的一元线性回归方程为：

$$\hat{y}=8.33+128.6x$$

此外，Excel 的回归分析工具也可以用来处理非线性回归问题，与我们前面讲述的非线性回归问题处理一样，我们需要利用 Excel 的函数或自定义函数表达式将非线性函数的变量和数值进行变换，将非线性回归问题转化为线性回归问题来解决。因此，我们在第 7 章 7.3 部分所列出的非线性回归都可以用 Excel 的回归分析工具进行分析。详细的过程请参考上面线性回归的步骤，这里不再赘述。

## 本章习题

1. 根据调查，某小学 1 年级学生每天课外阅读的时间（单位：分钟）如下：

20，60，50，30，35，45，20，50，52，35，60，72，22，46，52，30，70，80，15，60，42，25，30

试用 Excel 函数计算，并画出箱线图。

2. 为了验证深圳地区的商品房价格与广州地区的差异，分别在深圳和广州按比例抽查了 10 家开发商，其住宅楼价格数据如下：

| 深圳（万元） | 1.85 | 1.98 | 2.04 | 2.20 | 1.80 | 1.76 | 2.40 | 1.96 | 1.72 | 2.16 |
|---|---|---|---|---|---|---|---|---|---|---|
| 广州（万元） | 1.16 | 1.44 | 1.32 | 1.04 | 1.50 | 0.98 | 1.04 | 1.38 | 1.40 | 1.26 |

设各总体均服从正态分布，且方差分别为 13.4 和 8.24。试在显著性水平 $\alpha=0.05$

下判断深圳商品房价格与广州是否有显著的差别。

3. 已知1995—2004年之间，城市人均住宅建筑面积和农村人均住宅建筑面积（单位：平方米/人）的数据如下：

| 城市 | 16.3 | 17.0 | 17.8 | 18.7 | 19.4 | 20.3 | 20.8 | 22.8 | 23.7 | 25.0 |
|---|---|---|---|---|---|---|---|---|---|---|
| 农村 | 21.0 | 21.7 | 22.5 | 23.3 | 24.2 | 24.8 | 25.7 | 26.5 | 27.2 | 27.9 |

假设城市和农村人均住宅面积满足正态分布，试在显著水平为 $\alpha=0.05$ 下，检验城市人均住宅面积与农村人均住宅面积是否有显著差别，并检验两者方差是否相等。

4. 为了解我市居民对自身健康的关注度，某机构对不同年龄层的居民每周用于锻炼身体的时间（单位：分钟）进行调查，调查结果的抽样数据如下：

| 年龄层 | 每周的锻炼时间（分钟） | | | | | | | |
|---|---|---|---|---|---|---|---|---|
| 25岁以下 | 120 | 240 | 60 | 80 | 50 | 100 | 90 | 110 |
| 26~35岁 | 250 | 180 | 150 | 210 | 190 | 260 | 200 | 230 |
| 36~45岁 | 350 | 280 | 290 | 340 | 300 | 360 | 330 | 370 |
| 45岁以上 | 380 | 400 | 500 | 580 | 460 | 390 | 430 | 520 |

试判断这4个年龄层的居民的锻炼时间是否有显著差别。

5. 已知1994—2004年之间，我国城镇居民家庭人均可支配收入（单位：元）和城镇居民消费水平（单位：元）的数据如下：

| 人均可支配 | 4283 | 4839 | 5160 | 5425 | 5854 | 6280 | 6860 | 7703 | 8473 | 9422 |
|---|---|---|---|---|---|---|---|---|---|---|
| 消费水平 | 4871 | 5430 | 5796 | 6217 | 6796 | 7402 | 7761 | 8047 | 8473 | 9105 |

试利用回归分析工具建立城镇居民家庭人均可支配收入和城镇居民消费水平的直线回归方程。

6. 已知1995—2004年之间的人均国内生产总值（单位：万元）的数据如下：

| 年份（$x$） | 1995 | 1996 | 1997 | 1998 | 1999 | 2000 | 2001 | 2002 | 2003 | 2004 |
|---|---|---|---|---|---|---|---|---|---|---|
| 人均GDP（$y$） | 0.485 | 0.558 | 0.605 | 0.631 | 0.655 | 0.709 | 0.765 | 0.821 | 0.911 | 1.056 |

经验显示人均GDP与年份呈指数回归曲线趋势，试根据这些数据建立非直线回归方程。

# 附录　统计用表

附表 1　常用的概率分布表

| 分布 | 参数 | 分布律或概率密度 | 数学期望 | 方差 |
|---|---|---|---|---|
| 贝努利分布 | $0<p<1$ | $P(X=x)=p^x(1-p)^{1-x}$，$x=0, 1$ | $p$ | $p(1-p)$ |
| 二项分布 | $0<p<1$，$n\geqslant 1$ | $P(X=k)=C_n^k p^k(1-p)^{n-k}$，$k=0, 1, 2, \cdots, n$ | $np$ | $np(1-p)$ |
| 泊松分布 | $\lambda>0$ | $P(X=k)=\frac{\lambda^k}{k!}e^{-\lambda}$，$k=0, 1, 2, \cdots$ | $\lambda$ | $\lambda$ |
| 均匀分布 | $a<b$ | $f(x)=\begin{cases}\frac{1}{b-a}, & a<x<b\\ 0, & 其他\end{cases}$ | $\frac{a+b}{2}$ | $\frac{(a+b)^2}{12}$ |
| 指数分布 | $\lambda>0$ | $f(x)=\begin{cases}\lambda e^{-\lambda x}, & x\geqslant 0\\ 0, & x<0\end{cases}$ | $1/\lambda$ | $1/\lambda^2$ |
| 正态分布 | $\mu$，$\sigma^2(\sigma>0)$ | $f(x)=\frac{1}{\sqrt{2\pi}\sigma}e^{-\frac{(x-\mu)^2}{2\sigma^2}}$，$(-\infty<x<+\infty)$ | $\mu$ | $\sigma^2$ |
| 伽玛分布 | $\alpha>0$，$\lambda>0$ | $f(x)=\begin{cases}\frac{\lambda^\alpha}{\Gamma(\alpha)}x^{\alpha-1}e^{-\lambda x}, & x\geqslant 0\\ 0, & x<0\end{cases}$ | $\frac{\alpha}{\lambda}$ | $\frac{\alpha}{\lambda^2}$ |
| $\chi^2$分布 | $n\geqslant 1$ | $f(x)=\begin{cases}\frac{1}{2^{\frac{n}{2}}\Gamma(\frac{n}{2})}x^{\frac{n}{2}-1}e^{-\frac{x}{2}}, & x>0\\ 0, & x\leqslant 0\end{cases}$ | $n$ | $2n$ |

（续上表）

| 分布 | 参数 | 分布律或概率密度 | 数学期望 | 方差 |
| --- | --- | --- | --- | --- |
| $t$ 分布 | $n \geqslant 1$ | $f(t)=\dfrac{\Gamma\left(\frac{n+1}{2}\right)}{\sqrt{n\pi}\,\Gamma\left(\frac{n}{2}\right)}\left(1+\dfrac{t^2}{n}\right)^{-\frac{n+1}{2}}$，$-\infty<t<+\infty$ | 0 | $\dfrac{n}{n-2}$，$n>2$ |
| $F$ 分布 | $n_1$，$n_2$ | $f(x)=\begin{cases}\dfrac{\Gamma\left(\frac{n_1+n_2}{2}\right)}{\Gamma\left(\frac{n_1}{2}\right)\Gamma\left(\frac{n_2}{2}\right)}\left(\dfrac{n_1}{n_2}\right)^{\frac{n_1}{2}}x\left(1+\dfrac{n_1}{n_2}x\right)^{-\frac{n_1+n_2}{2}}, & x\geqslant 0\\ 0, & x<0\end{cases}$ | $\dfrac{n_2}{n_2-2}$ | $\dfrac{2n_2^2(n_1+n_2-2)}{n_1(n_2-2)^2(n_2-4)}$ |

## 附表 2　正态总体参数的置信区间分布表

| 待估参数 | 条件 | 统计量（枢轴变量）及分布 | 双侧置信区间 | 单侧置信下限、上限 |
|---|---|---|---|---|
| 均值 $\mu$ | $\sigma^2$已知 | $U=\dfrac{\bar{X}-\mu}{\sigma/\sqrt{n}}\sim N(0,1)$ | $\left[\bar{X}-\dfrac{\sigma}{\sqrt{n}}u_{\frac{\alpha}{2}},\ \bar{X}+\dfrac{\sigma}{\sqrt{n}}u_{\frac{\alpha}{2}}\right]$ | $\bar{X}-\dfrac{\sigma}{\sqrt{n}}u_{\alpha}$；$\bar{X}+\dfrac{\sigma}{\sqrt{n}}u_{\alpha}$ |
| 均值 $\mu$ | $\sigma^2$未知 | $T=\dfrac{\bar{X}-\mu}{S/\sqrt{n}}\sim t(n-1)$ | $\left[\bar{X}-\dfrac{S}{\sqrt{n}}t_{\frac{\alpha}{2}}(n-1),\ \bar{X}+\dfrac{S}{\sqrt{n}}t_{\frac{\alpha}{2}}(n-1)\right]$ | $\bar{X}-\dfrac{S}{\sqrt{n}}t_{\alpha}(n-1)$；<br>$\bar{X}+\dfrac{S}{\sqrt{n}}t_{\alpha}(n-1)$ |
| 方差 $\sigma^2$ | $\mu$未知 | $\chi^2=\dfrac{(n-1)S^2}{\sigma^2}\sim\chi^2(n-1)$ | $\left[\dfrac{(n-1)S^2}{\chi^2_{\frac{\alpha}{2}}(n-1)},\ \dfrac{(n-1)S^2}{\chi^2_{1-\frac{\alpha}{2}}(n-1)}\right]$ | $\dfrac{(n-1)S^2}{\chi^2_{\alpha}(n-1)}$；$\dfrac{(n-1)S^2}{\chi^2_{1-\alpha}(n-1)}$ |
| 方差 $\sigma^2$ | $\mu$已知 | $\chi^2=\sum\limits_{i=1}^{n}\dfrac{(X_i-\mu)^2}{\sigma^2}\sim\chi^2(n)$ | $\left[\dfrac{\sum\limits_{i=1}^{n}(X_i-\mu)^2}{\chi^2_{\frac{\alpha}{2}}(n)},\ \dfrac{\sum\limits_{i=1}^{n}(X_i-\mu)^2}{\chi^2_{1-\frac{\alpha}{2}}(n)}\right]$ | $\dfrac{\sum\limits_{i=1}^{n}(X_i-\mu)^2}{\chi^2_{\alpha}(n)}$；$\dfrac{\sum\limits_{i=1}^{n}(X_i-\mu)^2}{\chi^2_{1-\alpha}(n)}$ |
| 均值差<br>$\mu_1-\mu_2$ | $\sigma_1^2$，$\sigma_2^2$已知 | $U=\dfrac{(\bar{X}-\bar{Y})-(\mu_1-\mu_2)}{\sqrt{\dfrac{\sigma_1^2}{n_1}+\dfrac{\sigma_2^2}{n_2}}}\sim N(0,1)$ | $\left[(\bar{X}-\bar{Y})\pm u_{\frac{\alpha}{2}}\sqrt{\dfrac{\sigma_1^2}{n_1}+\dfrac{\sigma_2^2}{n_2}}\right]$ | $(\bar{X}-\bar{Y})-u_{\alpha}\sqrt{\dfrac{\sigma_1^2}{n_1}+\dfrac{\sigma_2^2}{n_2}}$；<br>$(\bar{X}-\bar{Y})+u_{\alpha}\sqrt{\dfrac{\sigma_1^2}{n_1}+\dfrac{\sigma_2^2}{n_2}}$ |
| 均值差<br>$\mu_1-\mu_2$ | $\sigma_1^2$，$\sigma_2^2$未知；<br>$n_1$，$n_2$较大 | $U=\dfrac{(\bar{X}-\bar{Y})-(\mu_1-\mu_2)}{\sqrt{\dfrac{S_1^2}{n_1}+\dfrac{S_2^2}{n_2}}}\sim N(0,1)$ | $\left[(\bar{X}-\bar{Y})\pm u_{\frac{\alpha}{2}}\sqrt{\dfrac{S_1^2}{n_1}+\dfrac{S_2^2}{n_2}}\right]$ | $(\bar{X}-\bar{Y})-u_{\alpha}\sqrt{\dfrac{S_1^2}{n_1}+\dfrac{S_2^2}{n_2}}$；<br>$(\bar{X}-\bar{Y})+u_{\alpha}\sqrt{\dfrac{S_1^2}{n_1}+\dfrac{S_2^2}{n_2}}$ |

（续上表）

| 待估参数 | 条件 | 统计量（枢轴变量）及分布 | 双侧置信区间 | 单侧置信下限、上限 |
|---|---|---|---|---|
| 均值差 $\mu_1-\mu_2$ | $\sigma_1^2$，$\sigma_2^2$未知 $\sigma_1^2=\sigma_2^2=\sigma^2$ | $T=\dfrac{(\bar{X}-\bar{Y})-(\mu_1-\mu_2)}{S_w\sqrt{\dfrac{1}{n_1}+\dfrac{1}{n_2}}}\sim t(n_1+n_2-2)$，$S_w^2=\dfrac{(n_1-1)S_1^2+(n_2-1)S_2^2}{n_1+n_2-2}$ | $\left[(\bar{X}-\bar{Y})\pm t_{\frac{\alpha}{2}}(n_1+n_2-2)S_w\sqrt{\dfrac{1}{n_1}+\dfrac{1}{n_2}}\right]$ | $(\bar{X}-\bar{Y})-t_\alpha(n_1+n_2-2)S_w\sqrt{\dfrac{1}{n_1}+\dfrac{1}{n_2}}$；$(\bar{X}-\bar{Y})+t_\alpha(n_1+n_2-2)S_w\sqrt{\dfrac{1}{n_1}+\dfrac{1}{n_2}}$ |
| 方差比 $\sigma_1^2/\sigma_2^2$ | $\mu_1$，$\mu_2$ 均已知 | $\chi_1^2=\sum\limits_{i=1}^{n_1}\dfrac{(X_i-\mu_1)^2}{\sigma_1^2}\sim\chi^2(n_1)$，$\chi_2^2=\sum\limits_{j=1}^{n_2}\dfrac{(Y_j-\mu_2)^2}{\sigma_2^2}\sim\chi^2(n_2)$ | $\left[\dfrac{\sum\limits_{i=1}^{n_1}(X_i-\mu_1)^2/n_1}{F_{\frac{\alpha}{2}}(n_1,n_2)\sum\limits_{j=1}^{n_2}(Y_j-\mu_2)^2/n_2},\dfrac{\sum\limits_{i=1}^{n_1}(X_i-\mu_1)^2/n_1}{F_{1-\frac{\alpha}{2}}(n_1,n_2)\sum\limits_{j=1}^{n_2}(Y_j-\mu_2)^2/n_2}\right]$ | $\dfrac{\sum\limits_{i=1}^{n_1}(X_i-\mu_1)^2/n_1}{F_\alpha(n_1,n_2)\sum\limits_{j=1}^{n_2}(Y_j-\mu_2)^2/n_2}$；$\dfrac{\sum\limits_{i=1}^{n_1}(X_i-\mu_1)^2/n_1}{F_{1-\alpha}(n_1,n_2)\sum\limits_{j=1}^{n_2}(Y_j-\mu_2)^2/n_2}$ |
| 方差比 $\sigma_1^2/\sigma_2^2$ | $\mu_1$，$\mu_2$ 均未知 | $\chi^2=\dfrac{(n_1-1)S_1^2}{\sigma_1^2}\sim\chi^2(n_1-1)$，$\chi^2=\dfrac{(n_2-1)S_2^2}{\sigma_2^2}\sim\chi^2(n_2-1)$ | $\left[\dfrac{S_1^2}{F_{\frac{\alpha}{2}}(n_1-1,n_2-1)S_2^2},\dfrac{S_1^2}{F_{1-\frac{\alpha}{2}}(n_1-1,n_2-1)S_2^2}\right]$ | $\dfrac{S_1^2}{F_\alpha(n_1-1,n_2-1)S_2^2}$；$\dfrac{S_1^2}{F_{1-\alpha}(n_1-1,n_2-1)S_2^2}$ |
| 比率 $p$ | 样本容量 $n>50$ | $U=\dfrac{\bar{X}-p}{\sqrt{p(1-p)/n}}\sim N(0,1)$ | $\left[\bar{X}\pm u_{\frac{\alpha}{2}}\sqrt{\dfrac{\bar{X}(1-\bar{X})}{n}}\right]$ | $\bar{X}-u_\alpha\sqrt{\dfrac{\bar{X}(1-\bar{X})}{n}}$；$\bar{X}+u_\alpha\sqrt{\dfrac{\bar{X}(1-\bar{X})}{n}}$ |

## 附表 3 正态总体参数的假设检验分布表

| 类型 | 条件 | 原假设 $H_0$ | 备选假设 $H_1$ | 检验统计量及分布 | 拒绝域 |
|---|---|---|---|---|---|
| 双边检验 | $\sigma^2$已知 | $\mu=\mu_0$ | $\mu\neq\mu_0$ | $U=\dfrac{\bar{X}-\mu}{\sigma/\sqrt{n}}\sim N(0,1)$ | $W=\{\lvert u\rvert\geqslant u_{\frac{\alpha}{2}}\}$ |
| 单边检验 | | $\mu\leqslant\mu_0$ | $\mu>\mu_0$ | | $W=\{u\geqslant u_\alpha\}$ |
| | | $\mu\geqslant\mu_0$ | $\mu<\mu_0$ | | $W=\{u\leqslant -u_\alpha\}$ |
| 双边检验 | $\sigma^2$未知 | $\mu=\mu_0$ | $\mu\neq\mu_0$ | $T=\dfrac{\bar{X}-\mu}{S/\sqrt{n}}\sim t(n-1)$ | $W=\{\lvert t\rvert\geqslant t_{\frac{\alpha}{2}}(n-1)\}$ |
| 单边检验 | | $\mu\leqslant\mu_0$ | $\mu>\mu_0$ | | $W=\{t\geqslant t_\alpha(n-1)\}$ |
| | | $\mu\geqslant\mu_0$ | $\mu<\mu_0$ | | $W=\{t\leqslant -t_\alpha(n-1)\}$ |
| 双边检验 | $\mu$已知 | $\sigma^2=\sigma_0^2$ | $\sigma^2\neq\sigma_0^2$ | $\chi^2=\sum\limits_{i=1}^{n}\dfrac{(X_i-\mu)^2}{\sigma_0^2}\sim\chi^2(n)$ | $W=\{\chi^2\geqslant\chi^2_{\frac{\alpha}{2}}(n)$或$\chi^2\leqslant\chi^2_{1-\frac{\alpha}{2}}(n)\}$ |
| 单边检验 | | $\sigma^2\leqslant\sigma_0^2$ | $\sigma^2>\sigma_0^2$ | | $W=\{\chi^2\geqslant\chi^2_\alpha(n)\}$ |
| | | $\sigma^2\geqslant\sigma_0^2$ | $\sigma^2<\sigma_0^2$ | | $W=\{\chi^2\leqslant\chi^2_{1-\alpha}(n)\}$ |
| 双边检验 | $\mu$未知 | $\sigma^2=\sigma_0^2$ | $\sigma^2\neq\sigma_0^2$ | $\chi^2=\dfrac{(n-1)S^2}{\sigma^2}\sim\chi^2(n-1)$ | $W=\{\chi^2\geqslant\chi^2_{\frac{\alpha}{2}}(n-1)$或$\chi^2\leqslant\chi^2_{1-\frac{\alpha}{2}}(n-1)\}$ |
| 单边检验 | | $\sigma^2\leqslant\sigma_0^2$ | $\sigma^2>\sigma_0^2$ | | $W=\{\chi^2\geqslant\chi^2_\alpha(n-1)\}$ |
| | | $\sigma^2\geqslant\sigma_0^2$ | $\sigma^2<\sigma_0^2$ | | $W=\{\chi^2\leqslant\chi^2_{1-\alpha}\ (n-1)\}$ |
| 双边检验 | $\sigma_1^2$，$\sigma_2^2$已知 | $\mu_1=\mu_2$ | $\mu_1\neq\mu_2$ | $U=\dfrac{(\bar{X}-\bar{Y})-(\mu_1-\mu_2)}{\sqrt{\sigma_1^2/n_1+\sigma_2^2/n_2}}\sim N(0,1)$ | $W=\{\lvert u\rvert\geqslant u_{\frac{\alpha}{2}}\}$ |
| 单边检验 | | $\mu_1\leqslant\mu_2$ | $\mu_1>\mu_2$ | | $W=\{u\geqslant u_\alpha\}$ |
| | | $\mu_1\geqslant\mu_2$ | $\mu_1<\mu_2$ | | $W=\{u\leqslant -u_\alpha\}$ |
| 双边检验 | $\sigma_1^2$，$\sigma_2^2$未知 $n_1$，$n_2$不大 | $\mu_1=\mu_2$ | $\mu_1\neq\mu_2$ | $T=\dfrac{(\bar{X}-\bar{Y})-(\mu_1-\mu_2)}{\sqrt{S_1^2/n_1+S_2^2/n_2}}\sim t(\nu)$，$\nu=\dfrac{(S_1^2/n_1+S_2^2/n_2)^2}{\dfrac{(S_1^2/n_1)^2}{n_1-1}+\dfrac{(S_2^2/n_2)^2}{n_2-1}}$ | $W=\{\lvert t\rvert\geqslant t_{\frac{\alpha}{2}}\ (\nu)\}$ |
| 单边检验 | | $\mu_1\leqslant\mu_2$ | $\mu_1>\mu_2$ | | $W=\{t\geqslant t_\alpha\ (\nu)\}$ |
| | | $\mu_1\geqslant\mu_2$ | $\mu_1<\mu_2$ | | $W=\{t\leqslant -t_\alpha\ (\nu)\}$ |

（续上表）

| 类型 | 条件 | 原假设 $H_0$ | 备选假设 $H_1$ | 检验统计量及分布 | 拒绝域 |
| --- | --- | --- | --- | --- | --- |
| 双边检验 | $\sigma_1^2$，$\sigma_2^2$未知 $\sigma_1^2=\sigma_2^2=\sigma^2$ | $\mu_1=\mu_2$ | $\mu_1\neq\mu_2$ | $T=\dfrac{(\bar{X}-\bar{Y})-(\mu_1-\mu_2)}{S_w\sqrt{1/n_1+1/n_2}}\sim t(n_1+n_2-2)$，$S_w^2=\dfrac{(n_1-1)S_1^2+(n_2-1)S_2^2}{n_1+n_2-2}$ | $W=\{\|t\|\geqslant t_{\frac{\alpha}{2}}(n_1+n_2-2)\}$ |
| 单边检验 | | $\mu_1\leqslant\mu_2$ | $\mu_1>\mu_2$ | | $W=\{t\geqslant t_\alpha(n_1+n_2-2)\}$ |
| | | $\mu_1\geqslant\mu_2$ | $\mu_1<\mu_2$ | | $W=\{t\leqslant -t_\alpha(n_1+n_2-2)\}$ |
| 双边检验 | $\mu_1$，$\mu_2$ 均已知 | $\sigma_1^2=\sigma_2^2$ | $\sigma_1^2\neq\sigma_2^2$ | $F=\dfrac{\sum_{i=1}^{n_1}(X_i-\mu_1)^2/\sigma_1^2 n_1}{\sum_{j=1}^{n_2}(Y_j-\mu_2)^2/\sigma_2^2 n_2}\sim F(n_1,\ n_2)$ | $W=\{F\geqslant F_{\frac{\alpha}{2}}(n_1,\ n_2)$或$F\leqslant F_{1-\frac{\alpha}{2}}(n_1,\ n_2)\}$ |
| 单边检验 | | $\sigma_1^2\leqslant\sigma_2^2$ | $\sigma_1^2>\sigma_2^2$ | | $W=\{F\geqslant F_\alpha(n_1,\ n_2)\}$ |
| | | $\sigma_1^2\geqslant\sigma_2^2$ | $\sigma_1^2<\sigma_2^2$ | | $W=\{F\leqslant F_{1-\alpha}(n_1,\ n_2)\}$ |
| 双边检验 | $\mu_1$，$\mu_2$ 均未知 | $\sigma_1^2=\sigma_2^2$ | $\sigma_1^2\neq\sigma_2^2$ | $F=\dfrac{s_1^2/\sigma_1^2}{s_2^2/\sigma_2^2}\sim F(n_1-1,\ n_2-1)$ | $W=\left\{\begin{matrix}F\geqslant F_{\frac{\alpha}{2}}(n_1-1,\ n_2-1)\\ \text{或 } F\leqslant F_{1-\frac{\alpha}{2}}(n_1-1,\ n_2-1)\end{matrix}\right\}$ |
| 单边检验 | | $\sigma_1^2\leqslant\sigma_2^2$ | $\sigma_1^2>\sigma_2^2$ | | $W=\{F\geqslant F_\alpha\ (n_1-1,\ n_2-1)\}$ |
| | | $\sigma_1^2\geqslant\sigma_2^2$ | $\sigma_1^2<\sigma_2^2$ | | $W=\{F\leqslant F_{1-\alpha}\ (n_1-1,\ n_2-1)\}$ |
| 双边检验 | 成对数据；$\sigma^2$未知 | $\mu_D=0$ | $\mu_D\neq 0$ | $T=\dfrac{\bar{D}-\mu_D}{S_D/\sqrt{n}}\sim t(n-1)$ | $W=\{\|t\|\geqslant t_{\frac{\alpha}{2}}(n-1)\}$ |
| 单边检验 | | $\mu_D\leqslant 0$ | $\mu_D>0$ | | $W=\{t\geqslant t_\alpha(n-1)\}$ |
| | | $\mu_D\geqslant 0$ | $\mu_D<0$ | | $W=\{t\leqslant -t_\alpha(n-1)\}$ |
| 双边检验 | $p_0$已知 $n$ 充分大 | $p=p_0$ | $p\neq p_0$ | $U=\dfrac{\bar{X}-p_0}{\sqrt{\dfrac{p_0\ (1-p_0)}{n}}}\sim N(0,\ 1)$ | $W=\{\|u\|\geqslant u_{\frac{\alpha}{2}}\}$ |
| 单边检验 | | $p\leqslant p_0$ | $p>p_0$ | | $W=\{u\geqslant u_\alpha\}$ |
| | | $p\geqslant p_0$ | $p<p_0$ | | $W=\{u\leqslant -u_\alpha\}$ |

## 附表 4　标准正态分布表

$$\Phi(u)=\frac{1}{\sqrt{2\pi}}\int_{-\infty}^{u}e^{-\frac{t^2}{2}}dt,\ (0\leqslant u<+\infty)$$

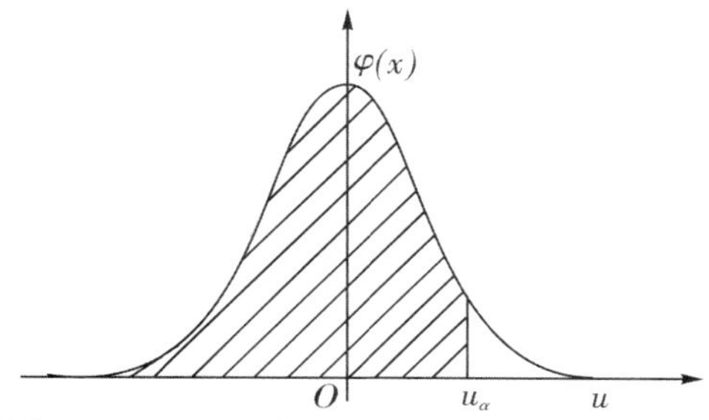


| u | 0 | 0.01 | 0.02 | 0.03 | 0.04 | 0.05 | 0.06 | 0.07 | 0.08 | 0.09 |
|---|---|---|---|---|---|---|---|---|---|---|
| 0 | 0.5000 | 0.5040 | 0.5080 | 0.5120 | 0.5160 | 0.5199 | 0.5239 | 0.5279 | 0.5319 | 0.5359 |
| 0.1 | 0.5398 | 0.5438 | 0.5478 | 0.5517 | 0.5557 | 0.5596 | 0.5636 | 0.5675 | 0.5714 | 0.5753 |
| 0.2 | 0.5793 | 0.5832 | 0.5871 | 0.5910 | 0.5948 | 0.5987 | 0.6026 | 0.6064 | 0.6103 | 0.6141 |
| 0.3 | 0.6179 | 0.6217 | 0.6255 | 0.6293 | 0.6331 | 0.6368 | 0.6406 | 0.6443 | 0.6480 | 0.6517 |
| 0.4 | 0.6554 | 0.6591 | 0.6628 | 0.6664 | 0.6700 | 0.6736 | 0.6772 | 0.6808 | 0.6844 | 0.6879 |
| 0.5 | 0.6915 | 0.6950 | 0.6985 | 0.7019 | 0.7054 | 0.7088 | 0.7123 | 0.7157 | 0.7190 | 0.7224 |
| 0.6 | 0.7257 | 0.7291 | 0.7324 | 0.7357 | 0.7389 | 0.7422 | 0.7454 | 0.7486 | 0.7517 | 0.7549 |
| 0.7 | 0.7580 | 0.7611 | 0.7642 | 0.7673 | 0.7703 | 0.7734 | 0.7764 | 0.7794 | 0.7823 | 0.7852 |
| 0.8 | 0.7881 | 0.7910 | 0.7939 | 0.7967 | 0.7995 | 0.8023 | 0.8051 | 0.8078 | 0.8106 | 0.8133 |
| 0.9 | 0.8159 | 0.8186 | 0.8212 | 0.8238 | 0.8264 | 0.8289 | 0.8315 | 0.8340 | 0.8365 | 0.8389 |
| 1.0 | 0.8413 | 0.8438 | 0.8461 | 0.8485 | 0.8508 | 0.8531 | 0.8554 | 0.8577 | 0.8599 | 0.8621 |
| 1.1 | 0.8643 | 0.8665 | 0.8686 | 0.8708 | 0.8729 | 0.8749 | 0.8770 | 0.8790 | 0.8810 | 0.8830 |
| 1.2 | 0.8849 | 0.8869 | 0.8888 | 0.8907 | 0.8925 | 0.8944 | 0.8962 | 0.8980 | 0.8997 | 0.9015 |
| 1.3 | 0.9032 | 0.9049 | 0.9066 | 0.9082 | 0.9099 | 0.9115 | 0.9131 | 0.9147 | 0.9162 | 0.9177 |
| 1.4 | 0.9192 | 0.9207 | 0.9222 | 0.9236 | 0.9251 | 0.9265 | 0.9278 | 0.9292 | 0.9306 | 0.9319 |
| 1.5 | 0.9332 | 0.9345 | 0.9357 | 0.9370 | 0.9382 | 0.9394 | 0.9406 | 0.9418 | 0.9430 | 0.9441 |
| 1.6 | 0.9452 | 0.9463 | 0.9474 | 0.9484 | 0.9495 | 0.9505 | 0.9515 | 0.9525 | 0.9535 | 0.9545 |
| 1.7 | 0.9554 | 0.9564 | 0.9573 | 0.9582 | 0.9591 | 0.9599 | 0.9608 | 0.9616 | 0.9625 | 0.9633 |
| 1.8 | 0.9641 | 0.9648 | 0.9656 | 0.9664 | 0.9671 | 0.9678 | 0.9686 | 0.9693 | 0.9700 | 0.9706 |
| 1.9 | 0.9713 | 0.9719 | 0.9726 | 0.9732 | 0.9738 | 0.9744 | 0.9750 | 0.9756 | 0.9762 | 0.9767 |
| 2.0 | 0.9772 | 0.9778 | 0.9783 | 0.9788 | 0.9793 | 0.9798 | 0.9803 | 0.9808 | 0.9812 | 0.9817 |
| 2.1 | 0.9821 | 0.9826 | 0.9830 | 0.9834 | 0.9838 | 0.9842 | 0.9846 | 0.9850 | 0.9854 | 0.9857 |
| 2.2 | 0.9861 | 0.9864 | 0.9868 | 0.9871 | 0.9874 | 0.9878 | 0.9881 | 0.9884 | 0.9887 | 0.9890 |
| 2.3 | 0.9893 | 0.9896 | 0.9898 | 0.9901 | 0.9904 | 0.9906 | 0.9909 | 0.9911 | 0.9913 | 0.9916 |
| 2.4 | 0.9918 | 0.9920 | 0.9922 | 0.9925 | 0.9927 | 0.9929 | 0.9931 | 0.9932 | 0.9934 | 0.9936 |
| 2.5 | 0.9938 | 0.9940 | 0.9941 | 0.9943 | 0.9945 | 0.9946 | 0.9948 | 0.9949 | 0.9951 | 0.9952 |
| 2.6 | 0.9953 | 0.9955 | 0.9956 | 0.9957 | 0.9959 | 0.9960 | 0.9961 | 0.9962 | 0.9963 | 0.9964 |
| 2.7 | 0.9965 | 0.9966 | 0.9967 | 0.9968 | 0.9969 | 0.9970 | 0.9971 | 0.9972 | 0.9973 | 0.9974 |
| 2.8 | 0.9974 | 0.9975 | 0.9976 | 0.9977 | 0.9977 | 0.9978 | 0.9979 | 0.9979 | 0.9980 | 0.9981 |
| 2.9 | 0.9981 | 0.9982 | 0.9982 | 0.9983 | 0.9984 | 0.9984 | 0.9985 | 0.9985 | 0.9986 | 0.9986 |
| 3.0 | 0.9987 | 0.9990 | 0.9993 | 0.9995 | 0.9997 | 0.9998 | 0.9998 | 0.9999 | 0.9999 | 1.0000 |

注：本表最后一行自左至右依次是 $\Phi(3.0)$，$\Phi(3.1)$，…，$\Phi(3.9)$ 的值。

## 附表5　$t$ 分布表

$$P(T \geqslant t_\alpha(n)) = \int_{t_\alpha(n)}^{+\infty} f(t)\,\mathrm{d}t = \alpha$$

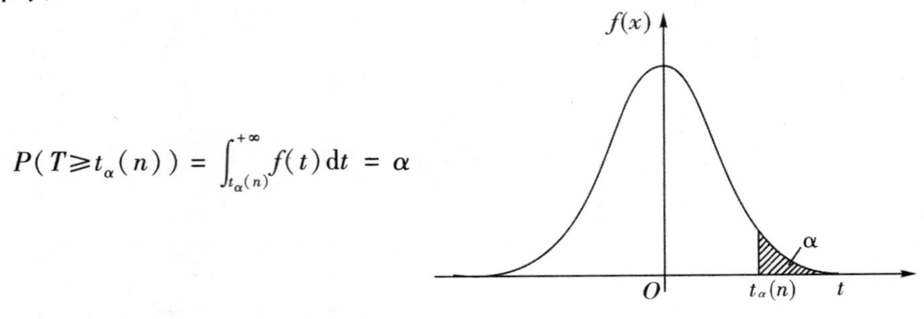


| $n$ \ $\alpha$ | 0.250 | 0.100 | 0.050 | 0.025 | 0.010 | 0.005 |
|---|---|---|---|---|---|---|
| 1 | 1.0000 | 3.0777 | 6.3138 | 12.7062 | 31.8205 | 63.6567 |
| 2 | 0.8165 | 1.8856 | 2.9200 | 4.3027 | 6.9646 | 9.9248 |
| 3 | 0.7649 | 1.6377 | 2.3534 | 3.1824 | 4.5407 | 5.8409 |
| 4 | 0.7407 | 1.5332 | 2.1318 | 2.7764 | 3.7469 | 4.6041 |
| 5 | 0.7267 | 1.4759 | 2.0150 | 2.5706 | 3.3649 | 4.0321 |
| 6 | 0.7176 | 1.4398 | 1.9432 | 2.4469 | 3.1427 | 3.7074 |
| 7 | 0.7111 | 1.4149 | 1.8946 | 2.3646 | 2.9980 | 3.4995 |
| 8 | 0.7064 | 1.3968 | 1.8595 | 2.3060 | 2.8965 | 3.3554 |
| 9 | 0.7027 | 1.3830 | 1.8331 | 2.2622 | 2.8214 | 3.2498 |
| 10 | 0.6998 | 1.3722 | 1.8125 | 2.2281 | 2.7638 | 3.1693 |
| 11 | 0.6974 | 1.3634 | 1.7959 | 2.2010 | 2.7181 | 3.1058 |
| 12 | 0.6955 | 1.3562 | 1.7823 | 2.1788 | 2.6810 | 3.0545 |
| 13 | 0.6938 | 1.3502 | 1.7709 | 2.1604 | 2.6503 | 3.0123 |
| 14 | 0.6924 | 1.3450 | 1.7613 | 2.1448 | 2.6245 | 2.9768 |
| 15 | 0.6912 | 1.3406 | 1.7531 | 2.1314 | 2.6025 | 2.9467 |
| 16 | 0.6901 | 1.3368 | 1.7459 | 2.1199 | 2.5835 | 2.9208 |
| 17 | 0.6892 | 1.3334 | 1.7396 | 2.1098 | 2.5669 | 2.8982 |
| 18 | 0.6884 | 1.3304 | 1.7341 | 2.1009 | 2.5524 | 2.8784 |
| 19 | 0.6876 | 1.3277 | 1.7291 | 2.0930 | 2.5395 | 2.8609 |
| 20 | 0.6870 | 1.3253 | 1.7247 | 2.0860 | 2.5280 | 2.8453 |
| 21 | 0.6864 | 1.3232 | 1.7207 | 2.0796 | 2.5176 | 2.8314 |
| 22 | 0.6858 | 1.3212 | 1.7171 | 2.0739 | 2.5083 | 2.8188 |
| 23 | 0.6853 | 1.3195 | 1.7139 | 2.0687 | 2.4999 | 2.8073 |
| 24 | 0.6848 | 1.3178 | 1.7109 | 2.0639 | 2.4922 | 2.7969 |
| 25 | 0.6844 | 1.3163 | 1.7081 | 2.0595 | 2.4851 | 2.7874 |

（续上表）

| $n$ \ $\alpha$ | 0. 250 | 0. 100 | 0. 050 | 0. 025 | 0. 010 | 0. 005 |
|---|---|---|---|---|---|---|
| 26 | 0. 6840 | 1. 3150 | 1. 7056 | 2. 0555 | 2. 4786 | 2. 7787 |
| 27 | 0. 6837 | 1. 3137 | 1. 7033 | 2. 0518 | 2. 4727 | 2. 7707 |
| 28 | 0. 6834 | 1. 3125 | 1. 7011 | 2. 0484 | 2. 4671 | 2. 7633 |
| 29 | 0. 6830 | 1. 3114 | 1. 6991 | 2. 0452 | 2. 4620 | 2. 7564 |
| 30 | 0. 6828 | 1. 3104 | 1. 6973 | 2. 0423 | 2. 4573 | 2. 7500 |
| 31 | 0. 6825 | 1. 3095 | 1. 6955 | 2. 0395 | 2. 4528 | 2. 7440 |
| 32 | 0. 6822 | 1. 3086 | 1. 6939 | 2. 0369 | 2. 4487 | 2. 7385 |
| 33 | 0. 6820 | 1. 3077 | 1. 6924 | 2. 0345 | 2. 4448 | 2. 7333 |
| 34 | 0. 6818 | 1. 3070 | 1. 6909 | 2. 0322 | 2. 4411 | 2. 7284 |
| 35 | 0. 6816 | 1. 3062 | 1. 6896 | 2. 0301 | 2. 4377 | 2. 7238 |
| 36 | 0. 6814 | 1. 3055 | 1. 6883 | 2. 0281 | 2. 4345 | 2. 7195 |
| 37 | 0. 6812 | 1. 3049 | 1. 6871 | 2. 0262 | 2. 4314 | 2. 7154 |
| 38 | 0. 6810 | 1. 3042 | 1. 6860 | 2. 0244 | 2. 4286 | 2. 7116 |
| 39 | 0. 6808 | 1. 3036 | 1. 6849 | 2. 0227 | 2. 4258 | 2. 7079 |
| 40 | 0. 6807 | 1. 3031 | 1. 6839 | 2. 0211 | 2. 4233 | 2. 7045 |
| 41 | 0. 6805 | 1. 3025 | 1. 6829 | 2. 0195 | 2. 4208 | 2. 7012 |
| 42 | 0. 6804 | 1. 3020 | 1. 6820 | 2. 0181 | 2. 4185 | 2. 6981 |
| 43 | 0. 6802 | 1. 3016 | 1. 6811 | 2. 0167 | 2. 4163 | 2. 6951 |
| 44 | 0. 6801 | 1. 3011 | 1. 6802 | 2. 0154 | 2. 4141 | 2. 6923 |
| 45 | 0. 6800 | 1. 3006 | 1. 6794 | 2. 0141 | 2. 4121 | 2. 6896 |
| 46 | 0. 6799 | 1. 3002 | 1. 6787 | 2. 0129 | 2. 4102 | 2. 6870 |
| 47 | 0. 6797 | 1. 2998 | 1. 6779 | 2. 0117 | 2. 4083 | 2. 6846 |
| 48 | 0. 6796 | 1. 2994 | 1. 6772 | 2. 0106 | 2. 4066 | 2. 6822 |
| 49 | 0. 6795 | 1. 2991 | 1. 6766 | 2. 0096 | 2. 4049 | 2. 6800 |
| 50 | 0. 6794 | 1. 2987 | 1. 6759 | 2. 0086 | 2. 4033 | 2. 6778 |

## 附表6 $\chi^2$分布表

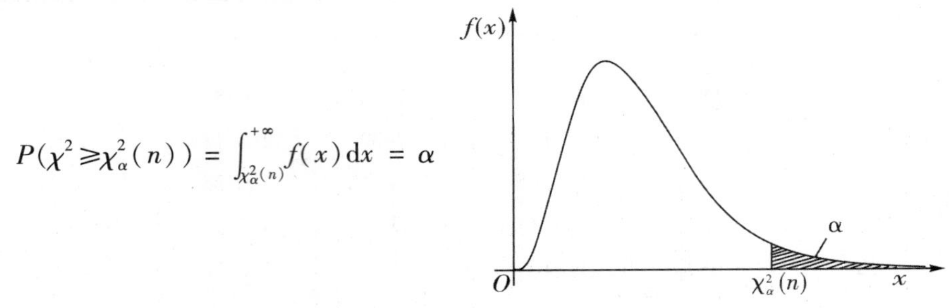


$$P(\chi^2 \geqslant \chi^2_\alpha(n)) = \int_{\chi^2_\alpha(n)}^{+\infty} f(x)\,\mathrm{d}x = \alpha$$

| $n$ \ $\alpha$ | 0.995 | 0.990 | 0.975 | 0.950 | 0.900 | 0.750 | 0.250 | 0.100 | 0.050 | 0.025 | 0.010 | 0.005 |
|---|---|---|---|---|---|---|---|---|---|---|---|---|
| 1 | 0.000 | 0.000 | 0.001 | 0.004 | 0.016 | 0.102 | 1.323 | 2.706 | 3.841 | 5.024 | 6.635 | 7.879 |
| 2 | 0.010 | 0.020 | 0.051 | 0.103 | 0.211 | 0.575 | 2.773 | 4.605 | 5.991 | 7.378 | 9.210 | 10.597 |
| 3 | 0.072 | 0.115 | 0.216 | 0.352 | 0.584 | 1.213 | 4.108 | 6.251 | 7.815 | 9.348 | 11.345 | 12.838 |
| 4 | 0.207 | 0.297 | 0.484 | 0.711 | 1.064 | 1.923 | 5.385 | 7.779 | 9.488 | 11.143 | 13.277 | 14.860 |
| 5 | 0.412 | 0.554 | 0.831 | 1.145 | 1.610 | 2.675 | 6.626 | 9.236 | 11.070 | 12.833 | 15.086 | 16.750 |
| 6 | 0.676 | 0.872 | 1.237 | 1.635 | 2.204 | 3.455 | 7.841 | 10.645 | 12.592 | 14.449 | 16.812 | 18.548 |
| 7 | 0.989 | 1.239 | 1.690 | 2.167 | 2.833 | 4.255 | 9.037 | 12.017 | 14.067 | 16.013 | 18.475 | 20.278 |
| 8 | 1.344 | 1.646 | 2.180 | 2.733 | 3.490 | 5.071 | 10.219 | 13.362 | 15.507 | 17.535 | 20.090 | 21.955 |
| 9 | 1.735 | 2.088 | 2.700 | 3.325 | 4.168 | 5.899 | 11.389 | 14.684 | 16.919 | 19.023 | 21.666 | 23.589 |
| 10 | 2.156 | 2.558 | 3.247 | 3.940 | 4.865 | 6.737 | 12.549 | 15.987 | 18.307 | 20.483 | 23.209 | 25.188 |
| 11 | 2.603 | 3.053 | 3.816 | 4.575 | 5.578 | 7.584 | 13.701 | 17.275 | 19.675 | 21.920 | 24.725 | 26.757 |
| 12 | 3.074 | 3.571 | 4.404 | 5.226 | 6.304 | 8.438 | 14.845 | 18.549 | 21.026 | 23.337 | 26.217 | 28.300 |
| 13 | 3.565 | 4.107 | 5.009 | 5.892 | 7.042 | 9.299 | 15.984 | 19.812 | 22.362 | 24.736 | 27.688 | 29.819 |
| 14 | 4.075 | 4.660 | 5.629 | 6.571 | 7.790 | 10.165 | 17.117 | 21.064 | 23.685 | 26.119 | 29.141 | 31.319 |
| 15 | 4.601 | 5.229 | 6.262 | 7.261 | 8.547 | 11.037 | 18.245 | 22.307 | 24.996 | 27.488 | 30.578 | 32.801 |
| 16 | 5.142 | 5.812 | 6.908 | 7.962 | 9.312 | 11.912 | 19.369 | 23.542 | 26.296 | 28.845 | 32.000 | 34.267 |
| 17 | 5.697 | 6.408 | 7.564 | 8.672 | 10.085 | 12.792 | 20.489 | 24.769 | 27.587 | 30.191 | 33.409 | 35.718 |
| 18 | 6.265 | 7.015 | 8.231 | 9.390 | 10.865 | 13.675 | 21.605 | 25.989 | 28.869 | 31.526 | 34.805 | 37.156 |
| 19 | 6.844 | 7.633 | 8.907 | 10.117 | 11.651 | 14.562 | 22.718 | 27.204 | 30.144 | 32.852 | 36.191 | 38.582 |
| 20 | 7.434 | 8.260 | 9.591 | 10.851 | 12.443 | 15.452 | 23.828 | 28.412 | 31.410 | 34.170 | 37.566 | 39.997 |
| 21 | 8.034 | 8.897 | 10.283 | 11.591 | 13.240 | 16.344 | 24.935 | 29.615 | 32.671 | 35.479 | 38.932 | 41.401 |
| 22 | 8.643 | 9.542 | 10.982 | 12.338 | 14.041 | 17.240 | 26.039 | 30.813 | 33.924 | 36.781 | 40.289 | 42.796 |

（续上表）

| n \ α | 0.995 | 0.990 | 0.975 | 0.950 | 0.900 | 0.750 | 0.250 | 0.100 | 0.050 | 0.025 | 0.010 | 0.005 |
|---|---|---|---|---|---|---|---|---|---|---|---|---|
| 23 | 9.260 | 10.196 | 11.689 | 13.091 | 14.848 | 18.137 | 27.141 | 32.007 | 35.172 | 38.076 | 41.638 | 44.181 |
| 24 | 9.886 | 10.856 | 12.401 | 13.848 | 15.659 | 19.037 | 28.241 | 33.196 | 36.415 | 39.364 | 42.980 | 45.559 |
| 25 | 10.520 | 11.524 | 13.120 | 14.611 | 16.473 | 19.939 | 29.339 | 34.382 | 37.652 | 40.646 | 44.314 | 46.928 |
| 26 | 11.160 | 12.198 | 13.844 | 15.379 | 17.292 | 20.843 | 30.435 | 35.563 | 38.885 | 41.923 | 45.642 | 48.290 |
| 27 | 11.808 | 12.879 | 14.573 | 16.151 | 18.114 | 21.749 | 31.528 | 36.741 | 40.113 | 43.195 | 46.963 | 49.645 |
| 28 | 12.461 | 13.565 | 15.308 | 16.928 | 18.939 | 22.657 | 32.620 | 37.916 | 41.337 | 44.461 | 48.278 | 50.993 |
| 29 | 13.121 | 14.256 | 16.047 | 17.708 | 19.768 | 23.567 | 33.711 | 39.087 | 42.557 | 45.722 | 49.588 | 52.336 |
| 30 | 13.787 | 14.953 | 16.791 | 18.493 | 20.599 | 24.478 | 34.800 | 40.256 | 43.773 | 46.979 | 50.892 | 53.672 |
| 31 | 14.458 | 15.655 | 17.539 | 19.281 | 21.434 | 25.390 | 35.887 | 41.422 | 44.985 | 48.232 | 52.191 | 55.003 |
| 32 | 15.134 | 16.362 | 18.291 | 20.072 | 22.271 | 26.304 | 36.973 | 42.585 | 46.194 | 49.480 | 53.486 | 56.328 |
| 33 | 15.815 | 17.074 | 19.047 | 20.867 | 23.110 | 27.219 | 38.058 | 43.745 | 47.400 | 50.725 | 54.776 | 57.648 |
| 34 | 16.501 | 17.789 | 19.806 | 21.664 | 23.952 | 28.136 | 39.141 | 44.903 | 48.602 | 51.966 | 56.061 | 58.964 |
| 35 | 17.192 | 18.509 | 20.569 | 22.465 | 24.797 | 29.054 | 40.223 | 46.059 | 49.802 | 53.203 | 57.342 | 60.275 |
| 36 | 17.887 | 19.233 | 21.336 | 23.269 | 25.643 | 29.973 | 41.304 | 47.212 | 50.998 | 54.437 | 58.619 | 61.581 |
| 37 | 18.586 | 19.960 | 22.106 | 24.075 | 26.492 | 30.893 | 42.383 | 48.363 | 52.192 | 55.668 | 59.893 | 62.883 |
| 38 | 19.289 | 20.691 | 22.878 | 24.884 | 27.343 | 31.815 | 43.462 | 49.513 | 53.384 | 56.896 | 61.162 | 64.181 |
| 39 | 19.996 | 21.426 | 23.654 | 25.695 | 28.196 | 32.737 | 44.539 | 50.660 | 54.572 | 58.120 | 62.428 | 65.476 |
| 40 | 20.707 | 22.164 | 24.433 | 26.509 | 29.051 | 33.660 | 45.616 | 51.805 | 55.758 | 59.342 | 63.691 | 66.766 |
| 41 | 21.421 | 22.906 | 25.215 | 27.326 | 29.907 | 34.585 | 46.692 | 52.949 | 56.942 | 60.561 | 64.950 | 68.053 |
| 42 | 22.138 | 23.650 | 25.999 | 28.144 | 30.765 | 35.510 | 47.766 | 54.090 | 58.124 | 61.777 | 66.206 | 69.336 |
| 43 | 22.859 | 24.398 | 26.785 | 28.965 | 31.625 | 36.436 | 48.840 | 55.230 | 59.304 | 62.990 | 67.459 | 70.616 |
| 44 | 23.584 | 25.148 | 27.575 | 29.787 | 32.487 | 37.363 | 49.913 | 56.369 | 60.481 | 64.201 | 68.710 | 71.893 |
| 45 | 24.311 | 25.901 | 28.366 | 30.612 | 33.350 | 38.291 | 50.985 | 57.505 | 61.656 | 65.410 | 69.957 | 73.166 |
| 46 | 25.041 | 26.657 | 29.160 | 31.439 | 34.215 | 39.220 | 52.056 | 58.641 | 62.830 | 66.617 | 71.201 | 74.437 |
| 47 | 25.775 | 27.416 | 29.956 | 32.268 | 35.081 | 40.149 | 53.127 | 59.774 | 64.001 | 67.821 | 72.443 | 75.704 |
| 48 | 26.511 | 28.177 | 30.755 | 33.098 | 35.949 | 41.079 | 54.196 | 60.907 | 65.171 | 69.023 | 73.683 | 76.969 |
| 49 | 27.249 | 28.941 | 31.555 | 33.930 | 36.818 | 42.010 | 55.265 | 62.038 | 66.339 | 70.222 | 74.919 | 78.231 |
| 50 | 27.991 | 29.707 | 32.357 | 34.764 | 37.689 | 42.942 | 56.334 | 63.167 | 67.505 | 71.420 | 76.154 | 79.490 |

## 附表 7　$F$ 分布表

$$P(F \geqslant F_{\alpha}(n_1, n_2)) = \int_{F_{\alpha}(n_1,n_2)}^{+\infty} f(x)\,\mathrm{d}x = \alpha$$

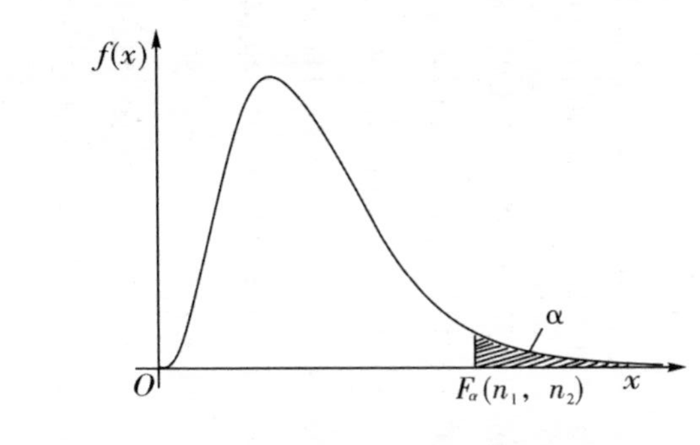




($\alpha = 0.10$)

| $n_2$ \ $n_1$ | 1 | 2 | 3 | 4 | 5 | 6 | 7 | 8 | 9 | 10 | 12 | 15 | 20 | 24 | 30 | 40 | 60 | 120 | ∞ |
|---|---|---|---|---|---|---|---|---|---|---|---|---|---|---|---|---|---|---|---|
| 1 | 39.86 | 49.50 | 53.59 | 55.83 | 57.24 | 58.20 | 58.91 | 59.44 | 59.86 | 60.19 | 60.71 | 61.22 | 61.74 | 62.00 | 62.26 | 62.53 | 62.79 | 63.06 | 63.33 |
| 2 | 8.53 | 9.00 | 9.16 | 9.24 | 9.29 | 9.33 | 9.35 | 9.37 | 9.38 | 9.39 | 9.41 | 9.42 | 9.44 | 9.45 | 9.46 | 9.47 | 9.47 | 9.48 | 9.49 |
| 3 | 5.54 | 5.46 | 5.39 | 5.34 | 5.31 | 5.28 | 5.27 | 5.25 | 5.24 | 5.23 | 5.22 | 5.20 | 5.18 | 5.18 | 5.17 | 5.16 | 5.15 | 5.14 | 5.13 |
| 4 | 4.54 | 4.32 | 4.19 | 4.11 | 4.05 | 4.01 | 3.98 | 3.95 | 3.94 | 3.92 | 3.90 | 3.87 | 3.84 | 3.83 | 3.82 | 3.80 | 3.79 | 3.78 | 4.76 |
| 5 | 4.06 | 3.78 | 3.62 | 3.52 | 3.45 | 3.40 | 3.37 | 3.34 | 3.32 | 3.30 | 3.27 | 3.24 | 3.21 | 3.19 | 3.17 | 3.16 | 3.14 | 3.12 | 3.10 |
| 6 | 3.78 | 3.46 | 3.29 | 3.18 | 3.11 | 3.05 | 3.01 | 2.98 | 2.96 | 2.94 | 2.90 | 2.87 | 2.84 | 2.82 | 2.80 | 2.78 | 2.76 | 2.74 | 2.72 |
| 7 | 3.59 | 3.26 | 3.07 | 2.96 | 2.88 | 2.83 | 2.78 | 2.75 | 2.72 | 2.70 | 2.67 | 2.63 | 2.59 | 2.58 | 2.56 | 2.54 | 2.51 | 2.49 | 2.47 |
| 8 | 3.46 | 3.11 | 2.92 | 2.81 | 2.73 | 2.67 | 2.62 | 2.59 | 2.56 | 2.54 | 2.50 | 2.46 | 2.42 | 2.40 | 2.38 | 2.36 | 2.34 | 2.32 | 2.29 |
| 9 | 3.36 | 3.01 | 2.81 | 2.69 | 2.61 | 2.55 | 2.51 | 2.47 | 2.44 | 2.42 | 2.38 | 2.34 | 2.30 | 2.28 | 2.25 | 2.23 | 2.21 | 2.18 | 2.16 |
| 10 | 3.29 | 2.92 | 2.73 | 2.61 | 2.52 | 2.46 | 2.41 | 2.38 | 2.35 | 2.32 | 2.28 | 2.24 | 2.20 | 2.18 | 2.16 | 2.13 | 2.11 | 2.08 | 2.06 |
| 11 | 3.23 | 2.86 | 2.66 | 2.54 | 2.45 | 2.39 | 2.34 | 2.30 | 2.27 | 2.25 | 2.21 | 2.17 | 2.12 | 2.10 | 2.08 | 2.05 | 2.03 | 2.00 | 1.97 |
| 12 | 3.18 | 2.81 | 2.61 | 2.48 | 2.39 | 2.33 | 2.28 | 2.24 | 2.21 | 2.19 | 2.15 | 2.10 | 2.06 | 2.04 | 2.01 | 1.99 | 1.96 | 1.93 | 1.90 |
| 13 | 3.14 | 2.76 | 2.56 | 2.43 | 2.35 | 2.28 | 2.23 | 2.20 | 2.16 | 2.14 | 2.10 | 2.05 | 2.01 | 1.98 | 1.96 | 1.93 | 1.90 | 1.88 | 1.85 |

（续上表）

| $n_2$ \ $n_1$ | 1 | 2 | 3 | 4 | 5 | 6 | 7 | 8 | 9 | 10 | 12 | 15 | 20 | 24 | 30 | 40 | 60 | 120 | ∞ |
|---|---|---|---|---|---|---|---|---|---|---|---|---|---|---|---|---|---|---|---|
| 14 | 3.10 | 2.73 | 2.52 | 2.39 | 2.31 | 2.24 | 2.19 | 2.15 | 2.12 | 2.10 | 2.05 | 2.01 | 1.96 | 1.94 | 1.91 | 1.89 | 1.86 | 1.83 | 1.80 |
| 15 | 3.07 | 2.70 | 2.49 | 2.36 | 2.27 | 2.21 | 2.16 | 2.12 | 2.09 | 2.06 | 2.02 | 1.97 | 1.92 | 1.90 | 1.87 | 1.85 | 1.82 | 1.79 | 1.76 |
| 16 | 3.05 | 2.67 | 2.46 | 2.33 | 2.24 | 2.18 | 2.13 | 2.09 | 2.06 | 2.03 | 1.99 | 1.94 | 1.89 | 1.87 | 1.84 | 1.81 | 1.78 | 1.75 | 1.72 |
| 17 | 3.03 | 2.64 | 2.44 | 2.31 | 2.22 | 2.15 | 2.10 | 2.06 | 2.03 | 2.00 | 1.96 | 1.91 | 1.86 | 1.84 | 1.81 | 1.78 | 1.75 | 1.72 | 1.69 |
| 18 | 3.01 | 2.62 | 2.42 | 2.29 | 2.20 | 2.13 | 2.08 | 2.04 | 2.00 | 1.98 | 1.93 | 1.89 | 1.84 | 1.81 | 1.78 | 1.75 | 1.72 | 1.69 | 1.66 |
| 19 | 2.99 | 2.61 | 2.40 | 2.27 | 2.18 | 2.11 | 2.06 | 2.02 | 1.98 | 1.96 | 1.91 | 1.86 | 1.81 | 1.79 | 1.76 | 1.73 | 1.70 | 1.67 | 1.63 |
| 20 | 2.97 | 2.59 | 2.38 | 2.25 | 2.16 | 2.09 | 2.04 | 2.00 | 1.96 | 1.94 | 1.89 | 1.84 | 1.79 | 1.77 | 1.74 | 1.71 | 1.68 | 1.64 | 1.61 |
| 21 | 2.96 | 2.57 | 2.36 | 2.23 | 2.14 | 2.08 | 2.02 | 1.98 | 1.95 | 1.92 | 1.87 | 1.83 | 1.78 | 1.75 | 1.72 | 1.69 | 1.66 | 1.62 | 1.59 |
| 22 | 2.95 | 2.56 | 2.35 | 2.22 | 2.13 | 2.06 | 2.01 | 1.97 | 1.93 | 1.90 | 1.86 | 1.81 | 1.76 | 1.73 | 1.70 | 1.67 | 1.64 | 1.60 | 1.57 |
| 23 | 2.94 | 2.55 | 2.34 | 2.21 | 2.11 | 2.05 | 1.99 | 1.95 | 1.92 | 1.89 | 1.84 | 1.80 | 1.74 | 1.72 | 1.69 | 1.66 | 1.62 | 1.59 | 1.55 |
| 24 | 2.93 | 2.54 | 2.33 | 2.19 | 2.10 | 2.04 | 1.98 | 1.94 | 1.91 | 1.88 | 1.83 | 1.78 | 1.73 | 1.70 | 1.67 | 1.64 | 1.61 | 1.57 | 1.53 |
| 25 | 2.92 | 2.53 | 2.32 | 2.18 | 2.09 | 2.02 | 1.97 | 1.93 | 1.89 | 1.87 | 1.82 | 1.77 | 1.72 | 1.69 | 1.66 | 1.63 | 1.59 | 1.56 | 1.52 |
| 26 | 2.91 | 2.52 | 2.31 | 2.17 | 2.08 | 2.01 | 1.96 | 1.92 | 1.88 | 1.86 | 1.81 | 1.76 | 1.71 | 1.68 | 1.65 | 1.61 | 1.58 | 1.54 | 1.50 |
| 27 | 2.90 | 2.51 | 2.30 | 2.17 | 2.07 | 2.00 | 1.95 | 1.91 | 1.87 | 1.85 | 1.80 | 1.75 | 1.70 | 1.67 | 1.64 | 1.60 | 1.57 | 1.53 | 1.49 |
| 28 | 2.89 | 2.50 | 2.29 | 2.16 | 2.06 | 2.00 | 1.94 | 1.90 | 1.87 | 1.84 | 1.79 | 1.74 | 1.69 | 1.66 | 1.63 | 1.59 | 1.56 | 1.52 | 1.48 |
| 29 | 2.89 | 2.50 | 2.28 | 2.15 | 2.06 | 1.99 | 1.93 | 1.89 | 1.86 | 1.83 | 1.78 | 1.73 | 1.68 | 1.65 | 1.62 | 1.58 | 1.55 | 1.51 | 1.47 |
| 30 | 2.88 | 2.49 | 2.28 | 2.14 | 2.05 | 1.98 | 1.93 | 1.88 | 1.85 | 1.82 | 1.77 | 1.72 | 1.67 | 1.64 | 1.61 | 1.57 | 1.54 | 1.50 | 1.46 |
| 40 | 2.84 | 2.44 | 2.23 | 2.09 | 2.00 | 1.93 | 1.87 | 1.83 | 1.79 | 1.76 | 1.71 | 1.66 | 1.61 | 1.57 | 1.54 | 1.51 | 1.47 | 1.42 | 1.38 |
| 60 | 2.79 | 2.39 | 2.18 | 2.04 | 1.95 | 1.87 | 1.82 | 1.77 | 1.74 | 1.71 | 1.66 | 1.60 | 1.54 | 1.51 | 1.48 | 1.44 | 1.40 | 1.35 | 1.29 |
| 120 | 2.75 | 2.35 | 2.13 | 1.99 | 1.90 | 1.82 | 1.77 | 1.72 | 1.68 | 1.65 | 1.60 | 1.55 | 1.48 | 1.45 | 1.41 | 1.37 | 1.32 | 1.26 | 1.19 |
| ∞ | 2.71 | 2.30 | 2.08 | 1.94 | 1.85 | 1.77 | 1.72 | 1.67 | 1.63 | 1.60 | 1.55 | 1.49 | 1.42 | 1.38 | 1.34 | 1.30 | 1.24 | 1.17 | 1.00 |

($\alpha=0.05$)

| $n_2$ \ $n_1$ | 1 | 2 | 3 | 4 | 5 | 6 | 7 | 8 | 9 | 10 | 12 | 15 | 20 | 24 | 30 | 40 | 60 | 120 | ∞ |
|---|---|---|---|---|---|---|---|---|---|---|---|---|---|---|---|---|---|---|---|
| 1 | 161.4 | 199.5 | 215.7 | 224.6 | 230.2 | 234.0 | 236.87 | 238.9 | 240.5 | 241.9 | 243.9 | 245.9 | 248.0 | 249.0 | 250.1 | 251.1 | 252.2 | 253.2 | 254.3 |
| 2 | 18.51 | 19.00 | 19.16 | 19.25 | 19.30 | 19.33 | 19.35 | 19.37 | 19.38 | 19.40 | 19.41 | 19.43 | 19.45 | 19.45 | 19.46 | 19.47 | 19.48 | 19.49 | 19.50 |
| 3 | 10.13 | 9.55 | 9.28 | 9.12 | 9.01 | 8.94 | 8.89 | 8.85 | 8.81 | 8.79 | 8.74 | 8.70 | 8.66 | 8.64 | 8.62 | 8.59 | 8.57 | 8.55 | 8.53 |
| 4 | 7.71 | 6.94 | 6.59 | 6.39 | 6.26 | 6.16 | 6.09 | 6.04 | 6.00 | 5.96 | 5.91 | 5.86 | 5.80 | 5.77 | 5.75 | 5.72 | 5.69 | 5.66 | 5.63 |
| 5 | 6.61 | 5.79 | 5.41 | 5.19 | 5.05 | 4.95 | 4.88 | 4.82 | 4.77 | 4.74 | 4.68 | 4.62 | 4.56 | 4.53 | 4.50 | 4.46 | 4.43 | 4.40 | 4.36 |
| 6 | 5.99 | 5.14 | 4.76 | 4.53 | 4.39 | 4.28 | 4.21 | 4.15 | 4.10 | 4.06 | 4.00 | 3.94 | 3.87 | 3.84 | 3.81 | 3.77 | 3.74 | 3.70 | 3.67 |
| 7 | 5.59 | 4.74 | 4.35 | 4.12 | 3.97 | 3.87 | 3.79 | 3.73 | 3.68 | 3.64 | 3.57 | 3.51 | 3.44 | 3.41 | 3.38 | 3.34 | 3.30 | 3.27 | 3.23 |
| 8 | 5.32 | 4.46 | 4.07 | 3.84 | 3.69 | 3.58 | 3.50 | 3.44 | 3.39 | 3.35 | 3.28 | 3.22 | 3.15 | 3.12 | 3.08 | 3.04 | 3.01 | 2.97 | 2.93 |
| 9 | 5.12 | 4.26 | 3.86 | 3.63 | 3.48 | 3.37 | 3.29 | 3.23 | 3.18 | 3.14 | 3.07 | 3.01 | 2.94 | 2.90 | 2.86 | 2.83 | 2.79 | 2.75 | 2.71 |
| 10 | 4.96 | 4.10 | 3.71 | 3.48 | 3.33 | 3.22 | 3.14 | 3.07 | 3.02 | 2.98 | 2.91 | 2.85 | 2.77 | 2.74 | 2.70 | 2.66 | 2.62 | 2.58 | 2.54 |
| 11 | 4.84 | 3.98 | 3.59 | 3.36 | 3.20 | 3.09 | 3.01 | 2.95 | 2.90 | 2.85 | 2.79 | 2.72 | 2.65 | 2.61 | 2.57 | 2.53 | 2.49 | 2.45 | 2.40 |
| 12 | 4.75 | 3.89 | 3.49 | 3.26 | 3.11 | 3.00 | 2.91 | 2.85 | 2.80 | 2.75 | 2.69 | 2.62 | 2.54 | 2.51 | 2.47 | 2.43 | 2.38 | 2.34 | 2.30 |
| 13 | 4.67 | 3.81 | 3.41 | 3.18 | 3.03 | 2.92 | 2.83 | 2.77 | 2.71 | 2.67 | 2.60 | 2.53 | 2.46 | 2.42 | 2.38 | 2.34 | 2.30 | 2.25 | 2.21 |
| 14 | 4.60 | 3.74 | 3.34 | 3.11 | 2.96 | 2.85 | 2.76 | 2.70 | 2.65 | 2.60 | 2.53 | 2.46 | 2.39 | 2.35 | 2.31 | 2.27 | 2.22 | 2.18 | 2.13 |
| 15 | 4.54 | 3.68 | 3.29 | 3.06 | 2.90 | 2.79 | 2.71 | 2.64 | 2.59 | 2.54 | 2.48 | 2.40 | 2.33 | 2.29 | 2.25 | 2.20 | 2.16 | 2.11 | 2.07 |
| 16 | 4.49 | 3.63 | 3.24 | 3.01 | 2.85 | 2.74 | 2.66 | 2.59 | 2.54 | 2.49 | 2.42 | 2.35 | 2.28 | 2.24 | 2.19 | 2.15 | 2.11 | 2.06 | 2.01 |
| 17 | 4.45 | 3.59 | 3.20 | 2.96 | 2.81 | 2.70 | 2.61 | 2.55 | 2.49 | 2.45 | 2.38 | 2.31 | 2.23 | 2.19 | 2.15 | 2.10 | 2.06 | 2.01 | 1.96 |

（续上表）

| $n_2$ \ $n_1$ | 1 | 2 | 3 | 4 | 5 | 6 | 7 | 8 | 9 | 10 | 12 | 15 | 20 | 24 | 30 | 40 | 60 | 120 | ∞ |
|---|---|---|---|---|---|---|---|---|---|---|---|---|---|---|---|---|---|---|---|
| 18 | 4.41 | 3.55 | 3.16 | 2.93 | 2.77 | 2.66 | 2.58 | 2.51 | 2.46 | 2.41 | 2.34 | 2.27 | 2.19 | 2.15 | 2.11 | 2.06 | 2.02 | 1.97 | 1.92 |
| 19 | 4.38 | 3.52 | 3.13 | 2.90 | 2.74 | 2.63 | 2.54 | 2.48 | 2.42 | 2.38 | 2.31 | 2.23 | 2.16 | 2.11 | 2.07 | 2.03 | 1.98 | 1.93 | 1.88 |
| 20 | 4.35 | 3.49 | 3.10 | 2.87 | 2.71 | 2.60 | 2.51 | 2.45 | 2.39 | 2.35 | 2.28 | 2.20 | 2.12 | 2.08 | 2.04 | 1.99 | 1.95 | 1.90 | 1.84 |
| 21 | 4.32 | 3.47 | 3.07 | 2.84 | 2.68 | 2.57 | 2.49 | 2.42 | 2.37 | 2.32 | 2.25 | 2.18 | 2.10 | 2.05 | 2.01 | 1.96 | 1.92 | 1.87 | 1.81 |
| 22 | 4.30 | 3.44 | 3.05 | 2.82 | 2.66 | 2.55 | 2.46 | 2.40 | 2.34 | 2.30 | 2.23 | 2.15 | 2.07 | 2.03 | 1.98 | 1.94 | 1.89 | 1.84 | 1.78 |
| 23 | 4.28 | 3.42 | 3.03 | 2.80 | 2.64 | 2.53 | 2.44 | 2.37 | 2.32 | 2.27 | 2.20 | 2.13 | 2.05 | 2.01 | 1.96 | 1.91 | 1.86 | 1.81 | 1.76 |
| 24 | 4.26 | 3.40 | 3.01 | 2.78 | 2.62 | 2.51 | 2.42 | 2.36 | 2.30 | 2.25 | 2.18 | 2.11 | 2.03 | 1.98 | 1.94 | 1.89 | 1.84 | 1.79 | 1.73 |
| 25 | 4.24 | 3.39 | 2.99 | 2.76 | 2.60 | 2.49 | 2.40 | 2.34 | 2.28 | 2.24 | 2.16 | 2.09 | 2.01 | 1.96 | 1.92 | 1.87 | 1.82 | 1.77 | 1.71 |
| 26 | 4.23 | 3.37 | 2.98 | 2.74 | 2.59 | 2.47 | 2.39 | 2.32 | 2.27 | 2.22 | 2.15 | 2.07 | 1.99 | 1.95 | 1.90 | 1.85 | 1.80 | 1.75 | 1.69 |
| 27 | 4.21 | 3.35 | 2.96 | 2.73 | 2.57 | 2.46 | 2.37 | 2.31 | 2.25 | 2.20 | 2.13 | 2.06 | 1.97 | 1.93 | 1.88 | 1.84 | 1.79 | 1.73 | 1.67 |
| 28 | 4.20 | 3.34 | 2.95 | 2.71 | 2.56 | 2.45 | 2.36 | 2.29 | 2.24 | 2.19 | 2.12 | 2.04 | 1.96 | 1.91 | 1.87 | 1.82 | 1.77 | 1.71 | 1.65 |
| 29 | 4.18 | 3.33 | 2.93 | 2.70 | 2.55 | 2.43 | 2.35 | 2.28 | 2.22 | 2.18 | 2.10 | 2.03 | 1.94 | 1.90 | 1.85 | 1.81 | 1.75 | 1.70 | 1.64 |
| 30 | 4.17 | 3.32 | 2.92 | 2.69 | 2.53 | 2.42 | 2.33 | 2.27 | 2.21 | 2.16 | 2.09 | 2.01 | 1.93 | 1.89 | 1.84 | 1.79 | 1.74 | 1.68 | 1.62 |
| 40 | 4.08 | 3.23 | 2.84 | 2.61 | 2.45 | 2.34 | 2.25 | 2.18 | 2.12 | 2.08 | 2.00 | 1.92 | 1.84 | 1.79 | 1.74 | 1.69 | 1.64 | 1.58 | 1.51 |
| 60 | 4.00 | 3.15 | 2.76 | 2.53 | 2.37 | 2.25 | 2.17 | 2.10 | 2.04 | 1.99 | 1.92 | 1.84 | 1.75 | 1.70 | 1.65 | 1.59 | 1.53 | 1.47 | 1.39 |
| 120 | 4.00 | 3.15 | 2.76 | 2.52 | 2.37 | 2.25 | 2.16 | 2.09 | 2.04 | 1.99 | 1.91 | 1.83 | 1.75 | 1.70 | 1.65 | 1.59 | 1.53 | 1.46 | 1.25 |
| ∞ | 3.84 | 3.00 | 2.60 | 2.37 | 2.21 | 2.10 | 2.01 | 1.94 | 1.88 | 1.83 | 1.75 | 1.67 | 1.57 | 1.52 | 1.46 | 1.39 | 1.32 | 1.22 | 1.00 |

($\alpha=0.025$)

| $n_2$ \ $n_1$ | 1 | 2 | 3 | 4 | 5 | 6 | 7 | 8 | 9 | 10 | 12 | 15 | 20 | 24 | 30 | 40 | 60 | 120 | ∞ |
|---|---|---|---|---|---|---|---|---|---|---|---|---|---|---|---|---|---|---|---|
| 1 | 647.8 | 799.5 | 864.2 | 899.6 | 921.8 | 937.1 | 948.2 | 956.7 | 963.3 | 968.6 | 976.7 | 984.9 | 993.1 | 997.2 | 1001 | 1006 | 1010 | 1014 | 1018 |
| 2 | 38.51 | 39.00 | 39.17 | 39.25 | 39.30 | 39.33 | 39.36 | 39.37 | 39.39 | 39.40 | 39.41 | 39.43 | 39.45 | 39.46 | 39.46 | 39.47 | 39.48 | 39.49 | 39.5 |
| 3 | 17.44 | 16.04 | 15.44 | 15.10 | 14.88 | 14.73 | 14.62 | 14.54 | 14.47 | 14.42 | 14.34 | 14.25 | 14.17 | 14.12 | 14.08 | 14.04 | 13.99 | 13.95 | 13.9 |
| 4 | 12.22 | 10.65 | 9.98 | 9.60 | 9.36 | 9.20 | 9.07 | 8.98 | 8.90 | 8.84 | 8.75 | 8.66 | 8.56 | 8.51 | 8.46 | 8.41 | 8.36 | 8.31 | 8.26 |
| 5 | 10.01 | 8.43 | 7.76 | 7.39 | 7.15 | 6.98 | 6.85 | 6.76 | 6.68 | 6.62 | 6.52 | 6.43 | 6.33 | 6.28 | 6.23 | 6.18 | 6.12 | 6.07 | 6.02 |
| 6 | 8.81 | 7.26 | 6.60 | 6.23 | 5.99 | 5.82 | 5.70 | 5.60 | 5.52 | 5.46 | 5.37 | 5.27 | 5.17 | 5.12 | 5.07 | 5.01 | 4.96 | 4.90 | 4.85 |
| 7 | 8.07 | 6.54 | 5.89 | 5.52 | 5.29 | 5.12 | 4.99 | 4.90 | 4.82 | 4.76 | 4.67 | 4.57 | 4.47 | 4.41 | 4.36 | 4.31 | 4.25 | 4.20 | 4.14 |
| 8 | 7.57 | 6.06 | 5.42 | 5.05 | 4.82 | 4.65 | 4.53 | 4.43 | 4.36 | 4.30 | 4.20 | 4.10 | 4.00 | 3.95 | 3.89 | 3.84 | 3.78 | 3.73 | 3.67 |
| 9 | 7.21 | 5.71 | 5.08 | 4.72 | 4.48 | 4.32 | 4.20 | 4.10 | 4.03 | 3.96 | 3.87 | 3.77 | 3.67 | 3.61 | 3.56 | 3.51 | 3.45 | 3.39 | 3.33 |
| 10 | 6.94 | 5.46 | 4.83 | 4.47 | 4.24 | 4.07 | 3.95 | 3.85 | 3.78 | 3.72 | 3.62 | 3.52 | 3.42 | 3.37 | 3.31 | 3.26 | 3.20 | 3.14 | 3.08 |
| 11 | 6.72 | 5.26 | 4.63 | 4.28 | 4.04 | 3.88 | 3.76 | 3.66 | 3.59 | 3.53 | 3.43 | 3.33 | 3.23 | 3.17 | 3.12 | 3.06 | 3.00 | 2.94 | 2.88 |
| 12 | 6.55 | 5.10 | 4.47 | 4.12 | 3.89 | 3.73 | 3.61 | 3.51 | 3.44 | 3.37 | 3.28 | 3.18 | 3.07 | 3.02 | 2.96 | 2.91 | 2.85 | 2.79 | 2.72 |
| 13 | 6.41 | 4.97 | 4.35 | 4.00 | 3.77 | 3.60 | 3.48 | 3.39 | 3.31 | 3.25 | 3.15 | 3.05 | 2.95 | 2.89 | 2.84 | 2.78 | 2.72 | 2.66 | 2.6 |
| 14 | 6.30 | 4.86 | 4.24 | 3.89 | 3.66 | 3.50 | 3.38 | 3.29 | 3.21 | 3.15 | 3.05 | 2.95 | 2.84 | 2.79 | 2.73 | 2.67 | 2.61 | 2.55 | 2.49 |
| 15 | 6.20 | 4.77 | 4.15 | 3.80 | 3.58 | 3.41 | 3.29 | 3.20 | 3.12 | 3.06 | 2.96 | 2.86 | 2.76 | 2.70 | 2.64 | 2.59 | 2.52 | 2.46 | 2.4 |
| 16 | 6.12 | 4.69 | 4.08 | 3.73 | 3.50 | 3.34 | 3.22 | 3.12 | 3.05 | 2.99 | 2.89 | 2.79 | 2.68 | 2.63 | 2.57 | 2.51 | 2.45 | 2.38 | 2.32 |
| 17 | 6.04 | 4.62 | 4.01 | 3.66 | 3.44 | 3.28 | 3.16 | 3.06 | 2.98 | 2.92 | 2.82 | 2.72 | 2.62 | 2.56 | 2.50 | 2.44 | 2.38 | 2.32 | 2.25 |

（续上表）

| $n_2$ \ $n_1$ | 1 | 2 | 3 | 4 | 5 | 6 | 7 | 8 | 9 | 10 | 12 | 15 | 20 | 24 | 30 | 40 | 60 | 120 | ∞ |
|---|---|---|---|---|---|---|---|---|---|---|---|---|---|---|---|---|---|---|---|
| 18 | 5.98 | 4.56 | 3.95 | 3.61 | 3.38 | 3.22 | 3.10 | 3.01 | 2.93 | 2.87 | 2.77 | 2.67 | 2.56 | 2.50 | 2.44 | 2.38 | 2.32 | 2.26 | 2.19 |
| 19 | 5.92 | 4.51 | 3.90 | 3.56 | 3.33 | 3.17 | 3.05 | 2.96 | 2.88 | 2.82 | 2.72 | 2.62 | 2.51 | 2.45 | 2.39 | 2.33 | 2.27 | 2.20 | 2.13 |
| 20 | 5.87 | 4.46 | 3.86 | 3.51 | 3.29 | 3.13 | 3.01 | 2.91 | 2.84 | 2.77 | 2.68 | 2.57 | 2.46 | 2.41 | 2.35 | 2.29 | 2.22 | 2.16 | 2.09 |
| 21 | 5.83 | 4.42 | 3.82 | 3.48 | 3.25 | 3.09 | 2.97 | 2.87 | 2.80 | 2.73 | 2.64 | 2.53 | 2.42 | 2.37 | 2.31 | 2.25 | 2.18 | 2.11 | 2.04 |
| 22 | 5.79 | 4.38 | 3.78 | 3.44 | 3.22 | 3.05 | 2.93 | 2.84 | 2.76 | 2.70 | 2.60 | 2.50 | 2.39 | 2.33 | 2.27 | 2.21 | 2.14 | 2.08 | 2.00 |
| 23 | 5.75 | 4.35 | 3.75 | 3.41 | 3.18 | 3.02 | 2.90 | 2.81 | 2.73 | 2.67 | 2.57 | 2.47 | 2.36 | 2.30 | 2.24 | 2.18 | 2.11 | 2.04 | 1.97 |
| 24 | 5.72 | 4.32 | 3.72 | 3.38 | 3.15 | 2.99 | 2.87 | 2.78 | 2.70 | 2.64 | 2.54 | 2.44 | 2.33 | 2.27 | 2.21 | 2.15 | 2.08 | 2.01 | 1.94 |
| 25 | 5.69 | 4.29 | 3.69 | 3.35 | 3.13 | 2.97 | 2.85 | 2.75 | 2.68 | 2.61 | 2.51 | 2.41 | 2.30 | 2.24 | 2.18 | 2.12 | 2.05 | 1.98 | 1.91 |
| 26 | 5.66 | 4.27 | 3.67 | 3.33 | 3.10 | 2.94 | 2.82 | 2.73 | 2.65 | 2.59 | 2.49 | 2.39 | 2.28 | 2.22 | 2.16 | 2.09 | 2.03 | 1.95 | 1.88 |
| 27 | 5.63 | 4.24 | 3.65 | 3.31 | 3.08 | 2.92 | 2.80 | 2.71 | 2.63 | 2.57 | 2.47 | 2.36 | 2.25 | 2.19 | 2.13 | 2.07 | 2.00 | 1.93 | 1.85 |
| 28 | 5.61 | 4.22 | 3.63 | 3.29 | 3.06 | 2.90 | 2.78 | 2.69 | 2.61 | 2.55 | 2.45 | 2.34 | 2.23 | 2.17 | 2.11 | 2.05 | 1.98 | 1.91 | 1.83 |
| 29 | 5.59 | 4.20 | 3.61 | 3.27 | 3.04 | 2.88 | 2.76 | 2.67 | 2.59 | 2.53 | 2.43 | 2.32 | 2.21 | 2.15 | 2.09 | 2.03 | 1.96 | 1.89 | 1.81 |
| 30 | 5.57 | 4.18 | 3.59 | 3.25 | 3.03 | 2.87 | 2.75 | 2.65 | 2.57 | 2.51 | 2.41 | 2.31 | 2.20 | 2.14 | 2.07 | 2.01 | 1.94 | 1.87 | 1.79 |
| 40 | 5.42 | 4.05 | 3.46 | 3.13 | 2.90 | 2.74 | 2.62 | 2.53 | 2.45 | 2.39 | 2.29 | 2.18 | 2.07 | 2.01 | 1.94 | 1.88 | 1.80 | 1.72 | 1.64 |
| 60 | 5.29 | 3.93 | 3.34 | 3.01 | 2.79 | 2.63 | 2.51 | 2.41 | 2.33 | 2.27 | 2.17 | 2.06 | 1.94 | 1.88 | 1.82 | 1.74 | 1.67 | 1.58 | 1.48 |
| 120 | 5.15 | 3.80 | 3.23 | 2.89 | 2.67 | 2.52 | 2.39 | 2.30 | 2.22 | 2.16 | 2.05 | 1.94 | 1.82 | 1.76 | 1.69 | 1.61 | 1.53 | 1.43 | 1.31 |
| ∞ | 5.02 | 3.69 | 3.12 | 2.79 | 2.57 | 2.41 | 2.29 | 2.19 | 2.11 | 2.05 | 1.94 | 1.83 | 1.71 | 1.64 | 1.57 | 1.48 | 1.39 | 1.27 | 1.00 |

($\alpha=0.01$)

| $n_2$ \ $n_1$ | 1 | 2 | 3 | 4 | 5 | 6 | 7 | 8 | 9 | 10 | 12 | 15 | 20 | 24 | 30 | 40 | 60 | 120 | ∞ |
|---|---|---|---|---|---|---|---|---|---|---|---|---|---|---|---|---|---|---|---|
| 1 | 4052 | 5000 | 5403 | 5625 | 5764 | 5859 | 5928 | 5981 | 6022 | 6056 | 6106 | 6157 | 6209 | 6235 | 6261 | 6287 | 6313 | 6339 | 6366 |
| 2 | 98. 50 | 99. 00 | 99. 17 | 99. 25 | 99. 30 | 99. 33 | 99. 36 | 99. 37 | 99. 39 | 99. 40 | 99. 42 | 99. 43 | 99. 45 | 99. 46 | 99. 47 | 99. 47 | 99. 48 | 99. 49 | 99. 50 |
| 3 | 34. 12 | 30. 82 | 29. 46 | 28. 71 | 28. 24 | 27. 91 | 27. 67 | 27. 49 | 27. 35 | 27. 23 | 27. 05 | 26. 87 | 26. 69 | 26. 60 | 26. 50 | 26. 41 | 26. 32 | 26. 22 | 26. 13 |
| 4 | 21. 20 | 18. 00 | 16. 69 | 15. 98 | 15. 52 | 15. 21 | 14. 98 | 14. 80 | 14. 66 | 14. 55 | 14. 37 | 14. 20 | 14. 02 | 13. 93 | 13. 84 | 13. 75 | 13. 65 | 13. 56 | 13. 46 |
| 5 | 16. 26 | 13. 27 | 12. 06 | 11. 39 | 10. 97 | 10. 67 | 10. 46 | 10. 29 | 10. 16 | 10. 05 | 9. 89 | 9. 72 | 9. 55 | 9. 47 | 9. 38 | 9. 29 | 9. 20 | 9. 11 | 9. 02 |
| 6 | 13. 75 | 10. 92 | 9. 78 | 9. 15 | 8. 75 | 8. 47 | 8. 26 | 8. 10 | 7. 98 | 7. 87 | 7. 72 | 7. 56 | 7. 40 | 7. 31 | 7. 23 | 7. 14 | 7. 06 | 6. 97 | 6. 88 |
| 7 | 12. 25 | 9. 55 | 8. 45 | 7. 85 | 7. 46 | 7. 19 | 6. 99 | 6. 84 | 6. 72 | 6. 62 | 6. 47 | 6. 31 | 6. 16 | 6. 07 | 5. 99 | 5. 91 | 5. 82 | 5. 74 | 5. 65 |
| 8 | 11. 26 | 8. 65 | 7. 59 | 7. 01 | 6. 63 | 6. 37 | 6. 18 | 6. 03 | 5. 91 | 5. 81 | 5. 67 | 5. 52 | 5. 36 | 5. 28 | 5. 20 | 5. 12 | 5. 03 | 4. 95 | 4. 86 |
| 9 | 10. 56 | 8. 02 | 6. 99 | 6. 42 | 6. 06 | 5. 80 | 5. 61 | 5. 47 | 5. 35 | 5. 26 | 5. 11 | 4. 96 | 4. 81 | 4. 73 | 4. 65 | 4. 57 | 4. 48 | 4. 40 | 4. 31 |
| 10 | 10. 04 | 7. 56 | 6. 55 | 5. 99 | 5. 64 | 5. 39 | 5. 20 | 5. 06 | 4. 94 | 4. 85 | 4. 71 | 4. 56 | 4. 41 | 4. 33 | 4. 25 | 4. 17 | 4. 08 | 4. 00 | 3. 91 |
| 11 | 9. 65 | 7. 21 | 6. 22 | 5. 67 | 5. 32 | 5. 07 | 4. 89 | 4. 74 | 4. 63 | 4. 54 | 4. 40 | 4. 25 | 4. 10 | 4. 02 | 3. 94 | 3. 86 | 3. 78 | 3. 69 | 3. 60 |
| 12 | 9. 33 | 6. 93 | 5. 95 | 5. 41 | 5. 06 | 4. 82 | 4. 64 | 4. 50 | 4. 39 | 4. 30 | 4. 16 | 4. 01 | 3. 86 | 3. 78 | 3. 70 | 3. 62 | 3. 54 | 3. 45 | 3. 36 |
| 13 | 9. 07 | 6. 70 | 5. 74 | 5. 21 | 4. 86 | 4. 62 | 4. 44 | 4. 30 | 4. 19 | 4. 10 | 3. 96 | 3. 82 | 3. 66 | 3. 59 | 3. 51 | 3. 43 | 3. 34 | 3. 25 | 3. 17 |
| 14 | 8. 86 | 6. 51 | 5. 56 | 5. 04 | 4. 69 | 4. 46 | 4. 28 | 4. 14 | 4. 03 | 3. 94 | 3. 80 | 3. 66 | 3. 51 | 3. 43 | 3. 35 | 3. 27 | 3. 18 | 3. 09 | 3. 00 |
| 15 | 8. 68 | 6. 36 | 5. 42 | 4. 89 | 4. 56 | 4. 32 | 4. 14 | 4. 00 | 3. 89 | 3. 80 | 3. 67 | 3. 52 | 3. 37 | 3. 29 | 3. 21 | 3. 13 | 3. 05 | 2. 96 | 2. 87 |
| 16 | 8. 53 | 6. 23 | 5. 29 | 4. 77 | 4. 44 | 4. 20 | 4. 03 | 3. 89 | 3. 78 | 3. 69 | 3. 55 | 3. 41 | 3. 26 | 3. 18 | 3. 10 | 3. 02 | 2. 93 | 2. 84 | 2. 75 |
| 17 | 8. 40 | 6. 11 | 5. 18 | 4. 67 | 4. 34 | 4. 10 | 3. 93 | 3. 79 | 3. 68 | 3. 59 | 3. 46 | 3. 31 | 3. 16 | 3. 08 | 3. 00 | 2. 92 | 2. 83 | 2. 75 | 2. 65 |

（续上表）

| $n_2$ \ $n_1$ | 1 | 2 | 3 | 4 | 5 | 6 | 7 | 8 | 9 | 10 | 12 | 15 | 20 | 24 | 30 | 40 | 60 | 120 | ∞ |
|---|---|---|---|---|---|---|---|---|---|---|---|---|---|---|---|---|---|---|---|
| 18 | 8.29 | 6.01 | 5.09 | 4.58 | 4.25 | 4.01 | 3.84 | 3.71 | 3.60 | 3.51 | 3.37 | 3.23 | 3.08 | 3.00 | 2.92 | 2.84 | 2.75 | 2.66 | 2.57 |
| 19 | 8.18 | 5.93 | 5.01 | 4.50 | 4.17 | 3.94 | 3.77 | 3.63 | 3.52 | 3.43 | 3.30 | 3.15 | 3.00 | 2.92 | 2.84 | 2.76 | 2.67 | 2.58 | 2.49 |
| 20 | 8.10 | 5.85 | 4.94 | 4.43 | 4.10 | 3.87 | 3.70 | 3.56 | 3.46 | 3.37 | 3.23 | 3.09 | 2.94 | 2.86 | 2.78 | 2.69 | 2.61 | 2.52 | 2.42 |
| 21 | 8.02 | 5.78 | 4.87 | 4.37 | 4.04 | 3.81 | 3.64 | 3.51 | 3.40 | 3.31 | 3.17 | 3.03 | 2.88 | 2.80 | 2.72 | 2.64 | 2.55 | 2.46 | 2.36 |
| 22 | 7.95 | 5.72 | 4.82 | 4.31 | 3.99 | 3.76 | 3.59 | 3.45 | 3.35 | 3.26 | 3.12 | 2.98 | 2.83 | 2.75 | 2.67 | 2.58 | 2.50 | 2.40 | 2.31 |
| 23 | 7.88 | 5.66 | 4.76 | 4.26 | 3.94 | 3.71 | 3.54 | 3.41 | 3.30 | 3.21 | 3.07 | 2.93 | 2.78 | 2.70 | 2.62 | 2.54 | 2.45 | 2.35 | 2.26 |
| 24 | 7.82 | 5.61 | 4.72 | 4.22 | 3.90 | 3.67 | 3.50 | 3.36 | 3.26 | 3.17 | 3.03 | 2.89 | 2.74 | 2.66 | 2.58 | 2.49 | 2.40 | 2.31 | 2.21 |
| 25 | 7.77 | 5.57 | 4.68 | 4.18 | 3.85 | 3.63 | 3.46 | 3.32 | 3.22 | 3.13 | 2.99 | 2.85 | 2.70 | 2.62 | 2.54 | 2.45 | 2.36 | 2.27 | 2.17 |
| 26 | 7.72 | 5.53 | 4.64 | 4.14 | 3.82 | 3.59 | 3.42 | 3.29 | 3.18 | 3.09 | 2.96 | 2.81 | 2.66 | 2.58 | 2.50 | 2.42 | 2.33 | 2.23 | 2.13 |
| 27 | 7.68 | 5.49 | 4.60 | 4.11 | 3.78 | 3.56 | 3.39 | 3.26 | 3.15 | 3.06 | 2.93 | 2.78 | 2.63 | 2.55 | 2.47 | 2.38 | 2.29 | 2.20 | 2.10 |
| 28 | 7.64 | 5.45 | 4.57 | 4.07 | 3.75 | 3.53 | 3.36 | 3.23 | 3.12 | 3.03 | 2.90 | 2.75 | 2.60 | 2.52 | 2.44 | 2.35 | 2.26 | 2.17 | 2.06 |
| 29 | 7.60 | 5.42 | 4.54 | 4.04 | 3.73 | 3.50 | 3.33 | 3.20 | 3.09 | 3.00 | 2.87 | 2.73 | 2.57 | 2.49 | 2.41 | 2.33 | 2.23 | 2.14 | 2.03 |
| 30 | 7.56 | 5.39 | 4.51 | 4.02 | 3.70 | 3.47 | 3.30 | 3.17 | 3.07 | 2.98 | 2.84 | 2.70 | 2.55 | 2.47 | 2.39 | 2.30 | 2.21 | 2.11 | 2.01 |
| 40 | 7.31 | 5.18 | 4.31 | 3.83 | 3.51 | 3.29 | 3.12 | 2.99 | 2.89 | 2.80 | 2.66 | 2.52 | 2.37 | 2.29 | 2.20 | 2.11 | 2.02 | 1.92 | 1.80 |
| 60 | 7.08 | 4.98 | 4.13 | 3.65 | 3.34 | 3.12 | 2.95 | 2.82 | 2.72 | 2.63 | 2.50 | 2.35 | 2.20 | 2.12 | 2.03 | 1.94 | 1.84 | 1.73 | 1.60 |
| 120 | 6.85 | 4.79 | 3.95 | 3.48 | 3.17 | 2.96 | 2.79 | 2.66 | 2.56 | 2.47 | 2.34 | 2.19 | 2.03 | 1.95 | 1.86 | 1.76 | 1.66 | 1.53 | 1.38 |
| ∞ | 6.63 | 4.61 | 3.78 | 3.32 | 3.02 | 2.80 | 2.64 | 2.51 | 2.41 | 2.32 | 2.18 | 2.04 | 1.88 | 1.79 | 1.70 | 1.59 | 1.47 | 1.32 | 1.00 |

## 附表 8　符号检验临界值（$r_{n,\alpha}$）表

| $\alpha$ $n$ | 0.1 | 0.05 | 0.02 | 0.01 | $\alpha$ $n$ | 0.1 | 0.05 | 0.02 | 0.01 |
|---|---|---|---|---|---|---|---|---|---|
| 3 | | | | 0 | 46 | 13 | 15 | 16 | 18 |
| 4 | | | | 0 | 47 | 14 | 16 | 17 | 19 |
| 5 | | | 0 | 0 | 48 | 14 | 16 | 17 | 19 |
| 6 | | 0 | 0 | 1 | 49 | 15 | 17 | 18 | 19 |
| 7 | | 0 | 0 | 1 | 50 | 15 | 17 | 18 | 20 |
| 8 | 0 | 0 | 1 | 1 | 51 | 15 | 18 | 19 | 20 |
| 9 | 0 | 1 | 1 | 2 | 52 | 16 | 18 | 19 | 21 |
| 10 | 0 | 1 | 1 | 2 | 53 | 16 | 18 | 20 | 21 |
| 11 | 0 | 1 | 2 | 3 | 54 | 17 | 19 | 20 | 22 |
| 12 | 1 | 2 | 2 | 3 | 55 | 17 | 19 | 20 | 22 |
| 13 | 1 | 2 | 3 | 3 | 56 | 18 | 20 | 21 | 23 |
| 14 | 1 | 2 | 3 | 4 | 57 | 18 | 20 | 21 | 23 |
| 15 | 2 | 3 | 3 | 4 | 58 | 18 | 21 | 22 | 24 |
| 16 | 2 | 3 | 4 | 5 | 59 | 19 | 21 | 22 | 24 |
| 17 | 2 | 4 | 4 | 5 | 60 | 19 | 21 | 23 | 25 |
| 18 | 3 | 4 | 5 | 6 | 61 | 20 | 22 | 23 | 25 |
| 19 | 3 | 4 | 5 | 6 | 62 | 20 | 22 | 24 | 25 |
| 20 | 3 | 5 | 5 | 6 | 63 | 20 | 23 | 24 | 26 |
| 21 | 4 | 5 | 6 | 7 | 64 | 21 | 23 | 24 | 26 |
| 22 | 4 | 5 | 6 | 7 | 65 | 21 | 24 | 25 | 27 |
| 23 | 4 | 6 | 7 | 8 | 66 | 22 | 24 | 25 | 27 |
| 24 | 5 | 6 | 7 | 8 | 67 | 22 | 25 | 26 | 28 |
| 25 | 5 | 7 | 7 | 9 | 68 | 22 | 25 | 26 | 28 |
| 26 | 6 | 7 | 8 | 9 | 69 | 23 | 25 | 27 | 29 |
| 27 | 6 | 7 | 8 | 10 | 70 | 23 | 26 | 27 | 29 |
| 28 | 6 | 8 | 9 | 10 | 71 | 24 | 26 | 28 | 30 |
| 29 | 7 | 8 | 9 | 10 | 72 | 24 | 27 | 28 | 30 |
| 30 | 7 | 9 | 10 | 11 | 73 | 25 | 27 | 28 | 31 |
| 31 | 7 | 9 | 10 | 11 | 74 | 25 | 28 | 29 | 31 |
| 32 | 8 | 9 | 10 | 12 | 75 | 25 | 28 | 29 | 32 |
| 33 | 8 | 10 | 11 | 12 | 76 | 26 | 28 | 30 | 32 |
| 34 | 9 | 10 | 11 | 13 | 77 | 26 | 29 | 30 | 32 |
| 35 | 9 | 11 | 12 | 13 | 78 | 27 | 29 | 31 | 33 |
| 36 | 9 | 11 | 12 | 14 | 79 | 27 | 30 | 31 | 33 |
| 37 | 10 | 12 | 13 | 14 | 80 | 28 | 30 | 32 | 34 |
| 38 | 10 | 12 | 13 | 14 | 81 | 28 | 31 | 32 | 34 |
| 39 | 11 | 12 | 13 | 15 | 82 | 28 | 31 | 3 | 35 |
| 40 | 11 | 13 | 14 | 15 | 83 | 29 | 32 | 33 | 35 |
| 41 | 11 | 13 | 14 | 16 | 84 | 29 | 32 | 33 | 36 |
| 42 | 12 | 14 | 15 | 16 | 85 | 30 | 32 | 34 | 36 |
| 43 | 12 | 14 | 15 | 17 | 86 | 30 | 33 | 34 | 37 |
| 44 | 13 | 15 | 16 | 17 | 87 | 31 | 33 | 35 | 37 |
| 45 | 13 | 15 | 16 | 18 | 88 | 31 | 34 | 35 | 38 |

## 附表 9　秩和检验临界值（$T_{n,m,\alpha}$）表

| $n$ | $m$ | 检验下限临界值 $T_1$ | | | | | | 检验上限临界值 $T_2$ | | | | | |
|---|---|---|---|---|---|---|---|---|---|---|---|---|---|
| | | $\alpha$=0.005 | 0.01 | 0.025 | 0.05 | 0.1 | 0.2 | $\alpha$=0.005 | 0.01 | 0.025 | 0.05 | 0.1 | 0.2 |
| 4 | 4 | | | 10 | 11 | 13 | 14 | 22 | 23 | 25 | 26 | | |
| | 5 | | 10 | 11 | 12 | 14 | 15 | 25 | 26 | 28 | 29 | 30 | |
| | 6 | 10 | 11 | 12 | 13 | 15 | 17 | 27 | 29 | 31 | 32 | 33 | 34 |
| | 7 | 10 | 11 | 13 | 14 | 16 | 18 | 30 | 32 | 34 | 35 | 37 | 38 |
| | 8 | 11 | 12 | 14 | 15 | 17 | 20 | 32 | 35 | 37 | 38 | 40 | 41 |
| | 9 | 11 | 13 | 14 | 16 | 19 | 21 | 35 | 37 | 40 | 42 | 43 | 45 |
| | 10 | 12 | 13 | 15 | 17 | 20 | 23 | 37 | 40 | 43 | 45 | 47 | 48 |
| | 11 | 12 | 14 | 16 | 18 | 21 | 24 | 40 | 43 | 46 | 48 | 50 | 52 |
| | 12 | 13 | 15 | 17 | 19 | 22 | 26 | 42 | 46 | 49 | 51 | 53 | 55 |
| 5 | 5 | 15 | 16 | 17 | 19 | 20 | 22 | 33 | 35 | 36 | 38 | 39 | 40 |
| | 6 | 16 | 17 | 18 | 20 | 22 | 24 | 36 | 38 | 40 | 42 | 43 | 44 |
| | 7 | 16 | 18 | 20 | 21 | 23 | 26 | 39 | 42 | 44 | 45 | 47 | 49 |
| | 8 | 17 | 19 | 21 | 23 | 25 | 28 | 42 | 45 | 47 | 49 | 51 | 53 |
| | 9 | 18 | 20 | 22 | 24 | 27 | 30 | 45 | 48 | 51 | 53 | 55 | 57 |
| | 10 | 19 | 21 | 23 | 26 | 28 | 32 | 48 | 52 | 54 | 57 | 59 | 61 |
| | 11 | 20 | 22 | 24 | 27 | 30 | 34 | 51 | 55 | 58 | 61 | 63 | 65 |
| | 12 | 21 | 23 | 26 | 28 | 32 | 36 | 54 | 58 | 62 | 64 | 67 | 69 |
| 6 | 6 | 23 | 24 | 26 | 28 | 30 | 33 | 45 | 48 | 50 | 52 | 54 | 55 |
| | 7 | 24 | 25 | 27 | 29 | 32 | 35 | 49 | 52 | 55 | 57 | 59 | 60 |
| | 8 | 25 | 27 | 29 | 31 | 34 | 37 | 53 | 56 | 59 | 61 | 63 | 65 |
| | 9 | 26 | 28 | 31 | 33 | 36 | 40 | 56 | 60 | 63 | 65 | 68 | 70 |
| | 10 | 27 | 29 | 32 | 35 | 38 | 42 | 60 | 64 | 67 | 70 | 73 | 75 |
| | 11 | 28 | 30 | 34 | 37 | 40 | 44 | 64 | 68 | 71 | 74 | 78 | 80 |
| | 12 | 30 | 32 | 35 | 38 | 42 | 47 | 67 | 72 | 76 | 79 | 82 | 84 |
| 7 | 7 | 32 | 34 | 36 | 39 | 41 | 45 | 60 | 64 | 66 | 69 | 71 | 73 |

（续上表）

| $n$ | $m$ | 检验下限临界值 $T_1$ | | | | | | 检验上限临界值 $T_2$ | | | | | |
|---|---|---|---|---|---|---|---|---|---|---|---|---|---|
| | | $\alpha=0.005$ | 0.01 | 0.025 | 0.05 | 0.1 | 0.2 | $\alpha=0.005$ | 0.01 | 0.025 | 0.05 | 0.1 | 0.2 |
| 8 | 34 | 35 | 38 | 41 | 44 | 48 | 64 | 68 | 71 | 74 | 77 | 78 | |
| | 9 | 35 | 37 | 40 | 43 | 46 | 50 | 69 | 73 | 76 | 79 | 82 | 84 |
| | 10 | 37 | 39 | 42 | 45 | 49 | 53 | 73 | 77 | 81 | 84 | 87 | 89 |
| | 11 | 38 | 40 | 44 | 47 | 51 | 56 | 77 | 81 | 86 | 89 | 93 | 95 |
| | 12 | 40 | 42 | 46 | 49 | 54 | 59 | 81 | 86 | 91 | 94 | 98 | 100 |
| 8 | 8 | 43 | 45 | 49 | 51 | 55 | 59 | 77 | 81 | 85 | 87 | 91 | 93 |
| | 9 | 45 | 47 | 51 | 54 | 58 | 62 | 82 | 86 | 90 | 93 | 97 | 99 |
| | 10 | 47 | 49 | 53 | 56 | 60 | 65 | 87 | 92 | 96 | 99 | 103 | 105 |
| | 11 | 49 | 51 | 55 | 59 | 63 | 69 | 91 | 97 | 101 | 105 | 109 | 111 |
| | 12 | 51 | 53 | 58 | 62 | 66 | 72 | 96 | 102 | 106 | 110 | 115 | 117 |
| 9 | 9 | 56 | 59 | 62 | 66 | 70 | 75 | 96 | 101 | 105 | 109 | 112 | 115 |
| | 10 | 58 | 61 | 65 | 69 | 73 | 78 | 102 | 107 | 111 | 115 | 119 | 122 |
| | 11 | 61 | 63 | 68 | 72 | 76 | 82 | 107 | 113 | 117 | 121 | 126 | 128 |
| | 12 | 63 | 66 | 71 | 75 | 80 | 86 | 112 | 118 | 123 | 127 | 132 | 135 |
| 10 | 10 | 71 | 74 | 78 | 82 | 87 | 93 | 117 | 123 | 128 | 132 | 136 | 139 |
| | 11 | 73 | 77 | 81 | 86 | 91 | 97 | 123 | 129 | 134 | 139 | 143 | 147 |
| | 12 | 76 | 79 | 84 | 89 | 94 | 101 | 129 | 136 | 141 | 146 | 151 | 154 |
| 11 | 11 | 87 | 91 | 96 | 100 | 106 | 112 | 141 | 147 | 153 | 157 | 162 | 166 |
| | 12 | 90 | 94 | 99 | 104 | 110 | 117 | 147 | 154 | 160 | 165 | 170 | 174 |
| 12 | 12 | 105 | 109 | 115 | 120 | 127 | 134 | 166 | 173 | 180 | 185 | 191 | 195 |

## 附表10　符号等级（秩和）检验临界值（$T_{n,\alpha}$）表

| $n$ \ $\alpha$ | 0.1 | 0.05 | 0.02 | 0.01 | 0.001 |
|---|---|---|---|---|---|
| 5 | 0 | | | | |
| 6 | 2 | 0 | | | |
| 7 | 3 | 2 | 0 | | |
| 8 | 5 | 3 | 1 | 0 | |
| 9 | 8 | 5 | 3 | 1 | |
| 10 | 10 | 8 | 5 | 3 | 1 |
| 11 | 13 | 10 | 7 | 5 | 0 |
| 12 | 17 | 13 | 9 | 7 | 1 |
| 13 | 21 | 17 | 12 | 9 | 2 |
| 14 | 25 | 21 | 15 | 12 | 4 |
| 15 | 30 | 25 | 19 | 15 | 6 |
| 16 | 35 | 29 | 23 | 19 | 8 |
| 17 | 41 | 34 | 27 | 23 | 11 |
| 18 | 47 | 40 | 32 | 27 | 14 |
| 19 | 53 | 46 | 37 | 32 | 18 |
| 20 | 60 | 52 | 43 | 37 | 21 |
| 21 | 67 | 58 | 49 | 42 | 25 |
| 22 | 75 | 65 | 56 | 48 | 30 |
| 23 | 83 | 73 | 62 | 54 | 35 |
| 24 | 91 | 81 | 69 | 61 | 40 |
| 25 | 100 | 89 | 77 | 68 | 45 |
| 26 | 110 | 98 | 84 | 75 | 51 |
| 27 | 119 | 107 | 92 | 83 | 57 |
| 28 | 130 | 116 | 101 | 91 | 64 |
| 29 | 140 | 126 | 110 | 100 | 71 |
| 30 | 151 | 137 | 120 | 109 | 78 |

# 各章习题答案

## 第1章

1. （1）$\Omega=\{3,4,\cdots,18\}$；

（2）$\Omega=\{1,(0,1),(0,0,1),(0,0,0,1),\cdots\}$；其中1表示正面朝上，0表示反面朝上；

（3）$\Omega=\{(\text{黑},\text{白}),(\text{黑},\text{红}),(\text{白},\text{红})\}$；

（4）$\Omega=\{t\mid t\geqslant 0\}$

2. $\Omega=\{t\mid 0\leqslant t\leqslant 5\}$

3. $p_0=\dfrac{C_{97}^5C_3^0}{C_{100}^5}=0.856$；$p_1=\dfrac{C_{97}^4C_3^1}{C_{100}^5}=0.138$；$p_2=\dfrac{C_{97}^3C_3^2}{C_{100}^5}=0.00588$；$p_3=\dfrac{C_{97}^2C_3^3}{C_{100}^5}=0.0000618$

4. $p=0.3556$

5. （1）$P(\text{全相同})=\dfrac{1}{N^n}=\dfrac{1}{10^7}=10^{-7}$；

（2）$P(\text{不全相同})=1-\dfrac{1}{N^n}=1-\dfrac{1}{10^7}=1-10^{-7}$

6. $p=0.5834$

7. $p=\dfrac{5}{6}$

8. $p_1=\dfrac{A_N^n}{N^n}=\dfrac{N!}{N^n(N-n)!}=\dfrac{4!}{4^3(4-3)!}=\dfrac{3}{8}$；$p_2=\dfrac{C_4^1C_3^1A_3^1}{4^3}=\dfrac{9}{16}$；$p_3=\dfrac{C_4^1}{4^3}=\dfrac{1}{16}$

9. $p=0.93$

10. $p(A)=0.321$

11. $P(A)=\dfrac{S_A}{S_\Omega}=\dfrac{60^2-(60-20)^2}{60^2}=\dfrac{5}{9}$

12. $p=\dfrac{2l}{\pi a}$

13. $P(A)=0.666$；$P(B)=0.333$

## 第2章

1. $X$的概率分布列为

| $X$ | 3 | 4 | 5 | 6 |
|---|---|---|---|---|
| $P_i$ | 0.05 | 0.15 | 0.30 | 0.50 |

2. $A=1$

3. $1\leqslant k\leqslant 3$

4. $X$ 的分布函数为

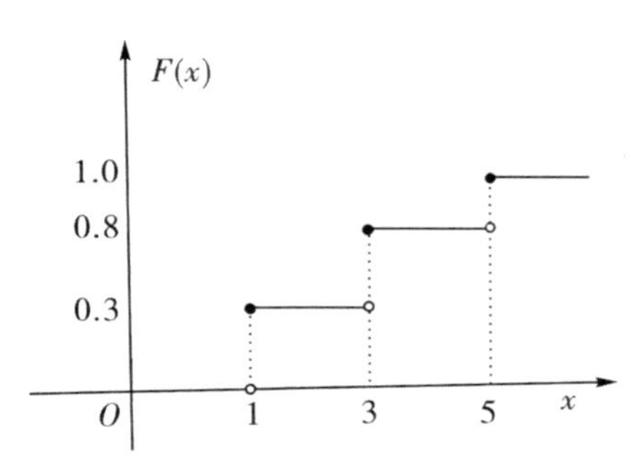


$$F(x)=\begin{cases}0, & x<1\\0.3, & 1\leqslant x<3\\0.8, & 3\leqslant x<5\\1, & x\geqslant 5\end{cases}$$

5. $X$ 的分布函数为

$$F(x)=\begin{cases}0, & x<-1\\0.25, & -1\leqslant x<2\\0.75, & 2\leqslant x<4\\1, & x\geqslant 4\end{cases}$$

6. $P\{Y\geqslant 1\}=\dfrac{19}{27}$

7. $X$ 的分布函数为

$$F(x)=\begin{cases}\int_0^x \frac{1}{2}e^{-t}dt, & x\geqslant 0\\ \int_{-\infty}^x \frac{1}{2}e^{t}dt, & x<0\end{cases}=\begin{cases}\frac{1}{2}-\frac{1}{2}e^{-x}, & x\geqslant 0\\ \frac{1}{2}e^{x}, & x<0\end{cases}$$

8. $X$ 的分布函数为

$$F(x)=\begin{cases}0, & x<1\\ \dfrac{n}{n+1}, & 1\leqslant x<n\\1, & x\geqslant n\end{cases}$$

9. $B$

10. $P(X\geqslant 3)=0.0474$

11. (1) $k=\dfrac{1}{6}$

(2) $X$ 的分布函数

$$F(x)=\begin{cases}0, & x<0\\ \dfrac{1}{12}x^2, & 0\leqslant x<3\\ 2x-\dfrac{1}{4}x^2-3, & 3\leqslant x<4\\1, & x>4\end{cases}$$

(3) $P\{1<X<3.5\}=\dfrac{41}{48}$

12. $P$(至少有一个损坏)$=0.9502$

13. (1) $f(y)=\begin{cases}\lambda e^{-\lambda y^2}, & y>0 \text{ 或 } y<0\\0, & y=0\end{cases}$

(2) $f(y)=\lambda e^{-\lambda}e^{y},\quad -\infty<y<+\infty$

(3) $f(y)=\begin{cases}\lambda e^{\lambda \ln y}=\lambda e^{\lambda}y, & 0<y<1\\ 0, & 其他\end{cases}$

14. $P(\{10<X\leqslant 15\}\cup\{25<X\leqslant 30\})=\frac{1}{3}$

15. $F(5)=0.9772$；$P(0<X\leqslant 1.6)=0.3094$；$P(|X-1|\leqslant 2)=0.6826$

16. $\alpha=0$

17. (1) $P(x<89)=0.0228$；

(2) $d=81.16$

18. (1) 录取分数最低限为 $x_1=251<256$；

(2) 考生 $B$ 的名次为 $276<280$，可以录用为正式工。

19. $c=\frac{21}{4}$

## 第3章

1. $E(X)=2\frac{7}{12}$；$E(X^2)=7\frac{11}{12}$；$E(2X+3)=8\frac{1}{6}$

2. $E(X)=1$；$D(X)=\frac{1}{6}$

3. (1) $E(U=2X+3Y+1)=35$；(2) $E(V=YZ-4X)=32$

4. $E(3X-2Y)=2$；$D(3X-2Y)=150$

5. $E(XY)=\frac{2}{3}e^5$

6. (1) $c=2$；(2) $E(X)=\frac{\sqrt{\pi}}{2}$；(3) $D(X)=\frac{4-\pi}{4}$

7. $\lambda=1$

8. $E(X)=33.6$

9. $n=6$，$p=0.4$

10. $E(T=T_1+T_2)=\frac{2}{5}$；$D(T=T_1+T_2)=\frac{2}{25}$

11. $\mu=10.9$

12. $P(V>105)=0.348$

13. 这批产品至少要生产 271 件。

14. 需要的供电量至少为 151 kV 才能够以 0.95 的概率保证车间的供电。

15. (1) $P(X>5100)=0.0228$；(2) $P(X\leqslant 500\times 0.04=20)=0.9950$

16. (1) $P(X>75)=0.8944$；(2) $P(X>75)=0.1379$

17. (1) $E(Z)=\frac{1}{3}$；$D(Z)=3$；(2) $\rho_{XZ}=0$

## 第4章

1. (1) 总体为 $X$；$X_1$，$X_2$，…，$X_{10}$ 为总体的一个样本；$x_1$，$x_2$，…，$x_{10}$ 为样本值；样本容量 $n=10$。

(2) $\bar{x}=219.8$; $s^2=490.2$; $s=22.14$; $a_2=48753.2$; $b_2=441.2$

(3) $x_{\min}=190$, $m_{0.5}=229$, $x_{\max}=245$; $Q_1=m_{0.25}=195$; $Q_3=m_{0.75}=240$

2. $P(|\bar{X}-\mu|>1)=0.0456$

3. $Y\sim F(5, n-5)$

4. $Y\sim F(10, 5)$

5. 样品容量 $n$ 至少要取 97。

6. $P(\bar{X}>1062)=0.05$

7. $E\left[\dfrac{\sum_{i=1}^{n_1}(X_i-\bar{X})^2+\sum_{j=1}^{n_2}(Y_j-\bar{Y})^2}{n_1+n_2-2}\right]=\sigma^2$

8. $E(S^2)=2$

9. $\sigma=6.16$

10. $\alpha=26.1$

11. $P(|\bar{X}_1-\bar{X}_2|>0.3)=0.6716$

12. 证明略。

13. $Z\sim 0.5F(m, n)$

14. 略。

## 第5章

1. $\hat{\mu}=44.2$; $\hat{\sigma}^2=0.06$; $S^2=0.06857$

2. (1) 矩估计法：$\hat{\theta}=\dfrac{\bar{X}}{\bar{X}-c}$; 极大似然估计法：$\hat{\theta}=\dfrac{n}{\sum_{i=1}^{n}\ln x_i-n\ln c}=\dfrac{n}{\sum_{i=1}^{n}\ln(x_i/c)}$

(2) 矩估计法：$\hat{\theta}=\left(\dfrac{\bar{X}}{1-\bar{X}}\right)^2$; 极大似然估计法：$\hat{\theta}=\left(-\dfrac{n}{\sum_{i=1}^{n}\ln x_i}\right)^2$

(3) 矩估计法：$\hat{p}=\dfrac{\bar{X}}{m}$; 极大似然估计法：$\hat{p}=\dfrac{\bar{X}}{m}$

3. 矩估计值 $\hat{\theta}=\dfrac{1}{3}$; 极大似然估计值 $\hat{\theta}=\dfrac{1}{3}$

4. (1) $T_1$, $T_3$ 是 $\mu$ 的无偏估计量；(2) $T_3$

5. (1) 置信区间为 [14.8, 15.0]；(2) 置信区间为 [14.76, 15.07]

6. (1) [0.154, 0.408]；(2) [0.158, 0.449]

7. [−6.93, −5.07]

8. [0.234, 2.83]

9. $\mu$ 的置信区间为 [4.892, 6.108]；$\sigma^2$ 的置信区间为 [1.833, 5.223]

10. (1) $\hat{\mu}=\bar{X}=350$；(2) $\hat{\sigma}^2=8.09$；(3) [348.1, 352.1]；(4) [4.25, 29.97]；
(5) [348.9, 351.3]

## 第6章

1. $T=\dfrac{\bar{X}-\mu_0}{Q/\sqrt{n(n-1)}}$

2. (1) 可认为总体均值发生了变化;(2) 可认为总体均值发生了变化。

3. 认为这款手机的待机时间不合格。

4. 认为该批罐头的添加剂的含量是合格的。

5. 可认为这批元件的标准差显著偏大。

6. $\sigma \geqslant 0.04$

7. 认为两种烟叶的尼古丁均值含量没有显著差别。

8. 两个化验室检测的结果没有显著性差别。

9. 认为甲学生测量的均值高于乙学生的。

10. (1) 认为两支矿脉含锌量的方差没有显著不同;(2) 认为两支矿脉含锌量的均值无显著差别。

11. 认为新药 $B$ 比原来的药品 $A$ 有更显著的效果。

12. 认为训练可能没有效果。

13. 认为总体 $X$ 服从泊松分布 $P(1)$。

14. 总体 $X$ 服从二项分布 $B(10, 0.1)$。

15. 两种方法检测的砷含量无显著差异。

## 第7章

1. 简答略。

2. 方差分析表如下:

| 方差来源 | 平方和 | 自由度 | 均方和 | $F$ 值 |
|---|---|---|---|---|
| 因素 $A$ | 1036 | 5 | 207.3 | 22.13 |
| 误差 | 281 | 30 | 9.37 | |
| 总和 | 1317 | 35 | | |

光照强度能够对有机污染物的降解率产生显著的影响。

3. 方差分析表如下:

| 方差来源 | 平方和 | 自由度 | 均方和 | $F$ 值 |
|---|---|---|---|---|
| 因素 $A$ | 440 | 2 | 220.1 | 3.285 |
| 误差 | 10990 | 33 | 333.0 | |
| 总和 | 11430 | 35 | | |

认为各班的平均分数无显著差异。

4. $\hat{\beta}_1=\frac{s_{xy}}{s_{xx}}=\frac{3531.8}{4060}=0.870$；$\hat{\beta}_0=\bar{y}-\bar{x}\hat{\beta}_1=90-26\times0.870=67.4$；$\hat{\sigma}_2=\frac{1}{n}\sum_{i=1}^{n}(y_i-\hat{\beta}_0-\hat{\beta}_1x_i)^2=0.783$

5. $\hat{\beta}_1=\frac{s_{xy}}{s_{xx}}=\frac{2505}{70}=35.8$；$\hat{\beta}_0=\bar{y}-\bar{x}\hat{\beta}_1=176.2-5\times35.8=-2.8$；$F_a(1,\ n-2)=F_{0.05}(1,\ 4)=7.71<2191.7=F$，得到的线性回归方程有意义。

6. （1）$\hat{y}=0.332+0.702x$；（2）$F_a(1,\ n-2)=F_{0.05}(1,\ 8)=5.32>2.95=F$，得到的线性回归方程无意义。

7. （1）$v=\ln\beta_0+\beta_1u$；（2）$v=\ln\beta_0+\beta_1u$；（3）$v=\beta_0+\beta_1u$；（4）$v=\beta_0+\beta_1u$；（5）$v=-\ln\beta_0-\ln\beta_1+u$。

8. 可供选择的函数关系表达式有：（1）$y=\beta_0+\beta_1\ln x$，（2）$y=\beta_0x^{-\beta_1}$，（3）$y=\beta_0e^{-\beta_1x}$，变量变换，将曲线方程化为一元线性方程的形式。（1）$v=\beta_0+\beta_1u$；（2）$v=\ln\beta_0-\beta_1u$；（3）$v=\ln\beta_0-\beta_1u$；得其他回归方程分别为 $\hat{y}=786-274\ln x$；$\hat{y}=2697x^{-1.58}$ 和 $\hat{y}=1176e^{-0.24x}$。

由决定系数和剩余标准差公式

$$R^2=1-\frac{\sum_{i=1}^{n}(y_i-\bar{y}_i)^2}{\sum_{i=1}^{n}(\bar{y}_i-\bar{y})^2},\ S=\sqrt{\frac{\sum_{i=1}^{n}(y_i-\bar{y}_i)^2}{n-2}}$$

可计算得到三个方程的决定系数和剩余标准差，我们将它们列入下面的表比较：

| 曲线 | 1 | 2 | 3 |
|---|---|---|---|
| $R^2$ | 0.986395 | 0.45857 | 0.969828 |
| $S$ | 712.1611 | 213870.1 | 2216.379 |

从上表中可以看到，以决定系数和剩余标准差来判断，都是第一个曲线回归方程拟合得最好。因此，近似的比较好的定量关系式就是：$\bar{y}=786-274\ln x$。

## 第 8 章（略）

# 参考文献


1. 盛骤，谢式千，潘承毅. 概率论与数理统计. 北京：高等教育出版社，2008.

2. 峁诗松，程依明，濮晓龙. 概率论与数理统计教程. 北京：高等教育出版社，2011.

3. 马戈. 概率论与数理统计. 北京：科学出版社，2012.

4. 吴赣昌. 概率论与数理统计. 北京：中国人民大学出版社，2011.

5. 徐雅静，段清堂，汪远征，曲双红. 概率论与数理统计. 北京：科学出版社，2015.

6. 陶澍. 应用数理统计方法. 北京：中国环境科学出版社，1994.

7. 张润楚，林路，杨贵军，朱建平. 数理统计学. 北京：科学出版社，2010.

8. 孙荣恒. 应用数理统计. 北京：科学出版社，2014.

9. 汪荣鑫. 数理统计. 西安：西安交通大学出版社，1986.

10. 陈家鼎，孙山泽，李东风. 数理统计讲义. 北京：高等教育出版社，2016.

11. 庄楚强，何春雄. 应用数理统计基础. 广州：华南理工大学出版社，2013.

12. 刘全，李金宽，吴世明. EXCEL 在基层统计工作中的应用. 北京：中国统计出版社，2013.

13. 马振萍，马伟芳. 巧学巧用 EXCEL2007 统计分析范例. 北京：电子工业出版社，2007.

14. 吴权威，吕琳琳. Excel 统计应用实务. 北京：中国水利水电出版社，2004.

15. 恒盛杰资讯. Excel 2016 从入门到精通. 北京：机械工业出版社，2016.

16. 姚孟臣. 概率论与数理统计题型精讲. 北京：机械工业出版社，2006.

17. G Casella，R L Berger. Statistical inference. 2nd edition. Duxbury：Thomson Learning Inc，2002.

18. R J Larsen，M L Marx. An introduction to mathematical statistics and its applications 5th edition. Boston：Pearson Education Inc，2012.

19. E T Jaynes. Probability theory：The logic of science. Cambridge：Cambridge University Press，2003.

20. G P Quinn，M J Keough. Experimental design and data analysis for biologists. Cambridge：Cambridge University Press，2002.

21. D M Bates，D G Watts. Nonlinear regression analysis and its applications. New York：John Wilely，1988.